基于随机场理论的
深基坑开挖变形控制指标研究

易顺 ■ 著

长江出版社
CHANGJIANG PRESS

图书在版编目（CIP）数据

基于随机场理论的深基坑开挖变形控制指标研究 / 易顺著.
武汉：长江出版社，2024.9. -- ISBN 978-7-5492-9794-8
Ⅰ.TU4
中国国家版本馆CIP数据核字第2024R244E9号

基于随机场理论的深基坑开挖变形控制指标研究
JIYUSUIJICHANGLILUNDESHENJIKENGKAIWABIANXINGKONGZHIZHIBIAOYANJIU

易顺 著

责任编辑：	郭利娜
出版发行：	长江出版社
地　　址：	武汉市江岸区解放大道1863号
邮　　编：	430010
网　　址：	https://www.cjpress.cn
电　　话：	027-82926557（总编室）
	027-82926806（市场营销部）
经　　销：	各地新华书店
印　　刷：	武汉邮科印务有限公司
规　　格：	787mm×1092mm
开　　本：	16
印　　张：	11.5
字　　数：	280千字
版　　次：	2024年9月第1版
印　　次：	2024年11月第1次
书　　号：	ISBN 978-7-5492-9794-8
定　　价：	68.00元

（版权所有　翻版必究　印装有误　负责调换）

前言

随着我国城镇化的进程加速、城市发展迅速和城市人口激增，为缓解城市交通压力并促进城市地下空间的高效利用，城市基坑工程大量开工建设。然而基坑工程在建设过程中，时常会出现围护结构破坏、周围建（构）筑物开裂等问题，这些问题绝大多数可以归因于开挖变形过大。为了满足基坑开挖安全控制和经济效益的要求，有必要开展基坑开挖变形控制指标及其确定方法的研究。针对这一问题，作者从岩土体固有的力学参数空间变异性出发，系统开展考虑土性参数空间变异性的深基坑开挖变形机制研究，为科学合理地确定深基坑开挖变形控制指标提供认知基础和科学依据。

本书的内容大体可以分为这几个部分：基于随机场理论和HSS模型，提出了考虑土体小应变特性的参数随机场建模方法；利用分段正态分布函数和偏态分布函数，建立了一套适用于内撑式基坑变形曲线的表征函数和指标体系；利用数值模拟方法和Monte-Carlo策略，研究了考虑土体参数空间变异性的基坑开挖变形规律及其工程效应；根据最大变形超标概率和可靠度，以及工程安全等级要求，建立了深基坑开挖变形控制指标的分级界定方法，形成了基于随机场理论的深基坑变形分级控制指标体系及其确定方法；依托厦门地铁某车站深基坑工程，验证了所构建的深基坑开挖变形控制指标确定方法的合理性和有效性。

前言

  本书主要总结和凝练了作者近些年来在岩土工程不确定性、深基坑开挖力学响应机制等方面所做的研究工作和相关工程经验。本书可供相关专业大学高年级本科以及研究生开展科学研究使用，也可供工程技术人员参考。书中的不当之处，请读者给予批评和指正。

作 者

2024 年 8 月

目 录

第1章 绪 论 ·· 1
 1.1 研究的意义 ·· 1
 1.2 国内外研究现状 ·· 5
  1.2.1 基坑开挖变形研究中本构模型的选取 ···································· 6
  1.2.2 岩土参数的空间变异性研究 ·· 7
  1.2.3 基坑开挖变形研究 ·· 9
  1.2.4 考虑参数空间变异性的基坑开挖变形研究 ···························· 14
  1.2.5 基坑开挖变形控制指标研究 ·· 17
  1.2.6 可靠度分析方法 ·· 19
 1.3 研究中存在的问题和不足之处 ·· 21
 1.4 研究内容与技术路线 ·· 23
  1.4.1 研究内容 ·· 23
  1.4.2 技术路线 ·· 26

第2章 土体小应变特性及其参数随机场模拟方法研究 ···················· 27
 2.1 引言 ·· 27
 2.2 小应变模型的发展及其基本特点 ·· 28
  2.2.1 小应变模型的发展 ·· 28
  2.2.2 HSS 模型的基本特点 ·· 28
 2.3 HSS 模型参数及其确定方法 ·· 30
  2.3.1 常用参数的确定方法 ·· 31
  2.3.2 HSS 模型参数试验研究成果统计 ·· 32
 2.4 土体参数空间变异性及其随机场建模方法 ······························ 35
  2.4.1 引言 ··· 35

2.4.2　随机场理论 ·· 36
　　2.4.3　随机场建模方法 ·· 39
2.5　考虑土体小应变特性的参数随机场建模方法 ·· 41
2.6　本章小结 ·· 42

第3章　基坑开挖变形表征函数和表征指标研究 ································ 44
3.1　引言 ·· 44
3.2　围护结构水平变形表征函数研究 ·· 45
　　3.2.1　内支撑式基坑鼓胀变形的细化分类 ·· 45
　　3.2.2　基于分段正态分布函数的围护结构水平变形表征方法 ············ 51
　　3.2.3　围护结构水平变形曲线表征函数的验证 ···································· 56
3.3　坑外地表沉降的表征函数研究 ·· 59
　　3.3.1　基于偏态分布函数的坑外地表沉降表征方法 ···························· 59
　　3.3.2　坑外地表沉降表征函数的验证 ·· 61
3.4　变形表征函数和表征指标的讨论 ·· 64
3.5　本章小结 ·· 65

第4章　考虑参数空间变异性的基坑开挖变形响应分析 ···················· 66
4.1　引言 ·· 66
4.2　基坑开挖数值模拟方法 ·· 67
4.3　基于随机场理论的基坑开挖变形分析方法 ·· 68
　　4.3.1　基坑开挖变形随机分析流程 ·· 68
　　4.3.2　坑外地表沉降及围护结构水平变形可靠度分析 ························ 70
4.4　算例分析—刚度参数的影响 ·· 70
　　4.4.1　数值计算模型 ·· 70
　　4.4.2　确定性分析 ·· 72
　　4.4.3　随机性分析模型 ·· 73
　　4.4.4　坑外地表沉降变形随机分析 ·· 77
　　4.4.5　围护结构水平变形随机分析 ·· 92

4.4.6	围护结构水平变形和地表沉降的关系分析	105
4.5	算例分析——强度参数的影响	110
4.5.1	数值计算模型	110
4.5.2	基坑开挖变形随机分析	113
4.6	基坑开挖变形随机响应的参数敏感性分析	116
4.7	基坑开挖变形的工程效应分析	117
4.7.1	基坑开挖变形空间各向异性效应	117
4.7.2	基坑开挖变形曲线典型位置聚集效应	117
4.7.3	输入参数与变形响应分布类型关联效应	118
4.7.4	围护结构和地层变形耦合互馈效应	118
4.8	基坑开挖变形可靠度分析	118
4.8.1	不同超标概率等级下的变形曲线分析	118
4.8.2	最大变形值超标概率分析	122
4.8.3	变形控制值与可靠度指标的讨论	124
4.9	本章小结	125

第5章 考虑参数空间变异性的基坑开挖变形控制指标研究 127

5.1	引言	127
5.2	一般条件下的基坑开挖变形控制指标	128
5.2.1	变形控制指标确定的分析步骤	128
5.2.2	基坑开挖变形控制指标分析	129
5.3	基坑开挖变形分级控制指标	131
5.3.1	变形超标概率的计算	131
5.3.2	基坑变形超标概率等级标准的确定	132
5.3.3	基坑变形分级控制指标分析	133
5.3.4	变形控制指标的讨论	141
5.4	本章小结	142

第6章 厦门地铁深基坑工程变形控制指标的应用研究 ... 144

6.1 引言 ... 144

6.2 依托工程——厦门轨道交通1号线车站基坑工程 ... 144

6.2.1 厦门轨道交通1号线工程地质特征 ... 144

6.2.2 厦门轨道交通1号线车站基坑工程统计 ... 145

6.3 考虑参数空间变异性的基坑变形控制指标研究 ... 146

6.3.1 车站基坑工程数值模型的概化 ... 146

6.3.2 随机计算模型 ... 146

6.3.3 随机分析结果 ... 149

6.3.4 一般条件下的厦门地铁车站基坑变形控制指标研究 ... 150

6.3.5 厦门地铁车站基坑变形分级控制指标研究 ... 150

6.4 基于实测数据的统计分析及变形控制指标的验证 ... 152

6.4.1 湖滨东路站基坑开挖最大变形的统计分析 ... 152

6.4.2 湖滨东路站基坑工程变形控制指标讨论 ... 154

6.5 本章小结 ... 154

第7章 结论与展望 ... 156

7.1 结论 ... 156

7.2 展望 ... 158

参考文献 ... 159

第1章 绪 论

1.1 研究的意义

进入21世纪后,随着世界经济快速发展、全球城市化进程加快,《世界城市化展望(2018年修订版)》中指出,2018年城市人口占世界人口的55%,到2050年,居住在城市地区的人口有望达到68%。而我国自改革开放以来,随着工业化进展加速,城镇化进程经历了一个起点低、发展速度快的过程。截至2013年,我国城镇常住人口为7.3亿人,其城镇化率为53.7%[1]。预计到2030年,我国的城市化率将升至75%,并且城市化进程将额外吸纳2.2亿城市居民[2]。伴随着城市化的发展和城市人口的激增,城市空间显得愈发拥挤,与城市综合交通承载能力之间的矛盾加剧,这些都对城市居民的生活产生了严重的影响。在此背景下,合理地利用城市地下空间,并促进城市地下空间的高效利用,缓解城市土地资源紧张,解决城市交通拥堵的"大城市病"等问题均具有重要的意义,亦是城市可持续发展的最佳选择。

城市地下空间的开发和利用涉及大量的城市高层建筑地下室、地下停车场以及城市轨道交通地下车站等地下建(构)筑物的施工,不可避免地会出现大量的基坑工程。表1.1给出了近些年基坑工程实例。从表1.1中可以看出,基坑工程广泛存在我国的各大城市中,其工程用途包括高层建筑、基础设施、地铁车站、民用建筑、商业建筑、地下管廊等;基坑开挖深度也分布范围极广,最小的为6.25~6.55m(序号为28,抚州汝水南大道地下综合管廊),最大的为34m(序号为8和21,分别对应是武汉光谷广场综合体项目和上海500kV地下变电站工程)。面对种类繁多的基坑工程案例,有必要对基坑工程进行分类。一种常见的方式是按照开挖深度(H)进行划分,如胡琦[3]将基坑工程划分为浅基坑($H<5$m)、深基坑(5m$\leqslant H \leqslant 10$m)和超深基坑($H \geqslant 10$m);上海市标准《基坑工程技术规范》(DG/TJ 08—61—2010)[4]将基坑工程划分为三级:一级安全等级基坑工程($H \geqslant 12$m或者基坑采用支护结构与主体结构相结合),三级安全等级基坑工程($H<7$m),二级安全等级基坑工程(除一级和三级以外的基坑)。

表 1.1　　　　　　　　　　　基坑工程实例统计

序号	城市	工程类别	工程名称	开挖深度/m
1	上海	高层建筑	后世博B片区央企总部项目[5]	19.70
2	天津	高层建筑	天津高银117大厦工程[6]	19.35～26.35
3	深圳	基础设施	机场扩建工程轨道交通枢纽[7]	13.00～18.50
4	上海	地铁车站	上海地铁汉中路站[8]	30.8～32.60
5	广州	地铁车站	广州地铁燕塘站[9]	32.00
6	汕头	基础设施	猛狮国际广场新商圈项目[10]	13.00～18.50
7	苏州	基础设施	苏州现代传媒广场[11]	17.60
8	武汉	基础设施	光谷广场综合体项目[12]	34.00
9	北京	民用建筑	国家大剧院工程[13]	28.50
10	长沙	地铁车站	长沙橘子洲车站[14]	30.80～31.70
11	苏州	地铁车站	苏州地铁竹园路站[15]	24.60
12	杭州	地铁车站	杭州某地铁车站基坑[16]	33.00
13	南昌	地铁车站	南昌地铁珠江路站[17]	15.15～17.87
14	济南	地铁车站	济南地铁济南西客站[18]	23.81
15	郑州	地铁车站	郑州地铁紫荆山站[19]	33.00
16	西安	地铁车站	西安某地铁车站[20]	27.10
17	天津	商业建筑	于家堡金融服务区[21]	13.00～14.00
18	上海	商业建筑	上海月星环球商业中心工程[22]	21.00
19	深圳	商业建筑	深圳平安国际金融中心大厦[23]	29.80～33.80
20	天津	高层建筑	天津津门大厦基坑工程[24]	17.70～18.60
21	上海	基础设施	500kV地下变电站工程[25]	34.00
22	杭州	地铁车站	杭州地铁人民广场站[26]	17.71
23	杭州	基础设施	杭州市某基坑工程[27]	15.00
24	洛阳	地铁车站	洛阳火车站地铁车站[28]	18.43～19.61
25	兰州	地铁车站	兰州地铁雁园路车站[29]	24.00
26	南通	地铁车站	南通地铁某车站[30]	17.36～25.98
27	成都	地铁车站	成都地铁某站[31]	17.00
28	抚州	地下管廊	汝水南大道地下综合管廊[32]	6.25～6.55
29	上海	商业建筑	上海国金中心工程[33]	19.50～21.00
30	南京	基础设施	南京长江漫滩区某基坑工程[34]	11.00

各大城市在基坑工程建设中如火如荼,并不断取得突破。然而,城区范围内往往人口密集、周围高楼林立,城市道路交错纵横,地下管线分布密集等,这些均使得城市

基坑工程施工面临着复杂的周边环境。在此情况下,开展基坑工程建设如若不慎,便有可能导致工程事故的发生。近些年来,国内外发生的基坑工程事故经常会给工程设计和施工人员敲响警钟。如2001年8月20日,上海地铁4号线鲁班路站基坑工程建设中,出现滑坡事故;2003年10月7日,北京地铁5号线崇文门站基坑工程建设中,发生支撑破坏;2005年7月21日,广州地铁2号线海珠广场站基坑工程建设中,发生挡土结构破坏,邻近建筑物倾斜开裂;2008年4月,深圳地铁3号线荷坳站基坑工程建设中,模板坍塌[35];2009年3月,德国科隆地铁基坑发生坍塌,至2017年,该基坑事故损失预计为12亿欧元;2018年济南某基坑工程建设工程发生塌陷,造成了重大损失;2019年广西南宁绿地中央广场项目基坑工程发生坍塌[36],等等。图1.1分别给出近些年的典型基坑工程事故,并对其事故原因进行简要的分析。图1.1(a)是广州地铁3号线车站基坑出现塌方,对周边环境产生了一定的影响,监测结果显示土体位移变形过大;图1.1(b)是广佛地铁南海桂城站基坑事故,其外围出现涌水涌砂,随后引起基坑外工地围墙瞬间倒塌;图1.1(c)是苏州基坑工程施工过程中发生事故,造成重大损失。其原因是基坑地连墙折断破坏;图1.1(d)是杭州地铁湘湖站基坑现场发生大面积坍塌事故。究其原因,基坑严重超挖造成地下连续墙断裂并倒塌,有些部位的地连墙也产生了严重的位移。由此可知,土体位移变形过大、坑底涌水涌砂和围护结构变形破坏等均会造成基坑坍塌事故的发生。

(a)广州地铁3号线沥滘站基坑事故

(b)广佛地铁南海桂城站基坑底部涌砂

(c)苏州基坑工程施工过程中地连墙折断破坏

(d)杭州基坑事故引起地连墙坍塌

图1.1　典型基坑工程事故

基于随机场理论的
深基坑开挖变形控制指标研究

基坑开挖坍塌事故严重威胁着人们的生命财产安全,给国家造成了重大损失。在此背景下,有必要开展基坑工程设计和施工方面的研究,力求使其不仅满足工程自身的安全和稳定性要求,也同时满足周边环境安全使用的要求。在早期阶段,我国基坑工程形式较为简单,开挖深度较浅,设计时侧重点在于基坑支护系统的强度和稳定性。随着国家城市化的进展加速,城市地下空间开发和利用迅速,基坑工程建设规模和施工复杂程度都显著增大。基坑开挖势必会引起周围土层的位移和变形,对周围环境产生巨大的影响,严重时会导致周围建(构)筑物产生不均匀沉降,发生开裂等破坏,影响其正常的使用。因此,基坑开挖不仅需要满足支护系统的强度和稳定性的要求,更需要考虑开挖引起周围建(构)筑物的变形影响。目前,在我国岩土工程界,基坑工程设计理念已经由传统的强度控制转向为以变形控制为主[37-39]。

从以上工程事故的分析中可知,基坑工程的诸多工程事故大多可以归因于开挖变形过大。因此,为了有效监控城市基坑工程的安全风险,有必要开展基坑开挖变形控制研究,其关键环节之一是确定变形控制指标,这也是基坑工程设计、施工、监测过程中的一个重要内容。从工程实践出发,变形控制指标的大小,一方面关乎设计计算和工程造价的高低;另一方面变形控制指标也与基坑施工过程中的监测预警息息相关,会对工程的安全施工和管理产生重大影响。显而易见,基坑开挖变形控制指标的确定具有很重要的工程意义。

然而,基坑工程地域性较强,不同地区的工程地质和水文地质条件都不尽相同,制定出科学合理的基坑开挖变形控制指标是一件有挑战的工作。如在现阶段,上海、广州、南京、深圳、北京等城市已经制定基坑变形控制的保护等级标准,然而这些控制指标大多是基于工程经验和统计资料予以确定。不难看出,这种依靠工程经验制定的基坑开挖变形控制指标科学理论不足,缺乏坚实的理论基础作为支撑。与此同时,基于现有的基坑变形控制标准进行基坑工程建设时,监测数据超标和与之相关的预警现象常有发生,说明现有的基坑变形监测控制标准具有一定的局限性,在实际中难以满足工程建设安全性的需求。以厦门地区的地铁建设为例,在基坑工程建设现场主要是依据现有的基坑工程变形控制规范,并没有考虑不同安全等级工程的施工现场工程地质和水文地质等条件,往往适用性不够。在基坑工程监测现场,经常会出现"假预警"等现象,导致监测成本过高或者信息失误的现象;另外,如厦门地铁吕厝路站附近由于水管破裂而导致的路面塌陷时,没有出现预警的现象,说明预警不够及时。这些都说明了不具备理论基础的基坑开挖变形控制指标难以适应工程现场的实际需求。因此,随着我国城市深基坑工程的快速推进,有必要开展具有当地工程地质特色的基坑开挖变形控制指标研究,形成具有科学性、指导性和适宜性的基坑工程开挖变形控制指标,从而更好地服务于城市基础建设的发展。

基坑工程属于典型的土建工程,与当地的工程地质条件息息相关,不可避免会受到不同岩土体所赋存的地质环境影响。事实上,岩土体作为大自然的产物,会受到沉积条件、应力历史作用、构造运动等复杂地质作用的影响,其物理力学参数在不同类型的土层有很大的差异,即使在同一土层的不同位置处的参数之间也存在一定的差异,这种特性称之为空间变异性。岩土力学参数的空间变异性体现了岩土体材料的多样性和复杂性,与复杂多变的工程荷载作用相互耦合,将会给地层和赋存于其中的基坑支护结构的变形及力学性能造成显著影响,给基坑工程带来诸多不确定性。如果忽略这种不确定性,就有可能给基坑工程带来风险和危害。

复杂岩土体与赋存于其中的基坑工程结构交融共生、相互作用,基坑施工开挖变形机制复杂。考虑岩土力学参数的空间变异性和不确定性,将其纳入基坑施工变形分析,深入认识参数空间变异性条件下的随机变形响应机制,十分必要且有益。然而,如何考虑岩土体的这种空间变异性?如何分析基坑施工过程中的随机现象及其内在机制?如何制定科学合理的基坑工程变形控制指标?要解答以上的疑问,需要以土体力学参数空间变异性为切入点,引入随机场理论和不确定性分析方法,系统研究土性参数空间变异性的影响机制和工程效应,充分认识基坑施工开挖变形的随机响应规律,深入分析空间变异性条件下围护结构和周边环境的安全状态,科学合理制定基坑变形控制指标,从而促使工程安全措施更为有的放矢、更加符合工程实际。

基坑施工安全是我国城市基础建设安全保障的重要战略需求,基坑开挖变形机制的科学认知为基坑工程安全评估和安全控制提供理论依据。以土体力学参数空间变异性为切入点,发展基于随机场理论的不确定分析方法,开展空间变异性条件下的基坑施工变形随机响应分析,揭示参数空间变异性条件下的基坑开挖变形机制,建立考虑参数空间变异性的基坑变形控制指标确定方法,提升机理认知水平,创新研究方法,为合理确定基坑变形控制指标提供科学认知和方法支撑,既是我国城市公共安全保障和经济社会发展的需要,又是相关学科建设发展和创新应用的需要,具有重要的实践意义和学术价值。

1.2 国内外研究现状

基坑开挖变形是基坑施工过程中最关键的问题之一,随着城市地下工程在当今世界城镇化中的开发和利用,该问题越来越受到研究人员及工程师的关注。目前,关于城市基坑工程的变形问题,主要集中在理论计算、现场实测、数值模拟和土工试验等方法,并取得了丰硕的研究成果。

本书立足于主要研究内容,通过文献调研的方法,从以下6个方面展开国内外研究现状的分述:①基坑开挖变形研究中本构模型的选取方面;②岩土参数的空间变异性方面;③基坑开挖变形研究方面;④考虑参数空间变异性的基坑开挖变形研究方面;⑤基坑开挖变形控制指标研究方面;⑥可靠度分析方法方面。

1.2.1 基坑开挖变形研究中本构模型的选取

选取合适的土体本构模型是开展岩土工程数值分析的前提。从经济的角度来看,岩土工程数值分析方法要比现场实测等方法更能节约成本。显而易见,利用数值分析方法对基坑开挖变形展开研究时,必须要选择合理的本构模型。为了更好地描述岩土体的应力应变关系,不少学者提出了各式各样的本构模型。早期岩土力学的变形分析以线弹性模型为主,该模型只需两个材料参数即可以描述土体的应力应变关系;除此之外,非线性弹性模型也得到进一步的发展,如 Duncan-Chang 双曲线模型[40]。然而,土体是典型的弹塑性材料,一般的弹性模型不适用于土体力学行为的描述。Mohr-Coulomb(M-C)模型作为经典的弹塑性本构模型,被广泛应用在岩土工程领域中;Drucker-Parger 模型(D-P 模型)[41]是基于水压力的广义 Mises 屈服准则所提出来的弹塑性本构模型;剑桥模型(CC 模型)[42]和修正剑桥模型(MCC 模型)[43]的提出标志着土体的本构模型研究进入了新的阶段,但这两类模型均不能反映土体的剪胀特性,并且对土体的抗剪强度估计过大。实际上,在基坑开挖的数值分析中,基坑顶部主要表现为卸载,表现得相对较"硬",而围护结构附近的土体主要承受剪切力,表现得较"软",此时硬化类弹塑性本构模型可以较好地反映这些特性,而常见的硬化类弹塑性本构模型有硬化土模型(Hardening Soil model,简称为"HS 模型")[44]和小应变硬化土模型(HS-Small model,简称为"HSS 模型")[45]。另外,相关研究也已经证实,HS 模型适用于敏感环境下的基坑开挖变形分析[46],并且该模型已经广泛应用到基坑开挖数值分析中[47-48]。而 HSS 模型从 HS 模型基础上修正发展而来,可以考虑土体剪切模量在小应变范围内随剪应变增大而衰减的特性,如图 1.2 给出了相应的归一化土体模量退化曲线。总体而言,HSS 模型在岩土工程数值计算中具有更好的适用性,其数值计算结果也更加符合实际的围护结构变形及坑外地表沉降规律[49-52]。这些都说明了考虑土体小应变特性的弹塑性本构模型更适用于基坑开挖变形的数值分析。

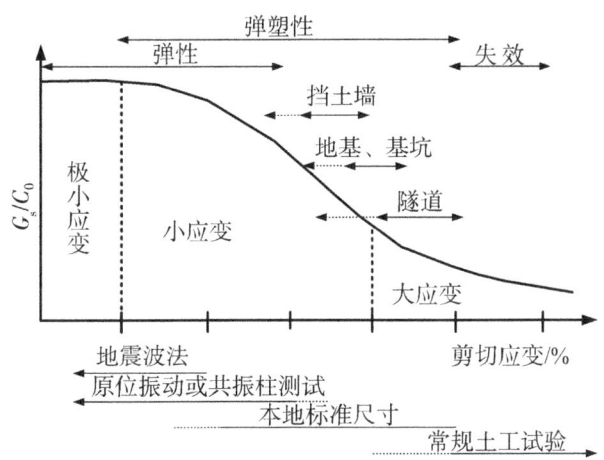

图 1.2 土体模量衰减曲线和应变范围[45]

1.2.2 岩土参数的空间变异性研究

正确认识岩土参数空间变异性特征是开展岩土力学计算分析和工程实践的关键。岩土体在其形成过程中,会受到应力历史、赋存环境和地质构造运动等方面的影响,使得岩土材料具有高度不连续、非均质和各向异性的特性,与之对应的岩土物理力学性质也会存在一定的变异性,称之为空间变异性[53-54]。基于对土体参数空间变异性的认识,Vanmarcke[55-56]提出了能勾勒土体剖面的随机场模型,并提出波动距离(scale of fluctuation)的概念,以此来描述土体参数的变异尺度,同时利用相关函数反映空间内不同位置处岩土参数之间的相关关系。随机场模型能较好地体现岩土参数空间随机性和空间相关性的双重特点,因此被广泛应用在岩土工程的分析领域中。关于岩土参数随机场的研究成果主要体现在三个方面:参数随机场特征值的研究、随机场建模方法的研究和随机场理论的工程应用研究。

岩土体参数随机场特征值包括岩土参数的波动距离、相关函数、参数的概率分布形式等。其中,关于波动距离的研究主要在于波动距离的计算和取值方面,如闫澍旺等[57-58]和Lloret等[59]通过自相关函数或者方差折减函数拟合的方法得到土体的波动距离;李小勇和谢康和[60]基于现场相关距离的统计数据提出相关距离估计的贝叶斯方法;林军等[61]利用平均零跨距法对孔压静力触探(CPTU)锥尖阻力数据的水平波动距离进行了估计。另外,也有大量的学者[62-64]总结归纳了国内外不同地层参数相关距离的取值范围。对于一般性的沉积地层,水平向波动距离明显大于竖向波动距离,表现为横观各向同性的特点[65]。关于参数的空间结构表征函数方面,主要有单指数型函数、平方指数型函数、高斯型函数、指数余弦型函数等[66-68]。对于岩土参数各向异性的表征,Zhu等[69]建立了6种常见的典型岩体空间相关结构形式。关于岩土参数的概率分布形式方面,常用的主要有正态分布、对数正态分布、β分布和极值分布4种。相关文献[70]的研究表明,岩土体的自然形成过程更加符合正态分布和对数正态分布,使用这两种分布形式更为合理。

随机场建模需要对随机场进行空间离散。通过随机场离散,可以用数学方法定量描述土体单元的数字特征(如均值、方差、协方差等)。随机场离散的常用方法有谱表示法[71]、局部平均离散法[72-73]、转向带法[74]、傅里叶变换法[75-77]、协方差矩阵分解法[78]、KL级数展开法[79]和EOLE级数展开法[80]等。

随机场的工程应用方面较为广泛。Hicks和Sam[81]基于平稳和非平稳参数随机场开展了黏土边坡可靠度分析。Babu等[82]研究了参数各向异性相关距离对边坡稳定性的影响。李典庆等[83]提出了考虑土体抗剪强度空间变异性的无限长边坡稳定性可靠度分析方法。Song等[84]利用随机有限差分方法(RFDM)探讨了风化岩属性的空间变异性对各种隧道行为的影响规律。Cheng等[85]提出了一种隧道开挖面稳定可靠度分析方法——随机极限分析法,极大地提高了考虑土体参数空间变异性的隧道开挖面稳定可靠度问题的计算效率。程红战等[86]和李健斌等[87]研究了土体模量的空间变异性对盾构隧道施工地表变形的影响。李启信等[88]基于随机场理论对桩基承载力展开了分析研究。史良胜等[89]利用KL级数展开法模拟了土壤渗透系数的各向异性随机场。程勇刚等[90]采用非侵入式随机分析方法研究岩体空间变异性对隧道围岩变形的影响。易顺等[91]研究了抗剪强度空间变异性对双层黏土边坡失稳风险的影响。除此之外,在基坑方面的随机分析也有常见报道。Wu等[92]利用非平稳随机场(RFs)来模拟不排水抗剪强度的空间变化,利用空间平均技术(Spatial Averaging Technique)去描述土体参数的一维(1D)垂直空间变化,以此对深基坑中的基底稳定性展开研究。Goh等[93]利用了一次二阶距法(FORM)评估了空间变异性土体中基底隆起的失效概率。Ching等[94]考虑了土体参数的空间变异性,研究了基底隆起安全系数以及基底隆起分析中最坏情况下的波动距离。Yi等[95]考虑土体刚度参数的空间变异性,对基坑开挖引起的地表沉降和围护结构水平变形展开了研究。Sert等[96]考虑了有效内摩擦角的竖向空间变化,开展了一系列基于随机有限元方法(RFEM)的分析,以评估悬臂式挡土墙的侧壁挠度和弯矩。Lo和Leung[97]利用一种称为"地下空间变化的贝叶斯更新"的方法来获得对支撑开挖响应的改进预测,其创新之处在于两点:①墙体的挠度不断细化,以用于后续的开挖阶段;②从现场观测到的数据中估算出一些基本参数信息(如均值、方差和自相关距离)。Sainea-Vargas等[98]在考虑参数空间变异性的土体中进行基坑开挖有限元分析,并对周围建筑物的潜在破坏进行了评估。由此可见,随机场理论广泛应用在岩土工程可靠度分析领域中,包括边坡、隧道、桩基承载力、基坑开挖等各个方面。

1.2.3 基坑开挖变形研究

分析基坑开挖变形响应规律,对于加强基坑开挖变形控制至关重要。基坑开挖引起的变形主要包括三个方面[99]:一是围护结构水平变形(Retaining Wall Deflection);二是基坑底部的隆起变形(Basal Heave);三是坑外的地表沉降(Surface Settlement)。本书重点关注基坑开挖引起的围护结构水平变形和坑外地表沉降,因此下述的国内外研究现状主要是围绕这两个方面展开。

1.2.3.1 围护结构水平变形

(1)围护结构水平变形模式研究

在基坑开挖过程中,围护结构会出现不同的变形模式。Goldberg 等[100]基于大量现场实测数据,对围护结构水平变形模式进行了归纳和总结,主要包括平移变形、绕墙趾转动、绕墙顶转动和挠曲变形。产生此不同变形模式的原因在于围护结构的刚度不同:刚度较大的围护结构往往会产生前三种刚性变形行为,而刚度较小的围护结构则表现为向坑内鼓胀的柔性变形。

Clough 等[101]对支撑式基坑和拉锚式基坑的围护结构水平位移进行了总结,将围护结构变形分为三种模式:悬臂变形、抛物线内凸变形和组合变形。其中,当围护结构上部支撑约束较弱时,挠度变形表现为悬臂形式;当上部支撑约束较强时,围护墙挠度变形主要分布在开挖面附近,整体表现为内凸式;当上部支撑约束居中时,则为组合变形,即为悬臂式和内凸式的叠加形式。

龚晓南[102]在现场实际监测数据的基础上,对围护墙水平位移变形模式进行了划分:①弓形变形:当有支撑的围护墙入土深度不大时,围护墙水平位移曲线向坑内鼓胀;②上段和下段呈相反方向弯曲:支撑式基坑的围护墙入土深度较大时会出现这种情况;③前倾变形:没有支撑的悬臂式基坑的围护墙结构会发生前倾变形;④踢脚变形:当围护墙上部受到较强的支撑约束,入土深度不大时,会发生踢脚变形;⑤平推变形:围护墙整体发生水平方向的位移。

崔江余等[103]综合考虑了围护结构支撑刚度、支撑位置、插入深度等因素,以围护结构最大水平位移(δ_{hm})为判断指标,将围护结构水平变形情况分为4类(图1.3):①δ_{hm}位于围护结构脚底,此时支撑抗压刚度较弱,围护结构插入深度较小,基底土质较软,见图1.3(a);②δ_{hm}位于围护结构基底以上,此时最下道支撑距离坑底较远,围护结构水平位移曲线表现为向坑内鼓胀型,见图1.3(b);③δ_{hm}位于围护结构基底以上,围护结构底部几乎没有踢脚变形发生,见图1.3(c);④最下道支撑距离基底较近,且坑底土体质地较软,此时δ_{hm}位于坑底以下,见图1.3(d)。

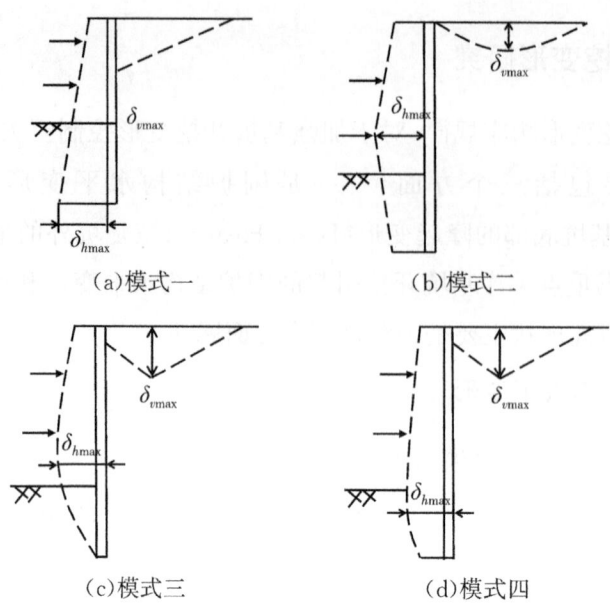

图 1.3　围护结构水平变形模式[103]

总结上述的研究成果可知,围护结构水平变形模式较多,与内支撑位置布设、围护结构刚度、周围土层性质息息相关。目前,深基坑工程一般位于城市中心,周边环境复杂,此时有效地控制基坑开挖引起的变形就显得尤为重要。为了达到这个目标,内支撑式基坑被广泛应用在各个城市的地下空间开发领域中。另外,《基坑工程手册》[104]中也提到,目前的内支撑式基坑中,第一道支撑的位置一般与地表接近,同时一般是在支撑安装架设完成后才开始施工,并开展变形监测,此时围护结构水平位移曲线大多是呈鼓胀变形的形式。这些都说明,内支撑基坑的围护结构鼓胀变形应该成为关注的重点,而目前关于围护结构鼓胀变形的细化研究有待进一步深入,有必要对鼓胀变形的内支撑基坑展开研究,对围护结构水平变形曲线进行细化分类,为后续建立完善的变形函数表达式奠定基础。

(2)围护结构水平变形的一般研究方法

在围护结构水平变形研究方面,有理论计算方法、数值模拟法、综合刚度法、神经网络法、统计归纳法等。

在理论计算法方面,如许海勇等[105]利用弹性叠加法对桩锚支护结构深层水平位移表达式予以确定;许锡昌等[106-107]基于最小势能原理,对矩形锚桩支护基坑进行了研究,建立了围护结构顶部最大位移的解析解;汤连生等[108]利用等值梁法推导出了不同情况下的坑壁位移计算式,建立了一种坑壁位移简化的计算方法。

在数值模拟法方面,如 Kai 等[109]研究了不同影响因素情况下的围护结构水平变形规律,并提出了一种针对围护结构水平变形的简易估算方法;Zhang 等[110]基于有限元方法,开展了不同因素情况下的数值模拟计算,提出了一种预测围护结构最大水平变形的方法。

综合刚度法,即将围护结构水平变形与基坑支护系统的整体刚度联系起来。该方法起源于 Clough 等[111]提出的支护系统综合刚度概念,将围护结构水平变形同支护系统刚度联系起来。Zapata-Medina 等[112]综合考虑了多种因素,提出了支护系统刚度系数的概念,在此基础上,利用系统刚度系数对围护结构水平变形最大值进行预测。张戈等[113]提出了 MVSS 刚度的概念,并应用到杭州地铁深基坑工程中。

神经网络法将基于神经网络的智能算法应用到基坑开挖变形预测中。如 Goh 等[114]将神经网络方法同有限元数值计算或现场监测数据相结合,在预测围护结构水平变形方面具有较好的适用性;Jan 等[115]基于 BFGS 神经网络,通过多个工程实例加以训练后,可以较好地预测围护结构最大水平变形;洪宇超等[116]提出一种以监测数据构成的 CNN-LSTM 的组合神经网络模型,并对基坑工程中的时间序列进行预测。张蓓等[117]以土体相关信息作为输入参数,基坑地表沉降作为输出量,对随机小波网络基坑地表沉降预测模型进行改进,证实了所改进方法的合理性。

统计归纳法也在基坑工程领域应用广泛,如 Goldberg 等[100]基于大量的基坑工程实测数据,对包括砂土、硬黏土、砂砾土、软黏土等不同地质条件下的基坑工程变形性状进行了研究;Ou 等[118]基于台北地区的基坑工程监测数据,对围护结构最大水平变形和开挖深度之间的关系进行了统计分析;Carder[119]将基坑支护系统刚度划分为较高、中等、较低刚度这三个级别,并对不同刚度级别范围内的围护结构水平变形和基坑开挖深度之间的关系进行了评估;李淑等[120]对北京地区的多个基坑案例进行了统计分析,建立起了该地区围护结构最大水平变形和开挖深度之间的关系。

总体来说,围护结构水平变形的研究方法较多,但缺乏围护结构水平变形的数学函数表达式,对于内支撑式基坑围护结构水平变形曲线的研究有待进一步深入。

(3)围护结构水平变形表征函数研究

正如前述,围护结构的变形模式和变形规律方面都有较多的研究成果,众多学者亦对变形曲线的函数表征式展开了研究。目前,许多研究都聚焦于利用多项式拟合方法或者高斯函数拟合方法来表征围护结构水平变形曲线。针对多项式拟合方法,有利用二次多项式的[121-125],还有利用三次多项式的[126-127],以及利用五次多项式的[128-129]。针对高斯函数拟合方法,有丁勇春[130]等。

在这些拟合研究的表征函数中,多项式拟合的表达式无法较为完整地表达曲线的数字特征,对曲线的表征指标不够明确,这使得多项式拟合的表征函数在实际中的应用受到一定的限制。另外,利用多项式拟合时,尤其是高阶多项式,会出现明显的龙格效应[131],即利用插值多项式进行逼近时,在逼近区间两端会产生振荡,且多项式阶次越高,振动现象越严重。而关于高斯函数的拟合方法,该方法假设围护结构最大水平变形位置上部和下部是对称的,这明显是不符合实际情况的。基于这些关于已有针对围护结构水平变形曲线表征函数的不足之处,有必要发展一种新的表征函数,既能在该函数中体现相关的变形表征量,又能在曲线形态上更好地契合实际情况。

1.2.3.2 坑外地表沉降

(1)坑外地表沉降模式研究

基坑开挖过程中,开挖区域卸载,围护结构往临空面方向产生水平变形,与此同时,坑外地表也产生位移,引起地表沉降。这说明了坑外地表沉降与围护结构水平变形息息相关。图1.3也说明了这一点,坑外地表沉降模式与围护结构水平变形模式具有关联性。结合图1.3,坑外地表沉降模式一般可以分为三种:三角形沉降、凹槽形沉降和梯形沉降(或者称为组合型沉降),可以发现这三种沉降模式都对应了不同的围护结构水平变形模式。

1)三角形沉降

坑外地表沉降曲线呈现出三角形的形状,此时坑外地表沉降最大值(δ_{hm})往往位于靠近围护结构的位置,这种情况下的坑外地表沉降模式多出现在围护结构发生悬臂型位移时。

2)凹槽形沉降

坑外地表沉降曲线呈现出凹槽的形状,此时坑外地表沉降最大值(δ_{hm})位于地表一定距离处,这种情况下的地表沉降模式多出现在围护结构发生向坑内鼓胀型变形(类似于抛物线)时。

3)组合型沉降

这类沉降类型是三角形沉降和凹槽形沉降的叠加形式,坑外靠近围护结构边缘处有一定的沉降,地表沉降最大值(δ_{hm})位于坑外地表一定距离处,且地表沉降随着远离围护结构而逐渐减小,并趋于稳定。这种情况下的地表沉降模式多出现围护结构发生向坑内悬臂型和抛物线型相结合的变形时(图1.3)。

(2)坑外地表沉降的一般研究方法

在坑外地表沉降研究方面,有理论计算法、综合刚度法、神经网络法、统计归纳法等。

1)理论计算法

针对理论计算法,如钱建固等[132]利用分离变量法对平面应变问题中的位移平衡方程通解进行了求解,揭示了不同挡土墙变形所引起的坑外地表沉降规律;顾剑波等[133]通过理论推导,得到任意柔性变位模式下的挡墙理论解,在此基础上给出了坑外地表沉降曲线。

2) 数值模拟法

数值模拟法也经常应用在坑外地表沉降的研究中,如王龙等[134]依托深圳某基坑工程开展有限元分析,研究了基坑插入比与加固条件对坑底回弹和坑外地表沉降的影响规律;郑启宇等[135]依托宜山路车站基坑工程,基于流固耦合数值分析方法,对考虑和不考虑深基坑降承压水情况下的围护结构水平变形和坑外地表沉降的规律展开研究,探讨了两种情况下的基坑开挖变形差异;戴轩等[136]针对城市基坑工程中经常出现的漏水漏砂等灾害问题,基于离散元和计算流体力学耦合方法(DEM-CFD 方法)对基坑灾害的发展过程展开了数值计算分析,并根据基坑漏水漏砂后的地层应力状态将地层分为 4 个区域:空洞区、松动区、主拉应力区和复杂应力区;孙毅等[137]针对北京地区坑中坑工程,结合地层损失法和相关的经验公式提出对应的地表沉降预测方法,同时将预测结果与数值模拟结果、经验公式所得结果进行了比较,评估了所提出预测方法的适宜性;许树生等[138]基于 FLAC^{3D} 软件平台,对天津地铁 6 号线车站基坑工程开挖及其支护过程展开全过程的数值模拟分析,发现坑外地表最大沉降和围护结构最大水平变形的比值是 1.15,但是坑外地表沉降包络面积与围护结构水平变形包络面积之间的比值为 1.82。

3) 神经网络法

如同在围护结构水平变形中的应用一样,神经网络法在坑外地表沉降研究中也经常有报道。孙海涛等[139]提出了深基坑变形预测中的人工神经网络方法,并介绍了该方法的构建步骤和在实际工程中的应用情况,证实了在深基坑开挖变形预测中利用该方法的可行性;李天德[140]基于 MALAB 神经网络工具箱实现了 bootstrap 和 BP-RBF 的组合神经网络预测,并验证了在基坑开挖变形预测中利用组合神经网络方法的可行性;钱建固等[141]提出了基于小波优化的长短时记忆神经网络——自回归滑动平均模型(LSTM-ARMA)的预测模型,并依托上海云岭超深基坑工程,进行了基坑地表沉降分析,验证了所提出的人工智能预测模型的合理性。

4) 统计归纳法

统计归纳法也广泛地应用在坑外地表沉降研究中。如 Peck[142]在收集大量基坑工程监测数据的基础上,建立了针对坑外地表沉降预测的经验方法。该方法将基坑周围地质条件与坑外地表沉降联系起来,并据此分为三个区域:Ⅰ区(砂土、软黏土至硬质黏土)、Ⅱ区(极软黏土至软黏土)和Ⅲ区(基底很深范围内有软黏土),每个区域对应的坑外地表沉降不尽相同;Goldberg 等[100]基于大量的基坑工程实测数据,对包括砂土、硬黏土、砂砾土、软黏土等不同地质条件下的基坑工程变形性状进行了研究;李淑[127]对北京地区的多个基坑案例进行了统计分析,对该地区的坑外地表沉降变形形状展开了详尽的研究,揭示了北京地铁车站深基坑的变形机理。

(3)坑外地表沉降表征函数研究

徐方京等[143]利用Rayleigh分布函数对坑外凹槽型地表沉降曲线进行表征,并以上海衡山路车站深基坑工程为背景,验证了该表征函数的适用性;简艳春[144]对基坑地表沉降分布特性进行了深入研究,并提出了将直线段和曲线段一起考虑的地表沉降概化模型;唐孟雄等[121,145]在大量的实测数据基础上,利用正态分布函数描述坑外地表沉降规律,并在实际工程中应用得比较好;李小青等[146]在对软土基坑变形规律认识的基础上,利用指数函数描述坑外地表沉降变形,并推导出了软土基坑开挖引起坑外地表沉降变形的计算方法。除此之外,聂宗泉等[125]在已有研究成果和监测数据的基础上,提出了针对软土深基坑柔性围护结构坑外地表沉降的偏态分布函数表达式,并通过工程实例分析,验证了所提出偏态分布函数表达式的适用性;张尚根等[147]对20个软土深基坑工程的监测数据展开统计分析,并提出了利用偏心分布函数描述坑外地表沉降曲线,同时利用实际工程实例对该方法进行验证,证实了其有效性;刘小丽等[148]利用经验关系对现有针对地表沉降的正态分布函数表达式和偏态分布函数表达式进行改进,改进后的地表沉降计算方法更为简洁实用。

综上所述,关于坑外地表沉降表征函数的研究,主要集中在Rayleigh分布函数、组合函数、正态分布函数、指数函数、偏态分布函数、偏心分布函数等,函数表达形式多样,但也有诸多不足之处。组合函数是多个函数表达式的叠加,在表征地表沉降特征值方面有明显的不足之处,且实际计算不够方便;正态分布函数在地表沉降的描述中不甚合理,这是因为坑外地表沉降曲线往往并不是对称的,正态分布函数无法体现这个特点;偏态分布函数在表现坑外地表沉降曲线形态和地表沉降曲线特征值方面均具有明显的优势,这些都说明了利用偏态分布函数的适宜性,但是在相关函数中并没有对该函数进行深入的探讨,尤其是在建立地表沉降曲线典型特征值之间的关系式方面有较多的欠缺,因此在这方面需要进一步加强,推动该表征函数在基坑开挖变形领域中的应用。

1.2.4 考虑参数空间变异性的基坑开挖变形研究

研究参数空间变异性条件下的基坑开挖变形响应机制是制定科学合理的基坑开挖变形控制指标的关键。在1.2.3节中,笔者对围护结构水平变形和坑外地表沉降的研究现状进行归纳和综述,注意到这些关于基坑工程变形的研究都是基于确定性分析的方法,然而正如1.2.2节中所述,岩土体参数具有空间变异性特征,传统的确定性方法无法准确评估围护结构水平变形和坑外地表沉降等信息。另外,在具体的工程实践中,基于确定性方法的分析结果和实际观测结果可能不一致[149]。正因为如此,考虑土体参数不确定性的概率分析在基坑开挖设计领域中越来越普遍[96,150]。在过去的20多年,有很多关于深基坑开挖可靠度分析和概率分析的研究都考虑了土性参数的空间变异性。

Luo 等[151]利用空间平均技术来描述土体参数的空间垂直变化。该方法是一种简化的真实随机场(RF),其中特征长度和波动距离是在可靠度分析中考虑空间平均的两个主要参数。这项研究考虑了不排水抗剪强度(S_u/σ'_v)和初始切线模量(E_i/σ'_v)的空间变异性,对围护结构水平变形和坑外地表沉降展开研究,图1.4给出了波动距离对基坑墙体挠度和地表沉降的影响规律。同 Luo 等[151]的研究类似,Dang 等[152]也利用空间平均技术对土体参数空间变异性进行了建模,并评估了基坑开挖引起的围护结构和地表变形响应。

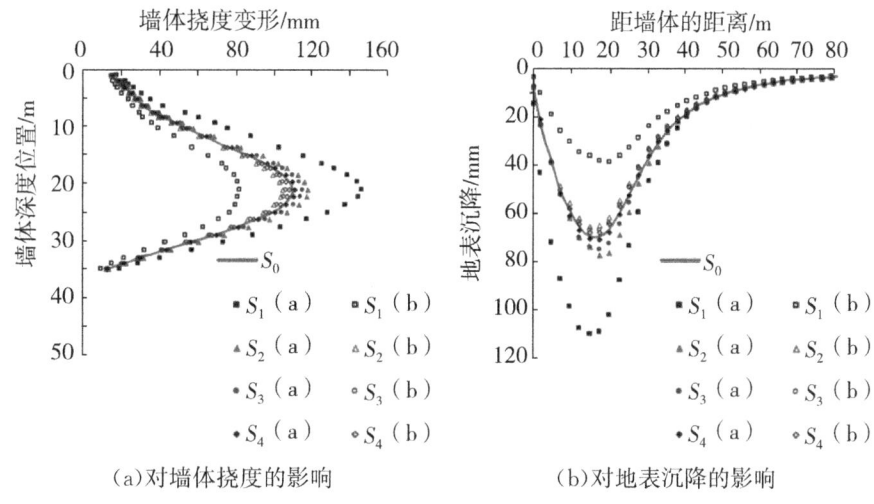

(a)对墙体挠度的影响　　(b)对地表沉降的影响

图1.4　波动距离对墙体挠度和地表沉降的影响[151]

Kawa 等[153]考虑土体参数的空间变化,利用傅里叶级数法(Fourier Series Method,FSM)生成内摩擦角的二维随机场,从而对悬臂板桩墙的响应进行了可靠度分析,该研究将边界理论和RFDM相结合进行数值分析,并发现竖向波动距离对正确评估板桩墙的响应至关重要。

Gholampour 等[154]在空间可变土体中开展基坑支护开挖的可靠度分析,并比较是否考虑非饱和土质吸力的两种情况(图1.5)。其中,为了更好地利用现场监测数据,通过高斯模拟生成的条件随机场扩展至基坑支护系统的可靠性评估。最终得出的结论是,在非饱和土中开展基坑开挖可靠度分析不能忽略土质吸力的影响。

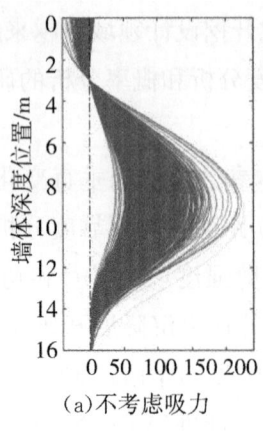
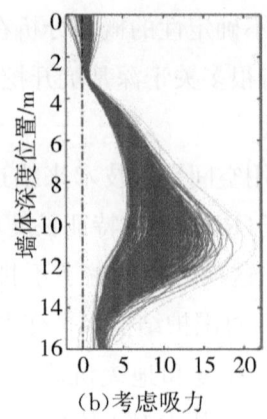

(a) 不考虑吸力   (b) 考虑吸力

图 1.5 是否考虑吸力的两种情况下围护墙挠度对比[154]

Lo 和 Leung[97]利用一种称为"地下空间变化的贝叶斯更新"的方法来获得对支撑开挖响应的改进预测,其创新之处在于两点:①墙体的挠度不断细化,以用于后续的开挖阶段;②从现场观测到的数据中估算出一些基本参数信息(如均值、方差和自相关距离)。该研究过程主要是利用频谱分解方法生成土体参数的三维随机场,并在随机有限差分软件 FLAC^{3D} 中进行了一系列的数值模拟。

Luo 等[155]利用 RFEM 模拟基坑开挖引起的响应问题,并提出了一种蒙特卡罗模拟(MCS)的计算方法,在此基础上提出了空间变异情况下的基坑支护开挖概率评价方法。该研究指出在研究复杂土体—结构相互作用问题中,考虑多种破坏模式处理土体参数空间变异性的重要性。

Gong 等[156]针对砂质地层基坑工程提出一种简化的稳健岩土工程设计(RGD)方法来考虑支护体系设计中的不确定性。该研究将土体参数的不确定性和附加因素作为噪声因子,而支护桩和锚栓参数作为设计参数,然后对稳健性设计作为一个多目标优化问题来实现,力求同时要求设计的稳健性和成本效率。其中针对应力拐点,可以在 Pareto 前沿确定满足安全要求的同时,并在设计稳健性和成本效率之间获得最佳折中的最优设计。最后以实际基坑开挖为例,说明了所提出简化的 RGD 方法的有效性。

Ching 等[157]利用随机场模拟土体不排水抗剪强度的空间变异性,然后利用 RFEM 研究土体参数空间变异情况下的土柱、挡土墙和浅基础三种情况下的实际响应。结果表明,只有在临界滑移曲线受到约束的情况下,空间平均响应才能很好地对应实际响应。这种约束对挡土墙最为显著,对土柱不甚显著。

综上所述,基坑开挖变形响应研究内容较为丰富,但是对参数各向异性条件下的基坑变形机理有待进一步深入研究,尤其对于基坑开挖变形工程效应有待进一步挖掘。此外,如何将考虑参数不确定性的基坑开挖变形规律应用到实际工程领域中也是一个值得探索的问题。在基坑工程变形控制领域如若能考虑岩土体参数的空间变异性将会对岩土工程设计领域大有裨益,这一点在众多的研究中未见报道。因此,结合岩土体参数空间变异性特征,对基坑开挖变形规律进行深入的研究,并构建基坑开挖变形控制指标体系,力求为工程实践的安全监测保驾护航,是一个值得研究的内容。

1.2.5 基坑开挖变形控制指标研究

基坑开挖变形控制指标的确定是变形控制的关键环节。基坑开挖变形控制指标是指为确保工程及周围建(构)筑物的安全而设定的变形最大允许值。基坑开挖变形控制指标的确定是基坑变形控制标准的重要研究内容,目前全国各大城市基本上已经制定适用于本地的基坑变形控制的保护等级标准,其主要关注的指标包括有:①围护结构水平变形及位移变形速率;②地表沉降和沉降速率;③临近建(构)筑物的沉降、倾斜等。这说明了围护结构水平变形和地表沉降是开展基坑开挖变形控制指标研究的重点。

在基坑的开挖过程中,随着开挖深度的增大,围护结构水平变形和坑外地表沉降均呈非线性增大,这将会使得尽管基坑自身处于正常工作状态,围护结构水平变形和坑外地表沉降将会超过绝对变形控制标准。一般情况下,确定变形控制指标一般需要满足以下原则[158]:①变形控制指标应该满足现行的相关设计、施工法规、规范和规程的要求;②变形控制指标在施工监测工程实施前,应该由建设、设计、监理、施工等相关部门共同确定,并列入监测方案;③对于地下工程临近建(构)筑物主管部门所提要求,应考虑临近建(构)筑物的安全和正常使用的要求;④变形控制指标应该具有施工可行性,在保证安全的情况下,尽量减少施工成本;⑤对于一些尚未明确规定变形控制指标的监测项目,可以参照国内外类似工程的经验。

笔者搜集了国内外关于基坑开挖变形控制指标的一些文献,主要包括岩土规范法和数据统计法,下面将就这两个方法进行分述:

1.2.5.1 基于岩土规范的确定方法

(1)考虑周边环境对附加变形的承受能力

在基坑工程建设的过程中,不可避免地会影响到周围的建(构)筑物。为确保周围建(构)筑物的安全使用,必须使建(构)筑物的实际变形仍在正常使用的变形极限值以内,因此很多规范从周围建(构)筑物的变形出发,对基坑开挖引起的变形进行监测,以达到施工控制的目的。而针对建(构)筑物的变形控制,主要包括三个方面的指标:沉降控制指标、裂隙控制指标和应变控制指标。相关文献资料[159-167]也对此进行了总结,许多不同的地区均有适用于当地建(构)筑物变形控制允许值。由此可见,周边建(构)筑物对附加变形的承受能力可以作为工程施工变形控制标准之一。

(2)基坑开挖自身的变形控制标准

基坑开挖过程中,除了考虑对周围建(构)筑物的影响,更应该考虑基坑围护结构的安全稳定和周围地层变形的控制指标。事实上,当基坑变形控制量过小,则会造成设计和施工成本增加;当基坑变形控制量过大,又会对整个工程的安全及稳定产生不良的影响。这些都说明了有必要制定科学合理的基坑开挖变形控制指标。现今许多城市均制定了相应的基坑开挖变形控制指标,见表1.2至表1.4[4, 168-169]。由此可见,现行的基坑变形控制标准主要是考虑围护结构最大水平变形和坑外地表最大沉降这两个部分的内容,但控制指标的确定缺乏理论性的依据,往往仅凭工程经验确定,因此也有所欠缺。

表1.2　　　　　　　　　上海市基坑变形控制标准[4]

保护等级	围护结构最大水平变形	坑外地表最大沉降
一级	0.18%H	0.15%H
二级	0.30%H	0.25%H
三级	0.70%H	0.55%H

注:H是基坑开挖深度(m),下同。

表1.3　　　　　　　　广州地铁2号线基坑工程的安全等级[168]

保护等级	围护结构最大水平变形	坑外地表最大沉降
特级	≤0.10%H	≤0.1%H 或者 30mm(两者取最小值)
一级	≤0.15%H	≤0.2%H 且 30mm
二级	≤0.30%H	≤0.4%H 且 50mm
三级	≤0.60%H	≤0.8%H 且 100mm

表1.4　　　　　　　　　深圳地铁基坑工程的安全等级[169]

保护等级内	一级	二级	三级
H/m	>14	9—14	<9
地下水埋深/m	<2	2—5	>5
软土层厚/m	>5	2—5	<2
基坑与邻近建(构)筑物净距/m	<0.5H	0.5~1.0H	>1.0H
地表最大沉降/mm	≤15.0%H	≤0.2%H	≤0.3%H
围护结构最大水平位移/mm	0.25%H	排桩、墙、土钉墙 0.50%H 钢板桩、搅拌桩 1.00%H	1.00%H 2.00%H

1.2.5.2 基于数据统计的确定方法

在基坑开挖过程中,变形监测始终贯穿始终,可以实时有效地对基坑开挖变形进行控制。另外,这些变形监测数据给类似工程也提供了第一手翔实的资料,结合实际基坑工程的变形情况,可以有针对性地对本地区的基坑工程施工过程进行预警。基坑开挖变形控制指标的确定方法研究可以分为 3 个阶段开展[170]:第一个阶段是基坑开挖变形控制指标确定的初始阶段,这一阶段围绕现场设计规定变形控制值及设计计算的最大变形,并比较选取与场地地质条件、施工工法相似的基坑工程案例的相关监控指标作为参考,对施工中的监测数据进行分析与安全研判;第二阶段是对变形控制指标的初值进行修正,利用类似工程中的数据来更新基坑变形控制值;第三阶段是监测数据总结阶段,对监测数据开展数据挖掘分析,形成一套立足于实测数据的安全监测和变形控制指标,为其他类似的工程提供有益的经验。

除此之外,也有很多学者统计并总结了不同地区的基坑变形预警的情况,从而形成了变形控制指标,也即为数据统计法。如顾雷雨等[171]通过统计分析多个工程案例的监测数据,形成了 δ_{vm}/δ_{hm} 的风险等级标准,继而结合各个环境因素确定了基坑工程风险预警标准的设计方法。

以上总结了利用相关规范法和数据统计法确定基坑开挖变形控制指标的方法,但是通过这类传统的方法确定的变形控制指标往往只是初步值,并不能在基坑开挖全过程进行推广,其通用性也有待商榷。另外,利用数据统计法,时间跨度相当长,成本较高。总体来看,基于相关规范法和数据统计法对变形控制指标予以确定缺乏成熟的科学理论作为支撑,其成熟性和适用性会有诸多不足。针对现有变形控制指标确定方法的不足,有必要寻求一种科学合理的变形控制指标确定方法的新思路。

1.2.6 可靠度分析方法

可靠度理论与分析方法为研究岩土参数不确定性对岩土工程的影响提供了理论基础与技术手段。考虑到岩土工程中涉及大量的不确定性因素[172],利用单一的安全系数对岩土工程安全性进行评估显然是不合理的,而可靠度分析方法可以为解决这一类问题提供一条可行的途径。目前,岩土工程可靠度研究的工作已经被广泛接受,国内外近些年编制的一些标准和手册开始列入这方面的内容,岩土工程可靠度理论已经对岩土工程实践产生了重大的影响[173]。

在岩土工程领域中,应用较多的可靠度分析方法主要有一次二阶矩法、响应面法、Monte-Carlo 模拟法和随机有限元法/有限差分法,下面简单介绍这几种可靠度分析方法。

(1)一次二阶矩法

一次二阶矩法[174]又称可靠指标法,该方法将功能函数 Z 在某一点进行泰勒展开并取一次项,采用随机变量均值和标准差计算可靠度指标 β。根据泰勒级数展开点的不同,一次二阶矩法又可分为中心点法(均值一次二阶矩法)和设计验算点法(高级一次二阶矩法)。

一次二阶矩法被广泛地应用于城市地下工程领域中。谭忠盛等[175]针对隧道衬砌结构可靠度分析研究,在一次二阶矩法的基础上,提出了一种简单而实用的二次二阶矩法。黄清飞等[176]以管片裂隙宽度控制方程作为第二功能函数,同时利用二次二阶矩法对隧道衬砌管片性能开展可靠度分析。

(2)响应面法

对于复杂的岩土工程问题,影响分析结果的因素众多,功能函数也是隐式、非线性的,很难给出其显示的功能函数表达式,为此一些学者提出用响应面法来近似确定其功能函数。响应面法是统计学的综合试验技术,该法基本原理是构建一个包括单个或者多个未知变量的功能函数以近似代替实际功能函数[173]。通过一系列采样点,通过确定性分析方法得到工程问题的响应量,进而拟合得到一个响应面来逼近真实的极限状态曲面,最终求得可靠指标或失效概率。

响应面法最先是由 Wong[177]提出的,之后被广泛应用到岩土工程问题中。Mollon 等[178-179]利用响应面法研究了确定性条件下和不确定性条件下的土体抗剪强度参数对隧道开挖面极限支护力的影响规律。程红战[180]利用三维数值模拟方法,构建了盾构隧道开挖面稳定性可靠度分析的响应面法,对合理评估实际工程中开挖面的稳定性有一定的指导意义。

(3)Monte-Carlo 模拟法

Monte-Carlo 模拟法的基本原理是根据随机变量的统计特征,生成一系列随机数,然后将这些随机数逐个代入极限状态方程中,得到相应的响应值。Monte-Carlo 模拟法作为一种计算直观、适应性强、精确性高的概率分析方法,在隧道工程可靠度问题的研究中被广泛采用。Monte-Carlo 随机模拟法中,失效概率 P_f 可以表示为:

$$P_f = P[Z<0] = \frac{1}{N}\sum_{i=1}^{N} I[Z<0] \tag{1.1}$$

式中,N——随机抽样次数;

$I[\cdot]$——指示函数,当 $Z<0$ 时,$I[\cdot]$取为 1,否则取为 0。

程红战等[181]借助于 Monte-Carlo 策略,开展了考虑砂土抗剪强度空间变异性情况下的盾构隧道开挖面稳定性的研究;李健斌等[182]考虑了土体参数的空间变异性,对盾构隧道施工地层力学响应问题开展 Monte-Carlo 模拟,在此基础上,开展了地层力学响应的参数敏感性随机分析。易顺等[183]研究了土体刚度参数空间变异性对黏土基坑地表沉降和围护结构水平变形规律的影响,并评估了基坑地表沉降和围护结构水平变形超出监测控制值的可能性。

(4)随机有限元/有限差分法

随机有限元/有限差分法,是将数值计算方法和随机场理论相结合起来的一种方法,可以对岩土工程问题展开随机分析。在具体实施的过程中,首先是由计算机产生的样本函数来模拟系统随机输入量的概率特征,并对每个给定的样本点进行确定性数值计算,从而得到系统随机响应的概率特征。总体来说,随机有限元/有限差分法计算量大,该方法不受问题的限制,当样本容量足够大时,其结果可靠、准确。

Cheng 等[184]提出了随机有限差分法的边坡失稳风险分析方法,自编了边坡最危险滑面的搜索程序,实现了在数值分析软件中开展边坡稳定性计算和滑体搜索,阐明了相关性结构对单一土层边坡和两层土坡失稳风险的影响规律。李典庆等[185]利用 K-L 级数展开法描述土体参数空间变异性,并求解 Fredholm 积分方程得到相关函数的特征值,最后提出考虑土体参数空间变异性的边坡可靠度分析的非侵入式随机有限元法。Cheng 等[186]系统研究了土体弹性模量随机场作用下的隧道施工地表变形规律,解释了施工过程中的地表沉降断面曲线不对称的现象,并总结提出了 3 种地表变形模式。

1.3 研究中存在的问题和不足之处

总体而言,国内外学者对基坑开挖变形和变形控制指标的确定等相关问题展开了大量的研究,并对基坑开挖变形规律有了深入的认识,同时也制定了适合于当地的基坑变形控制指标。但随着岩土参数空间变异性特征逐步成为人们的共识,针对岩土体参数空间变异性条件下的基坑开挖变形规律及其工程效应有待进一步深入研究,相关基坑变形研究还不够系统,特别是针对基坑开挖变形规律的量化和评估研究。并在此基础上,确定基坑开挖变形控制指标,更是需要深入探讨。总之,现有研究工作还有一些不足之处,主要表现在以下几个方面:

(1)考虑土体小应变特性的参数空间变异性研究有待加强

目前,关于考虑土体参数空间变异性的岩土工程可靠度分析,绝大多数都是基于理想的弹塑性模型。关于基坑开挖随机变形分析方面,考虑到基坑周围土体的小应变状态,以及土体固有的参数空间变异性特征,因此需要开展考虑土体小应变特征的参数空间变异性研究,为后续开展基坑开挖变形随机性分析奠定基础。

(2)基坑开挖变形表征函数和表征指标研究仍不够全面

针对围护结构水平变形的表征函数,目前常用的是多项式表征方法,但是多项式无法较为完整地表达曲线的数字特征,对曲线的表征指标也不够明确,这使得多项式拟合方法在实际中的应用会受到一定的限制,同时高阶多项式在数学上往往会出现龙格效应,这使得拟合有较大的误差。由此可见,针对已有关于围护结构水平变形曲线表征函数的不足之处,有必要发展一种新的表征函数,既能在曲线表达式中体现相关的数字特征,又能在曲线形态上更好地契合实际情况。

针对坑外地表沉降的表征曲线,目前的研究涉及的曲线表达式形式多样,组合函数和正态分布函数,要么在实际计算中不够方便,要么对实际地表沉降曲线的描述不甚合理。目前,已有的偏态分布函数在描述坑外地表沉降方面具有较大的优势,但是相关文献资料中没有对该函数进行深入探讨,尤其是在建立地表沉降曲线典型特征值之间的关系式方面有诸多的欠缺,因此在这方面需要进一步加强并推动该函数在基坑开挖变形领域中的应用。

总之,研究基坑开挖变形表征函数和表征指标,以此为基础,结合基坑开挖变形随机响应分析成果,分析基坑开挖变形曲线的概率统计特征,提炼考虑土性参数空间变异性的基坑开挖工程效应和变形规律,提出基坑变形控制指标。这一工作有别于以往多个随机变量的统计特征研究,也不同于依据单个或多个随机变量的概率特性来确定变形控制指标的做法,而是充分利用变形曲线的统计特征、关键参量的概率统计特性及其之间的相关性以及变形曲线内在的力学机制,综合分析和确定基坑工程变形控制指标,更科学合理,也更符合实际工程。因此,开展基坑开挖变形表征函数和表征指标体系研究,为后续变形曲线的概率统计特征研究奠定基础,具有重要的意义,也是亟待解决的关键性难题。

(3)考虑参数空间变异性的基坑开挖变形响应分析研究有待进一步深入

基坑开挖变形随机响应研究内容较为丰富,但对各向异性条件下的基坑开挖变形机理及变形规律有待进一步深入研究,尤其对于基坑开挖变形工程效应有待进一步挖掘。此外,现有的基坑开挖变形研究未能将变形分析与可靠度理论有效结合,同时如何将考虑参数不确定性的基坑开挖变形规律应用到实际工程领域中也是一个值得探讨的问题。总体来说,考虑岩土体参数空间变异性情况下的基坑开挖地表沉降及围护结构水平变形方面的研究系统性不足,相关研究成果不够深入。针对空间变异性条件下的基坑开挖变形工程效应仍有待进一步深化,对于基坑开挖变形曲线的概率分析未见研究,有必要开展基坑开挖变形可靠度分析,从而为合理确定基坑开挖变形控制指标提供研究方法和技术支撑。

(4) 有必要寻找一种基坑开挖变形控制指标确定方法的新思路

基坑开挖变形控制指标的确定多采用相关规范法和数据统计法,但是利用这类方法确定的变形控制指标往往只是初步值,并不能在基坑开挖全过程进行推广,其通用性也有待进一步商榷。此外,利用这类方法往往时间跨度较长,成本较高。总体来看,现有的基坑开挖变形控制指标确定方法往往都缺乏科学理论作为支撑,其成熟性和适用性会有诸多不足之处。针对这些不足之处,亟须寻求一种科学合理的变形控制指标确定方法的新思路。

1.4 研究内容与技术路线

1.4.1 研究内容

针对基坑开挖变形响应问题,本书以考虑小应变特性的土体参数空间变异性及其随机场模型为基础,以内撑式基坑变形曲线表征函数和表征指标为关键,以参数空间变异性条件下的基坑开挖变形机制为核心,以基坑开挖变形控制指标确定方法为导向,开展考虑土性参数空间变异性的基坑开挖变形规律与控制指标研究,提升机理认知水平,创新研究方法。图1.6给出了主要研究对象示意图,其相互支撑关系见图1.7。

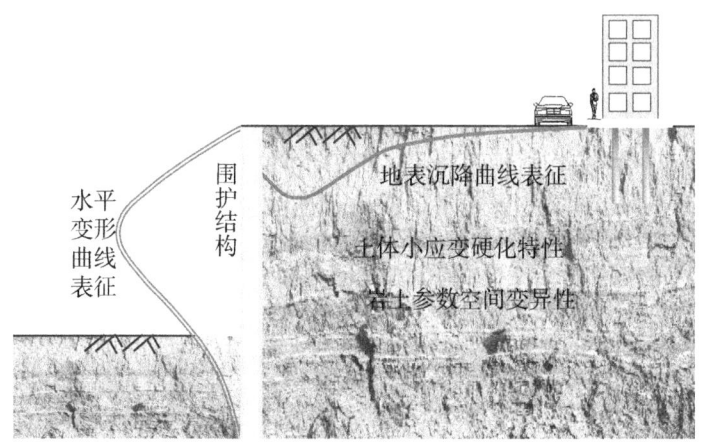

图1.6 研究对象示意图

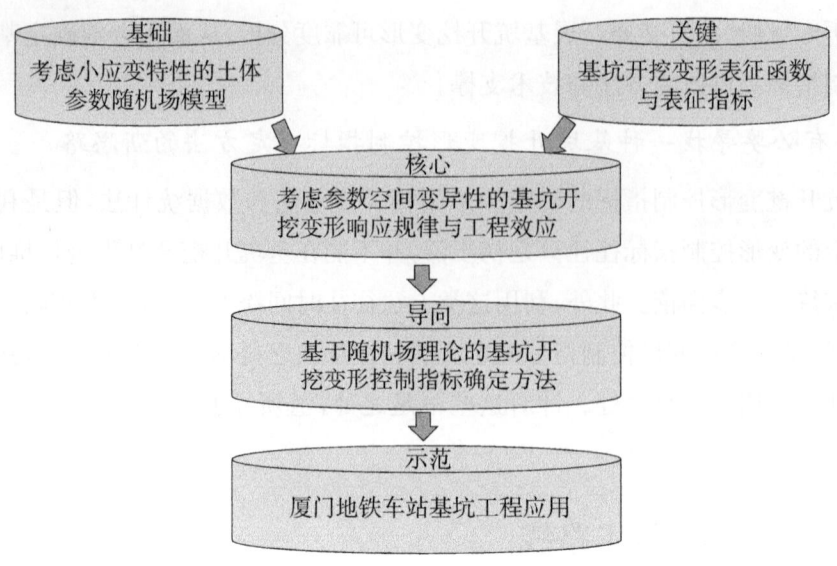

图1.7 研究内容相互支撑关系

本书凝练出两个关键科学问题:①考虑参数空间变异性的基坑开挖变形响应规律及其工程效应;②考虑参数空间变异性的基坑开挖变形控制指标确定方法。围绕这两个关键科学问题,主要研究内容分为以下几个部分:

(1)考虑土体小应变特性的参数空间变异性研究

针对HSS模型参数,整理软土地区相关文献资料和试验成果,进行统计分析,建立起HSS模型各参数之间的经验关系;基于随机场理论,采用协方差矩阵分解法,编制Matlab程序,建立土体压缩模量的随机场模型;基于土体压缩模量随机场模型和HSS模型参数之间的经验关系,利用有限差分程序FLAC及其内置的HSS模型,编写Fish代码,建立土体HSS模型各个参数的随机性模型。

(2)基坑开挖变形表征函数与表征指标研究

基于大量实测数据,针对内支撑式基坑围护结构变形,进行模式分类,将其分为"上凹"型、"下凹"型、"上凹下凹"型和"上下无凹"型四种类型;基于围护结构变形模式和上下分段特征,利用分段正态分布函数,建立围护结构水平变形曲线的表征方法;考虑开挖过程中的地层损失,建立围护结构水平变形曲线包络面积计算表达式,提出以水平变形最大值、两个分段反弯点位置值和变形曲线包络面积为核心的围护结构变形曲线表征指标体系。针对坑外地表沉降变形,建立沉降曲线的偏态分布函数表达式;结合沉降曲线包络面积、最大地表沉降值及其位置值等指标,提出坑外地表沉降曲线的表征指标体系,并确定坑外地表沉降主要影响区和次要影响区的理论分界点位置。针对建立的围护结构水平变形曲线的分段正态分布函数表征式和地表沉降曲线的偏态分布函数表征式,根据实测数据,基于最小二乘法原理进行回归拟合,验证这两类函数在基坑开挖变形表征中的有效性和适用性。

(3) 考虑参数空间变异性的基坑开挖变形分析

基于有限差分法和 Monte-Carlo 框架,构建基于随机场理论的基坑开挖变形可靠度分析方法;开展数值模拟计算,利用建立的分段正态分布函数表征式和偏态分布函数表征式,分别针对围护结构水平变形和坑外地表沉降的表征指标体系,研究土体参数空间变异性条件下各个表征指标的随机响应特性,系统分析内撑式基坑变形曲线的概率统计特征,揭示土性参数空间变异性对基坑开挖变形的影响规律,并凝练出典型的工程效应;在此基础上,分析最大围护结构水平变形和最大坑外地表沉降的变形超标概率曲线,计算不同分位数下的变形可靠度指标,以此进行置信区间推断,提出变形控制指标的确定依据。

(4) 考虑参数空间变异性的基坑开挖变形控制指标研究

为制定科学合理的基坑开挖变形控制指标,在前述基坑开挖变形随机分析成果和规律性认识的基础上,首先定义基坑开挖施工的一般条件;借助概率统计手段,以最大变形 95% 分位数作为变形控制指标的确定依据,形成一般条件下,考虑参数空间变异性的基坑开挖变形控制指标的确定方法;借鉴工程风险控制的思路,利用最大围护结构水平变形和最大地表沉降两个指标,根据其不同分位数下的变形超标概率和可靠度,构建基坑开挖变形分级控制指标体系;针对不同分级要求,建立分级变形控制指标安全等级界定矩阵,提出基坑开挖变形控制指标的分级界定方法,从而进一步形成考虑参数空间变异性的基坑变形分级控制指标体系及其确定方法,为合理确定基坑开挖变形控制指标提供研究方法和技术支撑。

(5) 考虑参数空间变异性的基坑开挖变形控制指标确定方法应用研究

针对厦门地铁湖滨东路站基坑工程,根据其软弱—中软地层特点,采用 HSS 模型,建立土性参数随机场模型,开展 Monte-Carlo 随机模拟计算;基于随机计算结果,建立软弱—中软地层条件下的分级变形控制指标。通过对实测数据开展统计分析,确定车站基坑 95% 保证率下的最大变形值。通过与车站基坑变形实测数据以及原有预警指标进行对比,验证所构建的变形控制指标确定方法的合理性和有效性。

全书共 7 章,其中第 1 章为绪论,主要对本书研究意义,以及国内外研究现状进行调研和阐述,并总结主要研究内容。第 2 章介绍能反映土体小应变特性的 HSS 模型以及土体参数的空间变异性,构建考虑土体小应变特性的参数随机场模拟方法,这是本书研究的基础;第 3 章提出利用分段正态分布函数来表征围护结构水平变形,同时利用偏态分布函数来表征坑外地表沉降曲线,并对基坑开挖变形表征函数进行细致的研究,这是本书研究的关键;第 4 章基于随机有限差分方法,阐释考虑土体参数空间变异性的基坑开挖变形规律及其工程效应，这是本书研究的核心；第5章基于前述研究成果，介绍考虑参数空间变异性的基坑开挖变形分级控制指标的确定方法和安全等级界定矩阵，是本书的研究目标和导向；第6章是将第5章提出的基坑开挖变形控制指标确定方法和安全等级界定方法应用到厦门地铁车站基坑工程中，这是本书的工程案例示范；第7章为结论。

1.4.2 技术路线

本书按照"表征模型→模拟方法→机理认知→控制指标→工程应用"思路，采用统计分析、模式识别、公式推导、回归拟合、数值模拟、程序编制、可靠度分析等多种手段和方法，开展考虑参数空间变异性的基坑开挖变形规律与控制指标研究。技术路线见图1.8。

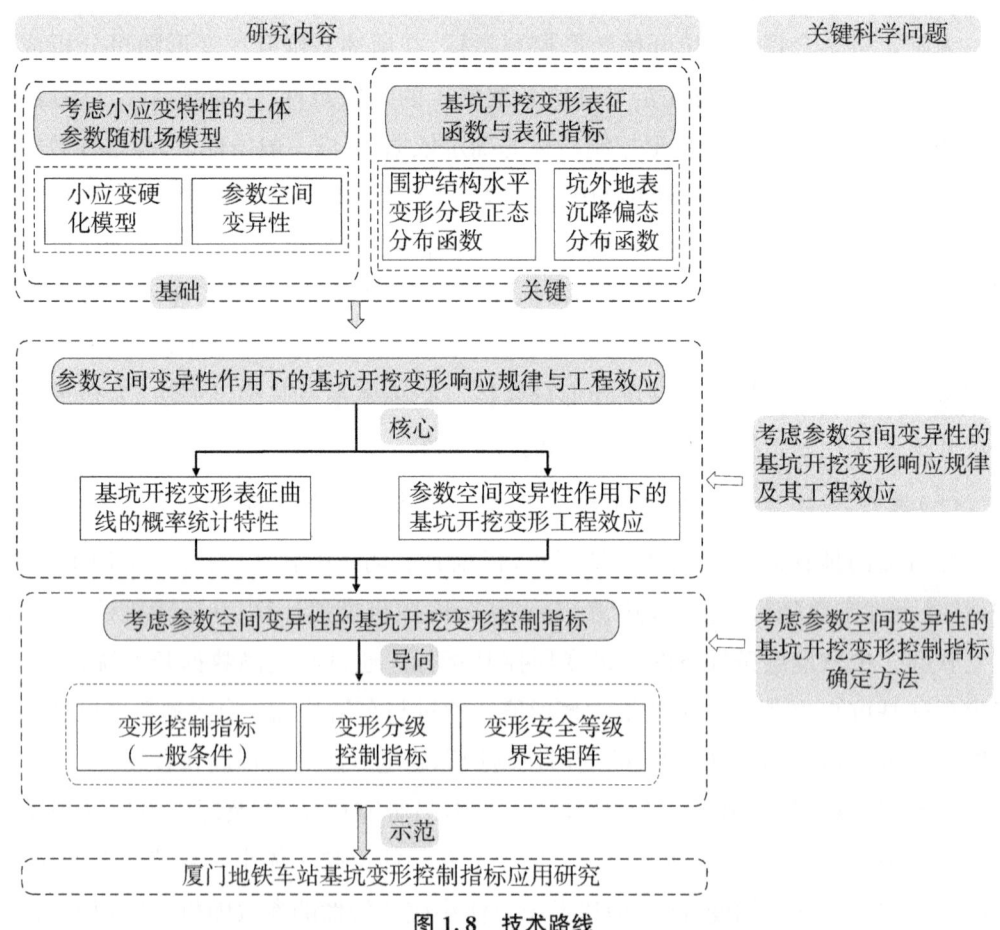

图1.8　技术路线

第 2 章　土体小应变特性及其参数随机场模拟方法研究

2.1　引言

随着岩土力学的发展，人们逐渐认识到土体在未屈服之前有小应变阶段，即土体的变形并非完全的线弹性，而是弹塑性变形。地下工程施工的数值模拟[46]表明，采用线弹性模型来研究地层变形和应力分布是不合理的。而在沿海软土地区基坑工程中，土体往往处于小应变状态，此时土体的剪切刚度是随着剪应变的增加而急剧衰减的，土体在小应变阶段的刚度要远大于较大应变阶段的刚度。因此在岩土工程数值模拟中，将土体的小应变特性考虑到土体的应力应变分析中，成为众多岩土工程专家的追求。在此背景下，能考虑土体小应变特性的本构模型（小应变模型）应运而生，该模型能考虑软黏土的硬化特征，并能区分土体加载和卸载的区别，利用该模型开展地下开挖计算的结果较为合理。因此，小应变模型是岩土工程数值分析中常用的模型之一。

另外，众多的岩土工程实践表明，岩土材料受物质组成、地质成因等自然因素的影响，呈现出高度非均质、不连续和各向异性的特点，表现为岩土力学特性也会随着空间位置呈现出一定的差异性，这种特性称之为空间变异性[53-54]。空间变异性是岩土体材料的固有属性，开展岩土工程可靠度分析时有必要考虑岩土体参数空间变异性。

选取合适的土体本构模型是开展岩土工程数值分析的前提，而考虑土体参数空间变异性特征是开展岩土力学可靠度计算和实践的关键。本章首先介绍了考虑土体小应变特性的本构模型及其参数确定方法，随后也对岩土体参数空间变异性进行了系统性总结，包括岩土参数的概率分布类型、相关距离和相关函数等，还介绍了常见的参数随机场模拟方法。继而基于随机场理论，采用协方差矩阵分解法，编制 Matlab 程序，建立土体压缩模量的随机场模型；基于土体压缩模量随机场模型和 HSS 模型参数之间的经验关系,利用有限差分法程序 FLAC 及其内置的 HSS 模型,编写 Fish 代码,建立土体 HSS 模型各个参数的随机场模型。本章提出考虑土体小应变特性的参数随机场建模方法,可以为后续开展基坑开挖变形随机性分析奠定基础。

2.2 小应变模型的发展及其基本特点

2.2.1 小应变模型的发展

小应变模量的衰减曲线最先是在土动力学中得到应用,之后才被应用到静态问题中。在静态问题中,常见的小应变模型包括 Simpson brick 模型[187]、Jardine 模型[188]、Multi (or Infinite) surface 模型[189-190]、The Hypoplastic 模型[191]等。但是非线弹性应力应变定律通常是针对特定加载路径推导出来的。在应用于边界值的问题之前,需要对它们进行泛化。如果没有这样的概括,就不能在实际应用中使用非线性应力应变定律。结合弹塑性方法,Hardin-Drnevich 模型特别适合此类应用,因为它将最小材料参数输入与合理的建模相结合。目前,常用的能反映土体小应变特性的 HSS 模型[45]就是以 Hardin-Drnevich 模型[192-193]来反映土体应力应变关系。

HSS 模型以 HS 模型为基础,既囊括了 HS 模型的全部优点,还可以考虑到土体在小应变范围内的刚度随应变的非线性变化。在 HSS 模型中,土体的这种非线性关系可以用衰减的"S"型曲线来描述(图 2.1)。由图 2.1 可知,随着剪切应变的增大,土体剪切模量迅速衰减,并在加载—卸载的过程中产生塑性积累。

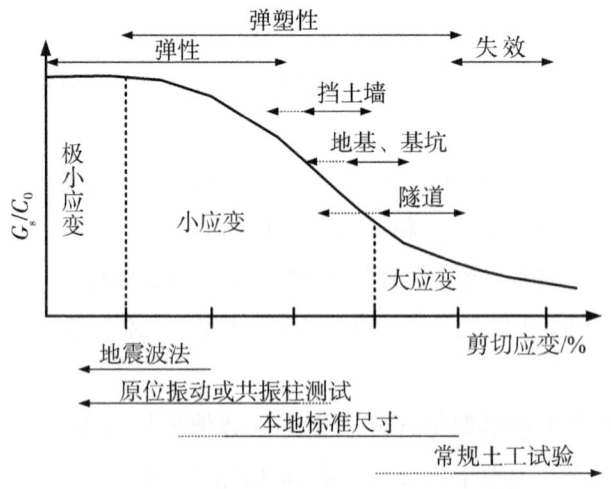

图 2.1 土体模量衰减曲线和应变范围[45]

2.2.2 HSS 模型的基本特点

HSS 模型是以 HS 模型为基础,充分考虑了卸载—再加载应变相关刚度关系,将土体的小应变特性考虑到数值计算程序中。基于这一点认识,本章将从 HS 模型和小应变特性这两个方面对 HSS 模型的特性展开分述。

2.2.2.1 HS 模型特性

HS 模型是由 Schanz 等[44]提出的,HS 模型可以同时考虑剪切硬化和压缩硬化,并采用 Mohr-Coulomb 破坏准则。在该模型中,各应力状态下的刚度参数按幂指数关系表达,此时定义 100kPa 下时各模量值作为参考值。则任意应力状态下的主加载割线模量 E_{50} 可以由式(2.1)表示:

$$E_{50} = E_{50}^{ref} \left(\frac{c\cos\varphi + \sigma_3 \sin\varphi}{c\cos\varphi + p^{ref}\sin\varphi} \right)^m \tag{2.1}$$

式中,p^{ref}——参考围压,取 $p^{ref}=100\text{kPa}$;

E_{50}^{ref}——相对于 p^{ref} 的参考主加载割线模量;

m——与刚度应力水平相关的幂指数。

任意应力状态下的卸载再加载模量 E_{ur} 可以由式(2.2)表示:

$$E_{ur} = E_{ur}^{ref} \left(\frac{c\cos\varphi + \sigma_3 \sin\varphi}{c\cos\varphi + p^{ref}\sin\varphi} \right)^m \tag{2.2}$$

式中,E_{ur}^{ref}——相对于参考围压 p^{ref} 的卸载再加载模量。

除了上述两个刚度参数外,硬化土模型中还有切线压缩模量,切线压缩模量 E_{oed}^{ref} 可以由式(2.3)表示:

$$E_{oed} = E_{oed}^{ref} \left(\frac{c\cos\varphi + \sigma_3 \sin\varphi}{c\cos\varphi + p^{ref}\sin\varphi} \right)^m \tag{2.3}$$

式中,E_{oed}^{ref}——相对于参考围压 p^{ref} 下固结试验应力应变曲线上的切线压缩模量。

2.2.2.2 小应变特性

HSS 模型中的小应变特性参数有初始剪切模量 G_0 和阈值剪应变 $\gamma_{0.7}$。其中,阈值剪应变 $\gamma_{0.7}$ 是剪切模量 G_0 随剪应变增大而降低至初始剪切模量的 70% 时所对应的剪应变,Benz[45]建议 $\gamma_{0.7}$ 取 $(1\sim 2)\times 10^{-4}$。初始剪切模量 G_0 仍以参数初始剪切模量为基准,按幂指数关系确定任意状态下的初始剪切模量,如式(2.4)所示:

$$G_0 = G_0^{ref} \left(\frac{c\cos\varphi + \sigma_3 \sin\varphi}{c\cos\varphi + p^{ref}\sin\varphi} \right)^m \tag{2.4}$$

式中,G_0^{ref}——参考压力 p^{ref} 对应的初始剪切模量。

在 HSS 模型中,修正的 Hardin-Drnevich 剪切模量关系如下所示:

$$\frac{G}{G_0} = \frac{1}{1+0.429|\gamma/\gamma_{0.7}|} \tag{2.5}$$

式中,$\gamma_{0.7} = \tau_{max}/G_0$,其中,$\tau_{max}$ 为破坏时的最大剪应力。

在 HSS 模型中，土体剪切模量随应变增大而减小，并以卸载再加载模量对应的剪切模量作为初始剪切模量减小的下限值，如式(2.6)和式(2.7)所示：

$$\gamma_c = \frac{7}{3}\left(\frac{G_0}{G_{ur}} - 1\right)\gamma_{0.7} \tag{2.6}$$

$$G_{ur} = \frac{E_{ur}}{2(1+v_{ur})} \tag{2.7}$$

2.3 HSS 模型参数及其确定方法

土体参数的选取是进行数值分析的前提。要能正确选取各参数的值，首先必须理解本构模型中参数的物理意义及其确定方法。表 2.1 给出了 HSS 模型的各个参数的含义及其大致确定方法，其中包括 11 个 HS 模型参数和 2 个小应变参数（G_0^{ref} 和 $\gamma_{0.7}$）。

表 2.1　　　　　　　　　HSS 模型参数及其确定方法

参数	名称	试验方法
E_{ur}^{ref}	参考卸载—再加载模量/MPa	常规三轴剪切试验或经验值
E_{50}^{ref}	参考割线模量/MPa	常规三轴剪切试验
E_{oed}^{ref}	参考切线模量/MPa	标准固结试验
m	应力相关性指数	常规三轴剪切试验或经验值
p^{ref}	参考应力水平/kPa	默认值
v_{ur}	卸载—再加载泊松比	经验值
R_f	破坏比	默认值
c'	有效内聚力/kPa	常规三轴剪切试验
φ'	有效内摩擦角/°	常规三轴剪切试验
ψ	剪胀角/°	经验公式
K_0	静止土压力系数	Jacky 公式计算或实测值
G_0^{ref}	参考初始剪切模量/MPa	室内土工试验
$\gamma_{0.7}$	剪应变阈值	室内土工试验

由此可见，HSS 模型参数的确定方法包括室内土工试验、默认值、经验值、相关公式确定等方法。HSS 模型参数包括强度参数、刚度参数和应力状态参数，笔者接下来将对其中常见的强度参数和刚度参数确定方法进行详细的概述。

2.3.1 常用参数的确定方法

2.3.1.1 强度参数的确定

土体强度参数主要包括黏聚力 c、内摩擦角 φ 和剪胀角 ψ。在数值计算模型中，通常用有效黏聚力 c' 和有效内摩擦角 φ' 来表示。对于黏性土而言，一般可以利用三轴排水试验或者慢剪试验，也可以利用三轴固结不排水试验，并辅以测定孔隙水压力，继而确定土体的抗剪强度指标。对于砂土而言，通常利用静力触探试验或者标准贯入试验资料予以确定。剪胀角 ψ 是主要与土体的剪胀现象（或剪缩现象）有关，一般情况下，剪胀角可以取为零值。

此外，土体强度参数受到的影响因素众多。工程师在确定强度参数的取值时，应充分结合自己的工程实践经验。

2.3.1.2 刚度参数的确定

HSS 模型中的刚度参数有：参考压缩模量 E_{oed}^{ref}、参考割线模量 E_{50}^{ref}、参考卸载再加载模量 E_{ur}^{ref} 和参考初始剪切模量 G_0^{ref}，本小节对这些参数确定方法进行简单的介绍。

(1) 参考压缩模量 E_{oed}^{ref} 的确定

压缩模量是相对容易确定的一个刚度参数，且物理意义明确。参考切线压缩模量 E_{oed}^{ref} 可以利用固结试验或三轴试验确定，也可以利用原位试验结果及一些经验公式计算得到。此外，为了充分利用岩土工程勘察报告给出的 100～200kPa 两级荷载下的平均压缩模量 E_{s1-2}，也可以把平均压缩模量 E_{s1-2} 作为参考压缩模量 E_{oed}^{ref} 的取值，即式(2.8)：

$$E_{oed}^{ref} = E_{s1-2} \tag{2.8}$$

除此之外，也可以利用其他相关物理指标对参考压缩模量 E_{oed}^{ref} 的值予以确定，如文献[194-196]中均有提到。

(2) 参考割线模量 E_{50}^{ref} 的确定

一般情况下，参考割线模量 E_{50}^{ref} 可以从三轴排水试验中得到。当无试验数据时，可以利用参考割线模量 E_{50}^{ref} 与参考切线压缩模量的经验关系对模量参数予以确定[197]。

(3) 参考卸载再加载模量 E_{ur}^{ref} 的确定

参考卸载再加载模量 E_{ur}^{ref} 也可以通过三轴排水试验得到。当卸载再加载模量没有试验数据时，数值软件程序中默认为 $E_{ur}^{ref} = 3E_{50}^{ref}$。HSS 模型考虑了卸载再加载模量对土体变形的影响,在基坑开挖数值计算中更为合理。

(4) 参考初始剪切模量 G_0^{ref} 的确定

初始剪切模量 G_0 反映了土体的小应变特征,可以利用弯曲元试验、共振柱试验和扭剪试验等进行确定。另外,初始剪切模量 G_0 受到很多因素的影响,尤其是土体的应力状态和孔隙比。如 Hardin 等[198]给出了一个适合于各类土的初始孔隙比和初始剪切模量的经验关系式:

$$G_0 = 33\frac{(2.97-e)^2}{1+e} \quad (2.9)$$

2.3.2 HSS 模型参数试验研究成果统计

HSS 模型一经提出,就引起了很多科研工作者和工程师的兴趣,但由于 HSS 模型中的参数众多,每个参数都通过试验确定则会存在较大的困难和成本。针对 HSS 模型参数的试验确定,大量学者进行了相关土工试验对不同软土地区的 HSS 模型参数予以确定,如刘畅等[199]、梁发云等[200]和温伟科等[201]分别通过试验得到了天津地区、上海地区和深圳地区典型地层的 HS 模型或者 HSS 模型参数。为了提高 HSS 模型中经验参数取值方法的普适度,本节对已有文献中 HSS 模型的力学试验数据进行统计分析。以大量的试验数据或者文献资料为基础,针对上海地区典型软土地层,许多学者[200,202-205]对其 HSS 模型参数之间的经验关系进行了归纳和总结。下面笔者将这些成果进行简要的概述:

① 现场岩土工程勘察报告一般会提供场地的压缩模量 E_{s1-2},因此可以直接根据现场资料提供的 E_{s1-2} 来估算其他模量,如上海市《基坑工程技术标准》[206]中也给出了以 E_{s1-2} 为基础的其他 HSS 模型参数确定的比例关系(表 2.2)。

表 2.2　　上海市土体 HSS 模型参数之间的关系[206]

土层	E_{oed}^{ref}/MPa	E_{50}^{ref}/MPa	E_{ur}^{ref}/MPa	G_0^{ref}/MPa
②黏土	$0.9E_{s1-2}$	$1.2E_{s1-2}$	$5.4E_{s1-2}$	$(13.5-26.46)E_{s1-2}$
③淤泥质粉质黏土	$0.9E_{s1-2}$	$1.2E_{s1-2}$	$7.2E_{s1-2}$	$(18.0-35.28)E_{s1-2}$
④淤泥质黏土				
⑤粉质黏土	$0.9E_{s1-2}$	$1.2E_{s1-2}$	$5.4E_{s1-2}$	$(13.5-26.46)E_{s1-2}$
⑥黏土				

② 除了考虑压缩模量 E_{s1-2} 外,HSS 模型各参数与孔隙比等物理参数之间也存在一定的关系。图 2.2 给出了上海黏性土的各参考模量 E_{s1-2}、E_{oed}^{ref}、E_{50}^{ref}、E_{ur}^{ref} 与孔隙比 e 的关系[200,202-204]。从图 2.2 中可以看出,各参考模量均随着孔隙比的增加而减小,

基本上都可以用负对数函数进行拟合,变化趋势保持一致。以孔隙比为纽带,可以发现参数模量 E_{s1-2}、E_{oed}^{ref}、E_{50}^{ref} 和 E_{ur}^{ref} 之间存在有一定的正相关关系。另外,注意到勘察报告一般会提供土体的孔隙比参数,因此可以根据土体孔隙比参数,就能较准确地确定 HSS 模型的参考模量 E_{oed}^{ref}、E_{50}^{ref} 和 E_{ur}^{ref}。

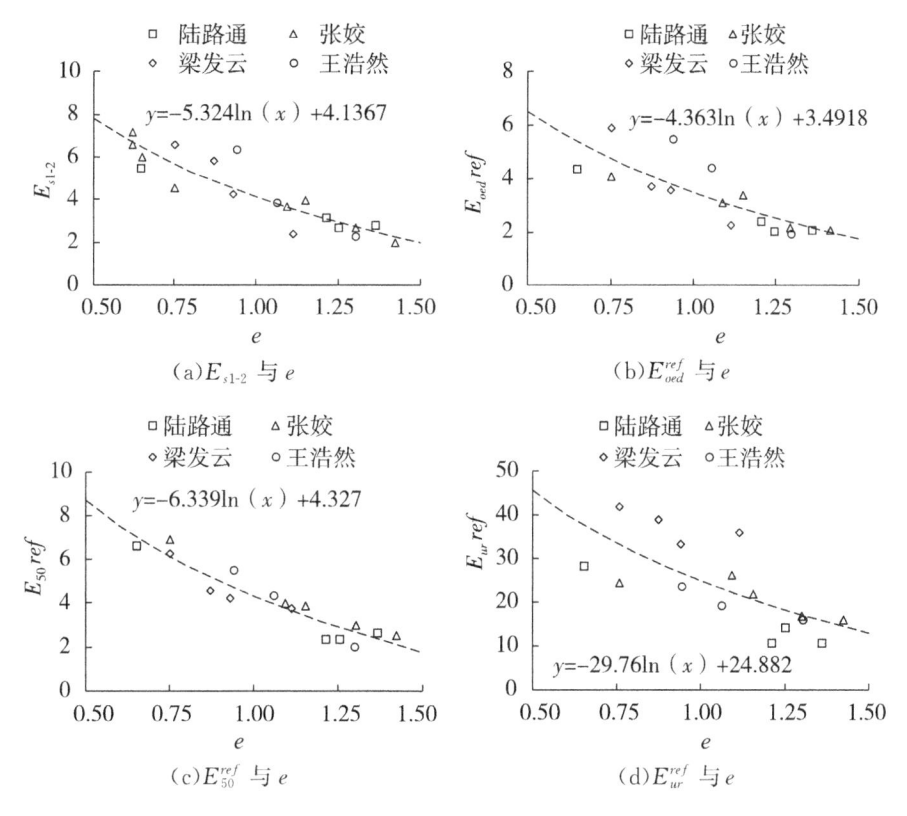

图 2.2 E_{s1-2}、E_{oed}^{ref}、E_{50}^{ref}、E_{ur}^{ref} 与 e 之间的关系

由图 2.2 可知,以孔隙比 e 为纽带,各参考模量之间必定存在一定的相互关系。通过对大量文献进行整理和总结,图 2.3(a)给出了均基于固结试验确定的 E_{oed}^{ref} 和 E_{s1-2} 之间的关系。由此可见,两者具有很好的线性相关关系。另外,由于土体的压硬性,正常固结黏土的 E_{s1-2} 应该大于 E_{oed}^{ref}。E_{oed}^{ref} 的表达式如式(2.10)所示:

$$E_{oed} = E_{oed}^{ref}\left(\frac{c'\cos\varphi' - \dfrac{\sigma'_3}{K_0}\sin\varphi'}{c'\cos\varphi' + p^{ref}\sin\varphi'}\right)^m \tag{2.10}$$

式中,σ'_3——现场初始水平向应力,以压应力为负;

K_0——现场的静止土压力系数。

继而通过理论推导可以得到式(2.11):

$$\frac{E_{oed}^{ref}}{E_{s1-2}} = \frac{2^{1-m}-1}{1-m} \tag{2.11}$$

当 m 在 0.5～0.6 时，$E_{oed}^{ref}/E_{s1\text{-}2}$ 介于 0.80～0.83，可见与试验统计结果（两者的比值为 0.839）十分吻合。

图 2.3(b)中给出了 E_{50}^{ref} 与 $E_{s1\text{-}2}$ 之间的关系，可以发现两者有较好的线性关系，且 $E_{50}^{ref} \approx 1.016 E_{s1\text{-}2}$。图 2.3(c)给出了 E_{ur}^{ref} 和 E_{50}^{ref} 之间的关系，由于两者均由三轴排水试验确定，应该比规范中给出的 E_{ur}^{ref} 和 E_{oed}^{ref} 有更好的相关性。因此，可以对试验数据进行拟合，从而得到 E_{ur}^{ref} 和 E_{50}^{ref} 之间的线性关系式。

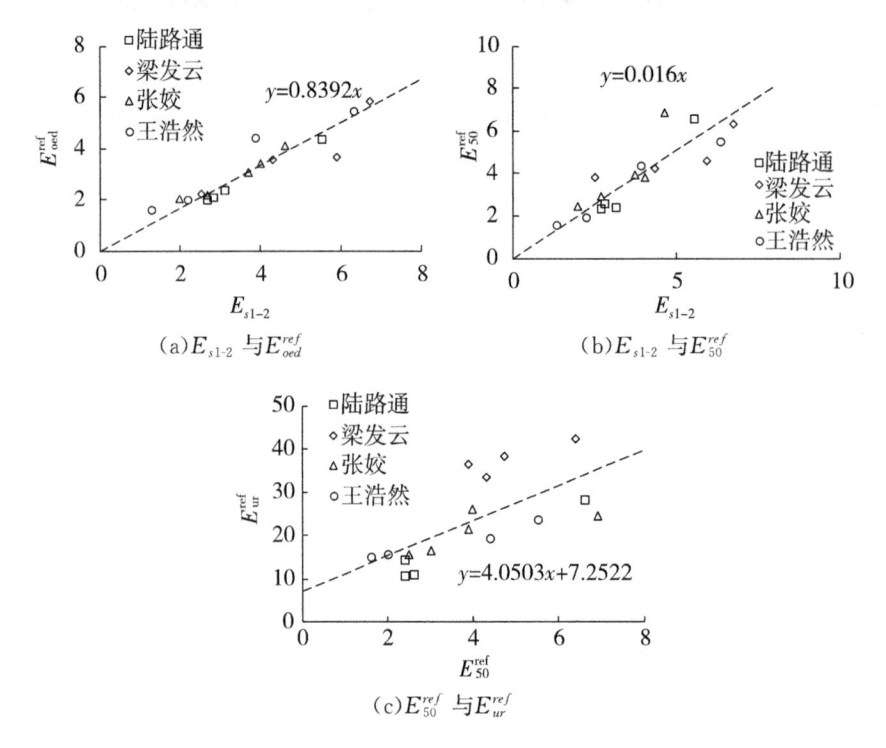

图 2.3 各个模量之间的关系

直观上，土体的孔隙比亦对有效应力强度指标有重要的影响。顾晓强等[205]在统计上海地区部分土层的 e、c' 和 φ' 之间的变化范围时，给出了图 2.4 所示的结果。由图 2.4 可知，φ' 与 e 以及 c' 和 φ' 均有一定的相关关系，因此在缺乏试验数据时，可以根据图中拟合公式由 e 确定 φ'，再根据 φ' 确定 c'。

顾晓强等[205]也对基于共振柱试验测定的 G_0 值进行了统计分析，其中包括有上海软土地区黏性土（含黏质粉土）和砂性土（含砂质粉土），见图 2.5。由图 2.5 可见，G_0 主要会受到土体的孔隙比 e 和有效围压 p' 的共同影响，此时可以利用 $G_0 = AF(e)(p'/P_a)^m$ 的形式对统计数据进行拟合，其中 A 是常数，与土颗粒特性、土体级配及组构等相关；$F(e)$ 是孔隙比 e 的函数，采用 $F(e) = e^{-n}$ 的形式[207]，n 为拟合参数；P_a 为参考应力，这里取 100kPa。

(a) φ' 和 e

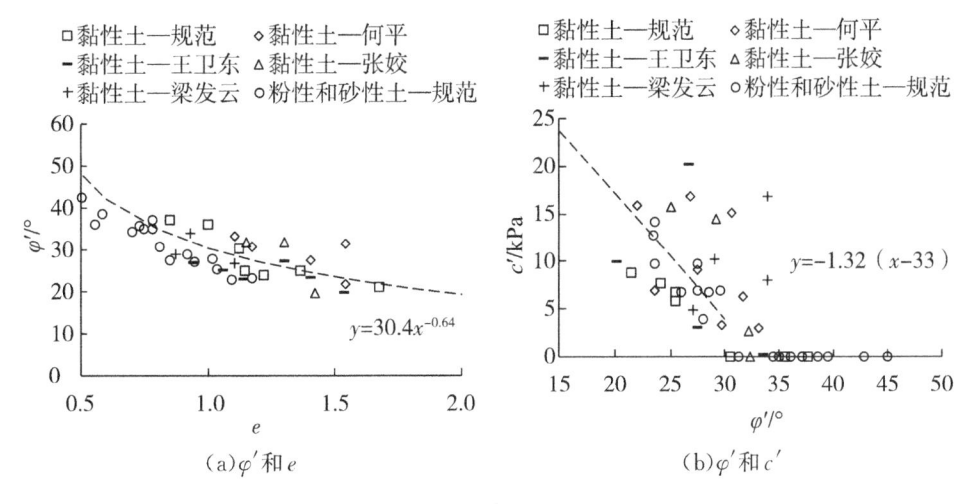

(b) φ' 和 c'

图 2.4　e、c' 和 φ' 之间的变化关系

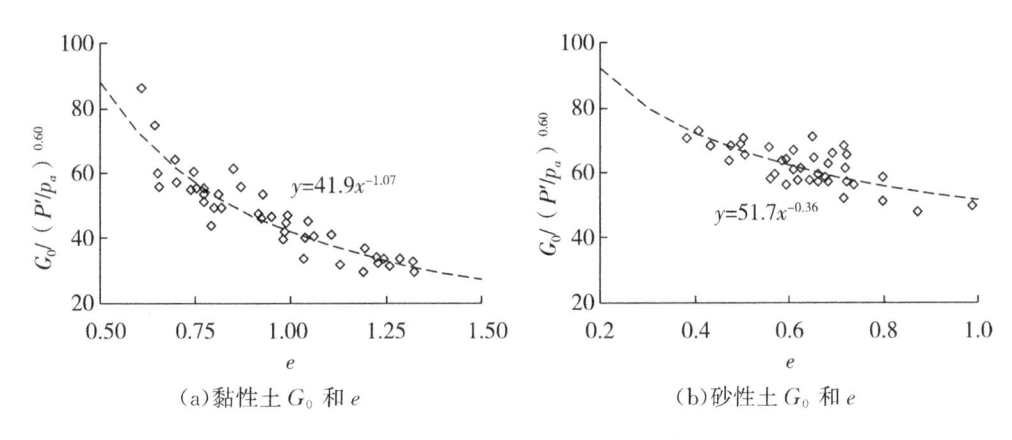

(a) 黏性土 G_0 和 e

(b) 砂性土 G_0 和 e

图 2.5　黏性土和砂性土 G_0 和 e 之间的关系

总体而言，HSS 模型参数之间存在一定的相关关系。在工程实践中，可以利用这种相关关系对土体参数予以确定，也可以借此判断土体参数取值的合理性。

2.4　土体参数空间变异性及其随机场建模方法

2.4.1　引言

Lumb[208-209] 最先于 1966 年提出土体参数空间变异性的概念。此后，Vanmarcke[55-56] 提出了随机场模型，用以表征这种参数空间变异性特征。随机场模型广泛应用于岩土工程的参数不确定性表征中，为岩土工程可靠度分析提供了一条有效的途径。随机场理论包含参数随机性和参数相关性两个方面。其中，参数随机性主要是利用参数的均值和变异系数进行描述，参数的相关性主要是利用参数的波动距离和相关结构进行描述。基于随机场理论，借助编程平台，可以实现参数随机场建模，并为后续开展基于 Monte-Carlo 策略的岩土工程可靠度分析奠定基础。

2.4.2 随机场理论

2.4.2.1 参数概率分布特征

参数概率分布特征表现了参数空间随机性的特点，一般针对其中的参数均值、变异系数和概率分布函数等概率统计特征，可以根据现场勘察结果进行统计分析予以确定。

笔者通过文献调研查阅了国内外相关文献，可知常见岩土力学参数的概率分布类型有 β 分布[210-211]、极值分布[212]、组合分布[213]、正态分布[214-222]和对数正态分布[214,215,219,221,223]等。总体而言，正态分布和对数正态分布应用得最为广泛。此外，正态分布形式和对数正态分布形式还可以看作是大量不确定因素相乘的极限分布形式，这与岩土体自然形成过程中的不确定性相吻合。从数学的角度来看，正态分布可正可负，对数正态分布则是严格非负的，因此利用对数正态分布来描述岩土体参数随机性特征更为合适。鉴于此，笔者在建立土体参数随机场模型时，都采用对数正态分布形式作为参数的概率分布类型。

2.4.2.2 波动距离

波动距离是表征土体参数空间相关性的重要参数，是随机场中将土体"点特性"和"空间平均特性"联系起来，并完成"点"到"空间"过渡的重要纽带。波动距离的物理意义是：在波动距离之内，土体参数之间的相关性较强；在波动距离之外，土体参数之间的相关性较弱。因此波动距离能反映土体参数之间的相关性，较小的波动距离意味着参数整体相关性较弱，较大的波动距离则说明参数整体相关性较强。土体的波动距离是土体的一种属性，受到土体矿物成分、沉积条件、应力历史、含水量等因素的共同影响。

在众多文献中，常见与之类似的一个概念——"相关距离"，相关距离和波动距离都是反映参数空间变异性的基本指标，两者有诸多共同点，但也有一些区别。相关距离和波动距离在定义上是不同的，其中相关距离是指相关函数为指数或者高斯函数时，函数值衰减至 e^{-1} 时的距离。对于不同的相关函数，其对应的波动距离和相关距离并不完全相同，如指数型相关函数的波动距离是相关距离的 2 倍，高斯型相关函数的波动距离是相关距离的 $\sqrt{\pi}$ 倍，二阶自回归相关函数的波动距离是相关距离的 4 倍。

2.4.2.3 相关距离的计算方法

相关距离的数学定义式为：

$$\delta = \lim_{T \to \infty} T\gamma^2(T) \tag{2.12}$$

式中,$\gamma(T)$——方差折减函数;

T——局部平均距离,$T \geqslant 0$。

相关距离的计算方法较多,常用的方法有递推空间法、相关函数法、曲线极限法等,下面对这些常见的方法进行介绍。

(1)递推空间法

该方法从相关距离的定义出发,直接通过方差折减函数 $\gamma(T)$ 来计算相关距离 δ。当积分长度 T(局部平均距离)趋于无穷大时,$\gamma(T)$ 趋于一个常数。通过绘制 $\gamma(T)$-T 曲线可以发现,曲线尾端的平稳点所对应的 T 值即为所求相关距离。

(2)相关函数法

根据方差折减函数与相关函数的定义,有:

$$\delta = \lim_{T \to \infty} T\gamma^2(T) = 2\int_0^\infty \rho(\tau) \, \mathrm{d}\tau \tag{2.13}$$

由式(2.13)可知,当确定了相关函数形式,则可以求得相关距离。在实际的计算过程中,首先根据原位试验得到的等间距 Δz 的试验数据 $X(z)$,计算不同间隔距离 τ ($\tau = i\Delta z$)下的相关系数 $\rho(\tau)$,进而通过拟合法计算相关距离,如式(2.14)所示。

$$\rho(\tau) = \rho(i\Delta z) = E[X(z)X(z+\tau)] = \frac{1}{n-i}\sum_{k=1}^{n-i} X(z_k)X(z_{k+i}) \tag{2.14}$$

式中,$E[\cdot]$——数学期望。

(3)曲线极限法

首先绘制 $T\gamma(T)$-T 图形,然后选取合适的函数进行拟合,该函数应该满足条件为:当 $T \to \infty$ 时,函数值存在极限并小于1;当 T 等于波动距离时,函数值为1。

针对目前岩土工程领域中遇到的问题,通过试验获取所有土体参数的相关距离明显不太现实。为此,国内外学者展开了大量的统计工作,蒋水华[64]对国内外不同地区的不排水抗剪强度进行了汇总,得到黏性土层水平波动距离为 10.0~62.0m,竖向波动距离为 0.1~8.0m;吴振君[224]通过统计分析得到岩土体的竖向波动距离范围为 0.5~6.0m,水平向波动距离范围为 30.0~80.0m。李小勇等[225]也对杭州、太原等地的岩土体波动距离进行了统计,并形成了当地的岩土体参数的建议值,可为后续工程设计与施工提供有益的参考。

2.4.2.4 相关函数

在随机场理论中,参数之间的空间相关性利用波动距离和相关函数来表征。其中,相关函数以数学函数的方式刻画了空间点与点之间的相关性大小。

对于随机场内任意两点 i 处和 j 处岩土参数的相关性,可以通过式(2.15)进行计算其两者的相关系数:

$$\rho[(x_i,y_i),(x_j,y_j)]=\frac{\text{COV}[X(x_i,y_i),X(x_j,y_j)]}{\sqrt{\text{Var}[X(x_i,y_i)]}\sqrt{\text{Var}[X(x_j,y_j)]}} \quad (2.15)$$

式中,$X(x_i,y_i)$——计算域内第 i 个单元中心点处参数随机场特性值,其中 $i,j=1,2,\cdots,n_e$,其中 n_e 为随机场单元数目;

COV(·)和 Var(·)——协方差函数和方差函数。

目前,比较常见的相关函数见表2.3。

表 2.3　　　　　　　常用的相关函数形式

函数名称	随机场维度	自相关函数
指数函数 (SNX)	一维	$\rho(\tau_x)=\exp\left(-2\dfrac{\|\tau_x\|}{\theta_x}\right)$
	二维	$\rho(\tau_x,\tau_y)=\exp\left[-2\left(\dfrac{\|\tau_x\|}{\theta_x}+\dfrac{\|\tau_z\|}{\theta_z}\right)\right]$
	三维	$\rho(\tau_x,\tau_y)=\exp\left[-2\left(\dfrac{\|\tau_x\|}{\theta_x}+\dfrac{\|\tau_y\|}{\theta_y}+\dfrac{\|\tau_z\|}{\theta_z}\right)\right]$
高斯函数 (SQX)	一维	$\rho(\tau_x)=\exp\left[-\pi\left(\dfrac{\tau_x^2}{\theta_x^2}\right)\right]$
	二维	$\rho(\tau_x,\tau_y)=\exp\left[-\pi\left(\dfrac{\tau_x^2}{\theta_x^2}+\dfrac{\tau_y^2}{\theta_y^2}\right)\right]$
	三维	$\rho(\tau_x,\tau_z,\tau_y)=\exp\left[-\pi\left(\dfrac{\tau_x^2}{\theta_x^2}+\dfrac{\tau_y^2}{\theta_y^2}+\dfrac{\tau_z^2}{\theta_z^2}\right)\right]$
三角型函数 (BIN)	一维	$\rho(\tau_x)=1-\dfrac{\tau_x}{\theta_x},\tau_x\leqslant\theta_x$
	二维	$\rho(\tau_x,\tau_y)=\left(1-\dfrac{\tau_x}{\theta_x}\right)\left(1-\dfrac{\tau_z}{\theta_z}\right),\tau_x\leqslant\theta_x\text{ 且 }\tau_z\leqslant\theta_z$
二阶自回归函数 (SMK)	一维	$\rho(\tau_x)=\exp\left(-\dfrac{4\tau_x}{\theta_x}\right)\left(1+\dfrac{4\tau_x}{\theta_x}\right)$
	二维	$\rho(\tau_x,\tau_z)=\exp\left[-4\left(\dfrac{\tau_x}{\theta_x}+\dfrac{\tau_z}{\theta_z}\right)\right]\left(1+\dfrac{4\tau_x}{\theta_x}\right)\left(1+\dfrac{4\tau_z}{\theta_z}\right)$
指数余弦函数 (CSX)	一维	$\rho(\tau_x)=\exp\left(-\dfrac{\tau_x}{\theta_x}\right)\cos\left(\dfrac{\tau_x}{\theta_x}\right)$
	二维	$\rho(\tau_x,\tau_z)=\exp\left[-\left(\dfrac{\tau_x}{\theta_x}+\dfrac{\tau_z}{\theta_z}\right)\right]\cos\left(\dfrac{\tau_x}{\theta_x}\right)\cos\left(\dfrac{\tau_z}{\theta_z}\right)$

由此可见,常见的相关函数形式有指数函数(SNX)、高斯函数(SQX)、三角型函数(BIN)、二阶自回归函数(SMK)和指数余弦函数(CSX)等。在这些函数形式中,指数函数形式最为简单,在土体参数空间变异性模拟中较为广泛[226-227],因此在后续的

参数空间变异性模拟中均采用指数型相关函数形式。图 2.6 给出了常见几种相关函数随土体距离的一维曲线变化情况。可以看出,指数型相关函数的曲线衰减速度较快,并伴随着空间距离的增加而逐渐减小,说明了空间距离的增大使得土体相关性逐渐减弱,这也和前述保持一致。

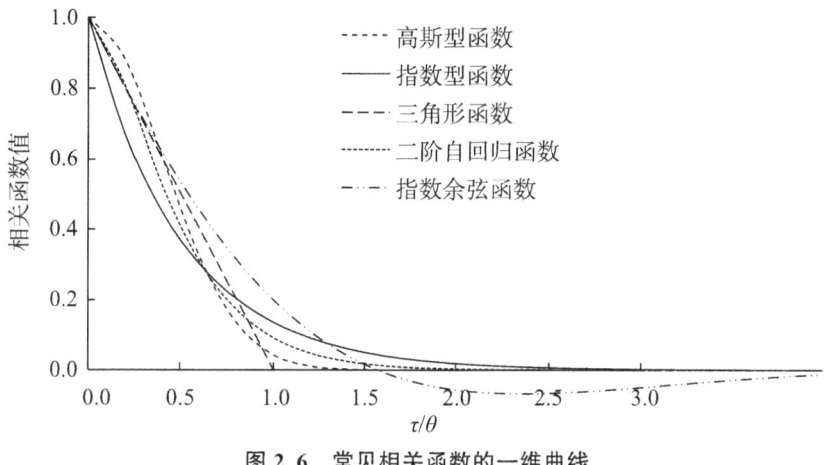

图 2.6 常见相关函数的一维曲线

2.4.3 随机场建模方法

在确定土体参数空间变异性统计量后,可以借助相关编程语言平台实现参数随机场的建模,这也是实现岩土工程可靠度分析的重要途径。随机场建模需要对随机场进行空间离散。通过随机场离散,可以用数学方法定量描述土体单元的数字特征(如均值、方差、协方差等)。目前,随机场离散的常用方法有:LAS 法(局部平均离散法)[72-73]、协方差矩阵分解法[78]和 KL(Karhunen-Loève)级数展开法[79]。

其中,LAS 法就是将待模拟区域看作一个单元,通过对该单元进行逐级分割直到满足计算精度。在单元分割的过程中,相邻单元之间通过一定的统计特征进行换算;而利用 KL(Karhunen-Loève)级数展开法生成随机场的过程首先需要计算得到协方差函数中的特征值和特征函数,然后利用这两者之间的乘积形式表示随机场的离散过程;协方差矩阵分解法(Covariance Matrix Decomposition Method)通过构建协方差矩阵来实现随机场的模拟。程红战[180]在其参数随机场模拟中,对这三种方法的模拟精度、计算效率和实现过程的难易程度进行了比较。研究结果表明,协方差矩阵分解法在模拟精度上最优;三种方法在计算效率上的差异性不够明显,但效率均较高;在实现过程中,KL 级数展开法比协方差矩阵分解法要简单些,LAS 法最为复杂。鉴于此,本章将重点介绍利用协方差矩阵分解法来模拟岩土体参数的随机场,并在后续的随机分析中均利用协方差矩阵分解法。

协方差矩阵分解法首先需对随机场进行离散。对于随机场中的两个离散点 x_i 和 x_j，$i,j=1,2,\cdots,n$，假设 τ_{ij} 为任意两点 x_i 和 x_j 之间的相对距离，C 为 n 个点之间的协方差所组成的 n 阶协方差矩阵，该矩阵为一正定矩阵，矩阵 C 中任意一个元素 C_{ij} 表示 x_i 和 x_j 之间的协方差，$C_{ij}=C(\tau_{ij})$。通过 Cholesky 分解可以得到上三角、下三角矩阵：

$$C=LU=LL^{\mathrm{T}} \tag{2.16}$$

式中，L——下三角矩阵；

U——上三角矩阵；

L^{T}——矩阵 L 的转置；

n 阶随机场矩阵 Z 可以表示为：

$$Z=LY \tag{2.17}$$

式中：Y——由 n 个相互独立且服从标准正态分布的随机数所组成的列向量；

Z——随机场矩阵 Z 中任意点 Z_{ij} 服从标准正态分布，且协方差矩阵 $E(ZZ^{\mathrm{T}})=E(LYY^{\mathrm{T}}L^{\mathrm{T}})=C$，满足相关性要求，因此矩阵 Z 可以作为随机场的一次实现。多次随机生成服从标准正态分布的矩阵 Y，就可以形成随机场的多次实现。

除此之外，岩土体由于天然沉积过程，在水平方向上的参数相关性较强，在竖向上的相关性较弱，因此选用"横观各向同性"的相关结构较为合适，可以用各向异性系数 $\xi=\theta_x/\theta_z$ 来描述这种特征，其中 θ_x 和 θ_z 分别是水平向和竖向波动距离。图 2.7 分别给出了 $\xi=1.0$、5.0、10.0、100.0 时的参数随机场模型。从图 2.7 中可以看出，每个空间位置对应的参数取值均不相同，这表现了参数的随机性特点；距离越近的位置对应的参数取值越相近，这又体现了参数的相关性特点。

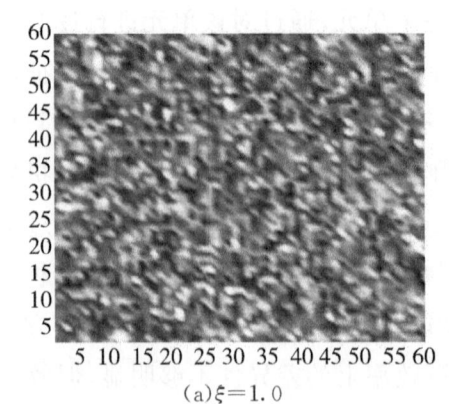

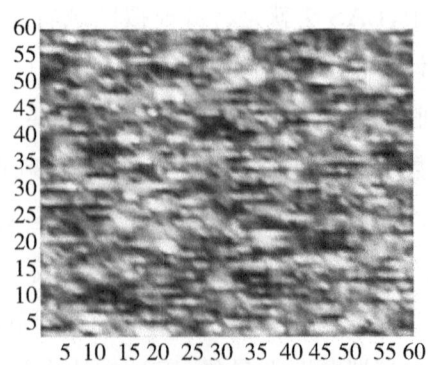

(a) $\xi=1.0$

(b) $\xi=5.0$

(c)$\xi=10.0$　　　　　　　　　(d)$\xi=100.0$

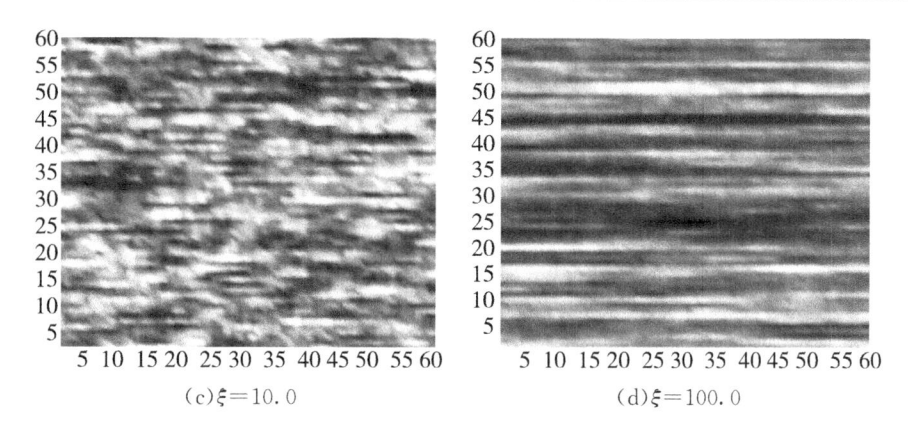

图 2.7　不同各向异性系数情况下的参数随机场模型

2.5　考虑土体小应变特性的参数随机场建模方法

正如前述,地下工程(尤其是基坑工程等)的开挖过程往往会使得周围土体处于小应变状态,因此有必要选取能反映土体小应变特性的本构模型进行数值模拟计算。另外,将土体参数空间变异性特征考虑到数值计算中是开展岩土力学可靠度计算和实践的关键。因此,有必要构建基于 HSS 模型的土体参数随机场建模方法,继而为后续开展基于随机场理论的基坑开挖变形可靠度分析奠定基础。

在以往的研究中,Luo 等[149]在研究软土参数空间变异性情况下的基坑开挖变形时,利用了各参数之间的经验关系建立了 HSS 模型参数随机场模型。该研究团队[155]在考虑砂土参数空间变异性情况下对基坑开挖引起的响应研究中,也利用了经验关系对土体参数随机场进行建模,即首先建立参数$(N_1)_{60}$的随机场,通过参数之间的经验公式反演出有效内摩擦角φ和压缩模量E_{oed}^{ref}的随机场。对于这类包含有多个参数的本构模型,本书亦采用参数之间的经验公式建立参数随机场。根据前述关于 HSS 模型的归纳和总结,可知 HSS 模型参数在统计意义上均有一定的相关性,可以通过经验公式建立起各参数之间的联系。

借助 FLAC³ᴰ 软件平台,利用该软件内置的 HSS 模型来反映土体的小应变特性。根据 FLAC³ᴰ 手册以及前述 HSS 模型试验参数的统计研究,可以建立刚度参数的关系式:

$$G_0^{ref} = 3E_{ur}^{ref} = 9E_{50}^{ref} = 9E_{oed}^{ref} \tag{2.18}$$

依据此关系式,可构建各个刚度参数的随机场模型,即首先构建E_{oed}^{ref}的随机场模型,然后根据该经验公式反演出其他刚度参数的随机场模型。在此基础上,即可开展基坑开挖变形随机性分析。图 2.8 给出了 HSS 模型参数随机场的一次实现。

(a) E_{oed}^{ref}

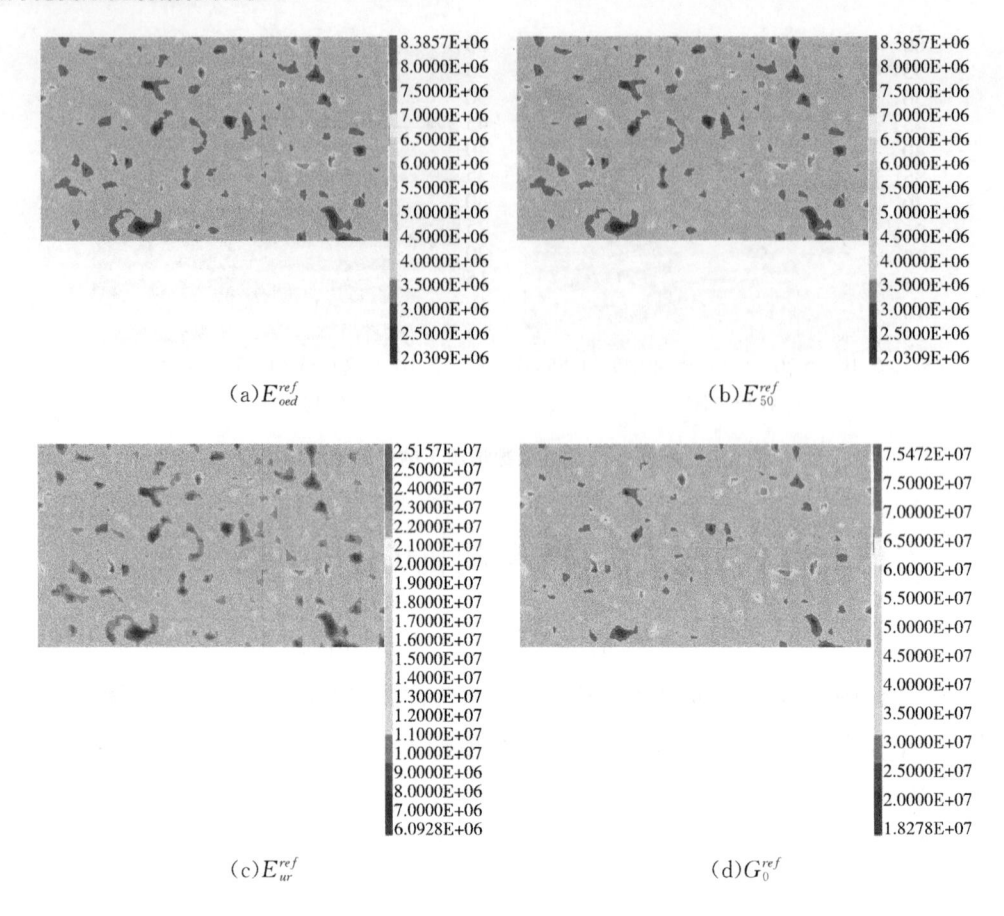

(b) E_{50}^{ref}

(c) E_{ur}^{ref}

(d) G_0^{ref}

图 2.8 HSS 模型参数随机场的一次实现

值得一提的是,对各个参数按照一定的经验关系生成参数随机场,并将该随机场参数导入数值软件中开展数值计算时,该参数随机场是开展数值计算初始时的情况。但随着数值计算的进行,参数之间的关系式会因 HSS 模型中相关内变量的变化而逐渐变化,这是因为 HSS 模型中剪切模量会随着剪应变的增大逐渐衰减(图 2.1)。

2.6 本章小结

本章对土体典型的两大特征进行总结和概述,根据土体在开挖时处于小应变状态的特点,指出开展数值计算时采用土体 HSS 模型的必要性。另外,论述了土性参数固有的空间变异性特点,指出考虑土体参数空间变异性特征是开展岩土力学可靠度计算的关键。本章将两大特点结合起来,构建了考虑土体小应变特性的参数随机场建模方法,作为后续研究的基础。主要研究工作和研究结论如下:

①对土体 HSS 模型的特点及其参数取值方法进行介绍,并利用文献调研的方法对软土地区的 HSS 模型试验参数成果进行统计分析,建立起了 HSS 模型各参数之

间的经验统计关系。

②基于对土体参数具有空间变异性这一认识,本章利用随机场理论来表征这一特点,并对随机场理论中的参数概率分布形式、波动距离、相关距离的计算方法和相关函数等进行介绍。同时还介绍了 3 种常见的随机场建模方法,并对随机场的生成方法进行了实现。

③借助于 FLAC^{3D} 软件平台,利用参数之间的经验关系对参数随机场建模。在此基础上,在数值计算中可以考虑土体的小应变特性,也可以考虑土体参数的空间变异性特点,最终形成了考虑土体小应变特性的参数随机场建模方法,为后续开展基于随机场理论的基坑开挖变形可靠度分析奠定了基础。

第3章 基坑开挖变形表征函数和表征指标研究

3.1 引言

基坑开挖的工程实践表明,围护结构水平变形和地表沉降之间存在一定的相关关系,目前已有的大量研究对此进行了探讨。但目前研究的明显不足之处在于围护结构水平变形和地表沉降的表征函数形式有待进一步确定,相应的函数表征指标的研究也相对较少。随着城镇化的发展,基坑支护体系和支护方法也取得了长足的发展,各种新型的施工工法被应用在城市地下空间开发中,这些都使得基坑开挖引起的围护结构和地表变形规律更为复杂。工程界一直在寻求能更好地反映基坑变形特性的表征曲线,力求使变形表征式能直接呈现变形表征指标,从而有利于基坑开挖变形曲线的便捷化表达。

针对这个研究目标,本章建立一套适用于内撑式基坑变形曲线的表征函数和指标体系。基于大量实测数据,对内支撑式基坑围护结构变形进行模式分类,将其分为"上凹"型、"下凹"型、"上凹下凹"型和"上下无凹"型四种类型;基于围护结构变形模式和上下分段特征,利用分段正态分布函数,建立围护结构水平变形曲线的表征方法;考虑开挖过程中的地层损失,建立围护结构水平变形曲线包络面积计算表达式,提出以水平变形最大值、两个分段反弯点位置值和变形曲线包络面积为核心的围护结构变形曲线表征指标体系。针对坑外地表沉降变形,建立沉降曲线的偏态分布函数表达式;结合沉降曲线包络面积、最大地表沉降值及其位置值等指标,提出坑外地表沉降曲线的表征指标体系,并确定坑外地表沉降主要影响区和次要影响区的理论分界点位置。针对建立的围护结构水平变形曲线的分段正态分布函数表征式和地表沉降曲线的偏态分布函数表征式,根据实测数据,基于最小二乘法原理进行回归拟合,验证这两类函数在基坑开挖变形表征中的有效性和适用性。

本章关于变形表征函数和表征指标的研究是后续开展基坑开挖变形响应分析的关键。所提出的变形表征函数,可为研究土性参数空间变异性条件下的变形曲线概率统计特征提供方法支撑;所提出的变形表征指标体系,可为综合制定基坑工程变形控制指标提供科学依据。

3.2 围护结构水平变形表征函数研究

基坑开挖引起的围护结构水平变形不可避免地受到支护体系不同的影响。按照支护原理的不同，常见的基坑支护方式有悬臂支护体系、内撑式支护体系、拉锚式支护体系和组合支护体系等[228]。但随着城市地下空间的开发与利用，基坑工程整体上向着更大规模、更深的开挖深度和更为复杂的开挖环境发展。此时，基坑工程开挖过程既要保证基坑自身的整体稳定性，又要避免发生较大的墙体或者地层变形，以最大限度地减少基坑开挖的安全风险和对周边环境产生的不利影响。正因为如此，内支撑体系由于其适用性强和整体支护刚度大的优点，被广泛应用到城市深基坑中。

正如第1章介绍，Goldberg等[100]、Clough等[101]、龚晓南[102]和崔江余等[103]均对基坑围护结构水平变形规律进行了总结，并对其变形模式进行了划分，但针对目前更为普适的内支撑式基坑围护结构鼓胀变形研究显然不够。鉴于目前对该研究的欠缺，本章对鼓胀变形的内支撑基坑展开研究，对围护结构水平变形曲线进行细化分类，继而建立完善的变形函数表达式。

3.2.1 内支撑式基坑鼓胀变形的细化分类

针对最常见的支撑式基坑围护结构鼓胀变形，笔者通过大量工程实测数据进行总结和分析，发现可以根据其变形曲线是否存在明显反弯点和反弯点位置的不同，可以将基坑鼓胀变形细化并分为四类：①"上凹"型；②"下凹"型；③"上凹下凹"型；④"上下无凹"型。下面将对这四种围护结构水平位移进行详细的介绍：

(1)"上凹"型

此类围护结构水平变形曲线最显著的特点是在水平变形最大值位置以上存在一个明显的反弯点，而在水平变形最大值位置以下则没有出现明显的反弯点，从形式上看呈现出"上凹"的特征。笔者搜集了苏州、天津、南京、大连和上海这几处典型的基坑工程，对其围护结构水平变形进行了归一化处理，将变形结果整理到图3.1中。

表3.1和表3.2分别给出了"上凹"型案例基坑的支护系统和地层分布情况。从表3.1、表3.2中可以发现，"上凹"型围护结构水平变形曲线在实际工程中还是很普遍的。出现这类变形模式受很多方面因素的影响，一方面是由于基坑上部内支撑的竖向平均间距较小，此时基坑的内支撑整体刚度较大，坑底以上的围护结构水平变形受到了较大的约束，因此容易产生"内凹"的特点；另一方面是由于部分钢支撑预加力较大，此时同样使得最大水平变形以上的围护结构水平位移呈现"内凹"。

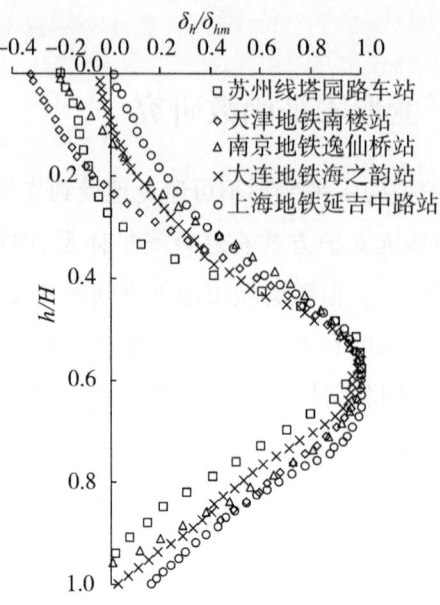

图 3.1 围护结构"上凹"型变形模式

同时"上凹"型水平位移曲线在下部分没有呈现出明显的反弯点，一方面是因为坑底被动区土体抗变形能力较弱（表3.2），基坑坑底以下土体多为强度和压缩刚度较小的粉土和黏土，此时侧向挤压下的抵抗变形能力不强；另一方面围护结构的插入比不大，使得围护结构水平变形曲线在最大水平变形以下没有明显的反弯点。

表 3.1　　"上凹"型案例基坑的支护系统

工程名称	围护结构		内支撑		
	结构形式	插入比	布置形式（数量）		竖向平均间距/m
			混凝土支撑/道	钢支撑/道	
苏州某地铁车站[229]	地连墙	0.74	3	2	3.53
天津某地铁车站[126]	地连墙	0.70	—	4	3.67
南京某地铁车站[230-231]	地连墙	0.67	—	6	3.74
大连某地铁车站[232]	咬合桩	0.88	1	3	4.02
上海某地铁车站[233]	地连墙	0.76	—	4	3.80

表 3.2　　"上凹"型案例基坑地层分布情况

工程名称	开挖深度/m	地层条件（自上而下）	
		坑底以上	坑底以下
苏州某地铁车站[229]	19.0	填土+黏土+粉质黏土+粉土	粉土+粉砂+粉质黏土
天津某地铁车站[126]	16.2	杂填土+黏土+粉土+粉质黏土+粉砂	粉砂+粉质黏土+细砂

续表

工程名称	开挖深度/m	地层条件(自上而下) 坑底以上	地层条件(自上而下) 坑底以下
南京某地铁车站[230-231]	24.0	—	—
大连某地铁车站[232]	17.0	素填土+淤泥质粉质黏土	淤泥质粉质黏土+粉砂
上海某地铁车站[233]	15.3	填土+粉质黏土+黏质粉土+淤泥质粉质黏土+淤泥质黏土	淤泥质黏土+黏土+粉质黏土

(2)"下凹"型

顾名思义,此类曲线在围护结构最大水平变形上方没有明显的反弯点,在下方则出现了明显的反弯点。从变形形式上看,呈现明显的"下凹"特征。针对这类曲线,笔者搜集了合肥、天津、台北、上海等地的基坑工程案例,并对"下凹"型基坑围护结构变形的特点,以及影响因素等进行研究和分析。图3.2给出了围护结构"下凹"型案例的变形模式。可以看出,围护结构水平变形仅仅只有下段有反弯点。

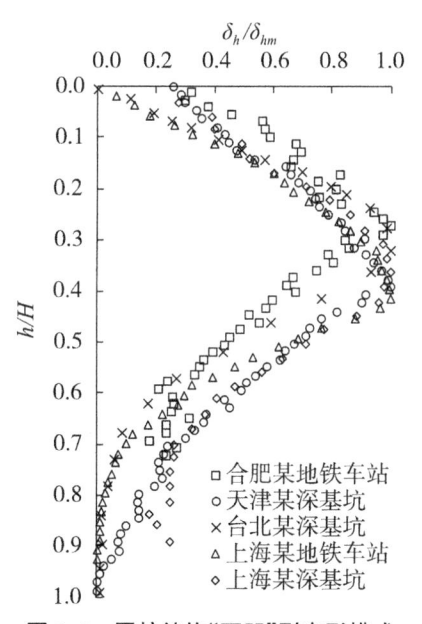

图3.2 围护结构"下凹"型变形模式

表3.3和表3.4分别给出了"下凹"型案例基坑的支护系统和地层分布情况。从表3.3、表3.4中可以发现,"下凹"型深基坑围护结构在实际基坑工程案例中广泛存在。这类基坑围护结构的插入比较大,使得围护结构底端部分的位移较小,从形式上看呈现出"下凹"的特征。如表3.3所示,除了合肥某地铁车站外,其余4个工程案例的围护结构平均插入比达到1.23。如表3.4所示,从基坑工程所在的土层地质条件来看,虽然基坑底部被动区域土体多为黏土等软弱土体,但插入比和土体之间的综合

作用下仍会使得围护结构下部水平变形曲线出现明显的反弯点。单独对插入比较小的合肥地铁车站进行分析，注意到虽然该基坑的插入比较小，但是基坑下部区域以泥岩等硬度较大的土体，此时对基坑围护结构底部的侧向约束作用较大，便也会出现明显的反弯点。

表 3.3　　　　　　　　　　"下凹"型案例基坑的支护系统

工程名称	围护结构		内支撑		
^	结构形式	插入比	布置形式(数量)		竖向平均间距/m
^	^	^	混凝土支撑/道	钢支撑/道	^
合肥某地铁车站[234]	地连墙	0.60	1	4	3.94
天津某深基坑[235]	地连墙	1.10	3	—	—
台北某深基坑[236]	地连墙	1.76	—	—	—
上海某地铁车站[237]	地连墙	1.03	—	—	3.14
上海某深基坑[238]	地连墙	1.02	—	—	—

表 3.4　　　　　　　　　　"下凹"型案例基坑地层分布情况

工程名称	开挖深度/m	地层条件(自上而下)	
^	^	坑底以上	坑底以下
合肥某地铁车站[234]	21.67	杂填土＋黏土＋粉质黏土＋粉土＋粉细砂＋强风化泥质砂岩	强风化泥质砂岩＋中风化泥质砂岩
天津某深基坑[235]	15.30	素填土＋黏土＋粉土＋粉质黏土	粉质黏土＋粉土＋粉质黏土＋黏土
台北某深基坑[236]	18.10	松山组黏土和砂土	松山组黏土和砂土
上海某地铁车站[237]	26.10	素填土＋硬淤泥质黏土＋软黏土＋软硬淤泥质黏土	软硬淤泥质黏土＋硬黏土＋致密淤泥质细黏土＋淤泥质细沙和砂质粉砂交互
上海某深基坑[238]	17.85	素填土＋软泥质黏土＋硬黏土	硬黏土＋硬淤泥质黏土＋粉质细砂含砂质淤泥

(3)"上凹下凹"型

"上凹下凹"型围护结构水平位移曲线的典型特征在于其最大位移值上部和下部皆有一个反弯点，从形式上看呈现出"上凹下凹"的特征。针对这类变形曲线，笔者搜集了上海、杭州等地的基坑工程开挖实例，并对其围护结构水平位移实测数据进行了对比研究。图 3.3 给出了"上凹下凹"型案例基坑的变形模式。从图 3.3 中可以看出，围护结构变形上段和下段均呈现出明显的反弯点。

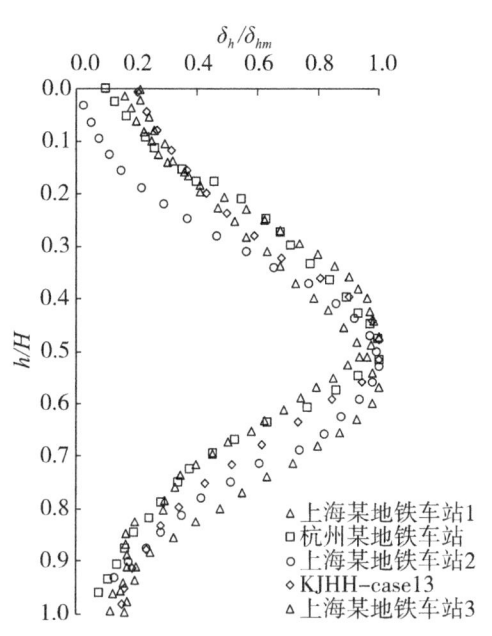

图 3.3 围护结构"上凹下凹"型变形模式

表 3.5 和表 3.6 分别给出了"上凹下凹"型案例基坑的支护系统和地层分布情况。从表 3.5、表 3.6 中可以看出,此类围护结构水平位移模式在实际工程中广泛存在。笔者仍然从围护结构和周围土层条件出发,对此类围护结构水平位移可能的影响因素进行分析。从基坑的支护系统上看,案例中基坑的插入比大多在 0.85 以上,同时基坑底部以下大多是黏土、粉土和砂土等刚度较大的土体,这些都容易使得基坑下部产生反弯点。另一方面,此类变形模式的基坑案例的围护结构竖向平均间距较小,这说明围护结构上部受到内支撑较强的侧向约束作用,因而在最大值位置以上仍然存在明显的反弯点。

表 3.5 "上凹下凹"型案例基坑的支护系统

工程名称	围护结构 结构形式	围护结构 插入比	内支撑 布置形式(数量) 混凝土支撑/道	内支撑 布置形式(数量) 钢支撑/道	内支撑 竖向平均间距/m
上海某地铁车站 1[239]	地连墙	0.59	1	5	—
杭州某地铁车站[240-241]	咬合桩	0.86	—	5	3.45
上海某地铁车站 2[130]	灌注桩	1.03	1	4	2.90
KJHH-case13[242]	地连墙	1.03			
上海某地铁车站 3[243]	地连墙	0.87			

表 3.6　"上凹下凹"型案例基坑地层分布情况

工程名称	开挖深度/m	地层条件(自上而下)	
		坑底以上	坑底以下
上海某地铁车站 1[239]	22.0	填土＋粉质黏土＋淤泥质粉质黏土＋淤泥质黏土＋砂质黏土	粉质黏土
杭州某地铁车站[240-241]	17.7	杂填土＋砂质粉土	砂质粉土＋砂质粉土夹粉砂层
上海某地铁车站 2[130]	15.8	杂填土＋粉质黏土＋淤泥质粉质黏土	淤泥质黏土＋黏土＋粉质黏土
KJHH-case13[242]	12.3	—	—
上海某地铁车站 3[243]	25.2	杂填土＋粉质黏土＋淤泥质黏土＋黏土	黏土＋粉砂

(4)"上下无凹"型

"上下无凹"型,顾名思义,在围护结构位移最大值位置上部和下部没有出现明显的反弯点,上部和下部均呈现出"无凹"的形态。笔者在阅读大量文献的基础上,搜集了南宁、上海、杭州、成都和沈阳等地的深基坑围护结构变形情况。图 3.4 给出了围护结构"上下无凹"型案例条件下的变形情况。通过对其监测数据进行对比分析,可以发现变形曲线上段和下段均没有反弯点。

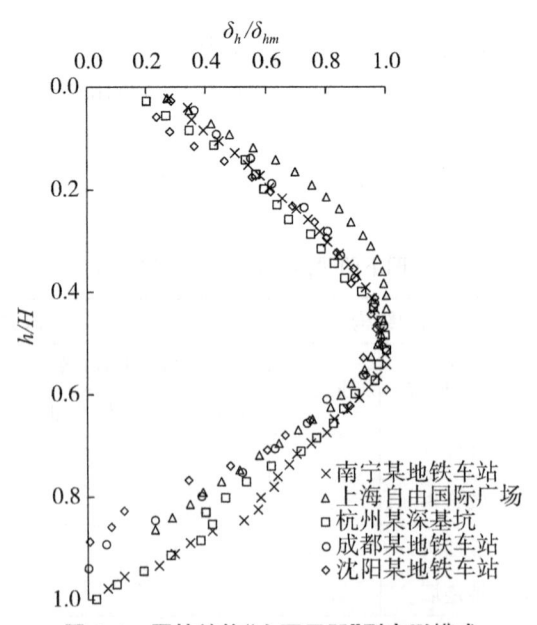

图 3.4　围护结构"上下无凹"型变形模式

表 3.7 和表 3.8 分别给出了"上下无凹"型案例基坑的支护系统和地层分布情况。对"上下无凹"型变形模式的深基坑进行研究,可以发现除了上海自由国际广场

和杭州某深基坑外,其余的案例围护结构插入比均小于0.41,此时围护结构入土深度较浅,从而使得最大位移值位置以下的围护结构水平位移曲线不易出现反弯点。细究上海国际广场和杭州某深基坑这两个案例,发现基坑以下土体基本都是土体较软的黏土,此时约束围护结构水平位移的能力有限,同样也使得不易出现反弯点。另外,表3.7中的内支撑竖向平均间距均比较大,使得围护墙水平位移曲线上部也不易出现反弯点,而是呈现向内凸的特点。

表3.7　"上下无凹"型案例基坑的支护系统

工程名称	围护结构 结构形式	围护结构 插入比	内支撑 布置形式(数量) 混凝土支撑/道	内支撑 布置形式(数量) 钢支撑/道	内支撑 竖向平均间距/m
南宁某地铁车站[244-245]	地连墙	0.33	1	2	4.88
上海自由国际广场[246]	灌注桩	0.92	2	—	5.00
杭州某深基坑[247]	灌注桩	1.02	4	—	4.45
成都某地铁车站[248]	灌注桩	0.31	—	3	5.00
沈阳某地铁车站[249]	灌注桩	0.41	—	4	6.00

表3.8　"上下无凹"型案例基坑地层分布情况

工程名称	开挖深度/m	地层条件(自上而下) 坑底以上	地层条件(自上而下) 坑底以下
南宁某地铁车站[244-245]	17.2	素填土+黏性土+粉土+粉细砂+圆砾	泥岩
上海自由国际广场[246]	10.8	填土+粉质黏土+淤泥质粉质黏土	淤泥质黏土+黏土
杭州某深基坑[247]	17.35	杂填土+粉质黏土+淤泥质粉质黏土	淤泥质粉质黏土+淤泥质黏土
成都某地铁车站[248]	16.2	黏土+粉质黏土+细砂+卵石土	强风化泥岩
沈阳某地铁车站[249]	24	杂填土+黏土+中粗砂+砾岩	砾岩+圆砾

对围护结构水平位移的4种变形模式进行分析发现,围护结构变形受到诸多因素的影响,并不是单一因素可以决定围护结构的变形模式,因此在实际工程分析中,应综合考虑各方面因素的影响。

3.2.2　基于分段正态分布函数的围护结构水平变形表征方法

针对以上内支撑式基坑鼓胀变形的细化分类,往往只是定性分析,并不能从定量的角度对围护结构水平变形曲线进行研究。为了更合理地描述围护结构水平变形规律,同时从应用的角度出发,需要建立围护结构水平变形曲线的函数表达式,力求使该函数表达式既能描述上述4种典型鼓胀变形模式的围护结构水平变形曲线,又能在现有监测数据的基础上,形成统一的变形曲线表达效果。

目前,已有的围护结构水平变形表征函数主要聚焦于多项式拟合方法和高斯函数拟合方法,但是往往适用性不足(见第1章)。针对已有表征函数的不足之处,笔者提出了基于分段正态分布函数的围护结构水平变形表征函数。

3.2.2.1 围护结构水平变形表征函数

基于对现有预测方法的梳理分析,笔者提出了分段正态分布函数的表征方法。该方法借鉴隧道工程中Peck公式[142]描述地表沉降的方法,同样假设围护结构水平变形曲线近似符合正态分布曲线,所不同的是本节假定围护墙侧移曲线呈分段正态分布形式。在Peck公式中,盾构隧道引起的横断面沉降曲线为正态分布曲线,且假定土体地层损失体积等于沉降槽的体积。图3.5是隧道地表沉降的Peck公式表征曲线示意图。

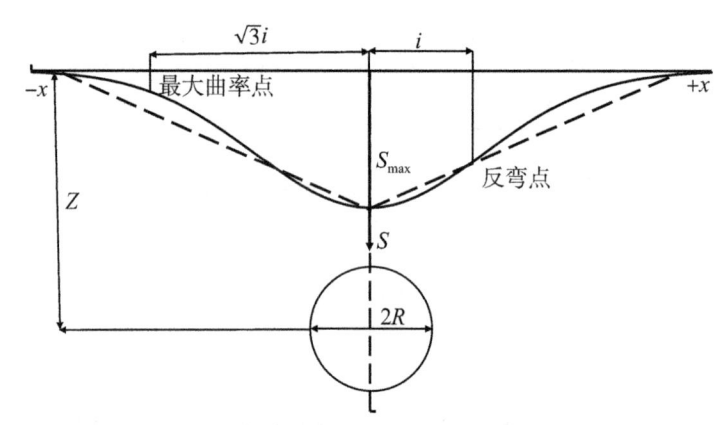

图3.5 隧道地表沉降的Peck公式表征曲线示意图

在Peck公式中,隧道开挖的地表沉降预测公式及最大沉降量计算公式如下:

$$S(x) = S_{max} \exp\left(-\frac{x^2}{2i^2}\right) \tag{3.1}$$

$$S_{max} = \frac{V_i}{i\sqrt{2\pi}} \tag{3.2}$$

$$i = \frac{Z}{\sqrt{2\pi}\tan(45° - \varphi/2)} \tag{3.3}$$

式中:$S(x)$——距离隧道中轴线x处的地表沉降,mm;

S_{max}——地表最大沉降,mm;

x——到隧道中轴线的距离,m;

i——沉降槽宽度系数;

V_i——隧道单位长度引起的地层损失,m^3/m;

φ——隧道周围地层的内摩擦角,°;

Z——地表到隧道中心的距离,m。

可以看到,利用 Peck 公式可以较好地表征地表沉降规律,且形式简单,易于被工程师接受,并将地表沉降表征指标和隧道地层损失联系起来,建立起了地表沉降表征指标与土体参数之间的纽带。那么,在基坑开挖围护结构水平变形表征曲线中,是否可以搭建起类似的表征方法?本章将对这一问题进行解答。

由上一小节可知,一般的支撑式基坑开挖引起的围护结构水平变形形式多样,有"上凹"型、"下凹"型、"上下无凹"型和"上凹下凹"型。从形式上看,有对称形式和非对称形式,此时用完全对称形式的正态分布函数表征明显不符合实际情况。因此从实际出发,以围护结构最大水平变形处为界,将围护结构水平变形曲线划分为两个正态分布函数进行拟合,并力求建立围护结构水平变形曲线各表征指标之间的关系。

图 3.6 给出了利用分段正态分布曲线表征基坑围护结构水平变形曲线的示意图,可以发现该曲线分为两部分,上部曲线是以 i_1 为凹槽宽度系数的正态分布形式,下部曲线是以 i_2 为凹槽宽度系数的正态分布形式,两者的最大水平位移值皆为 $w_{h \cdot \max}$。利用分段正态分布函数表征围护结构水平变形曲线的表达式如下:

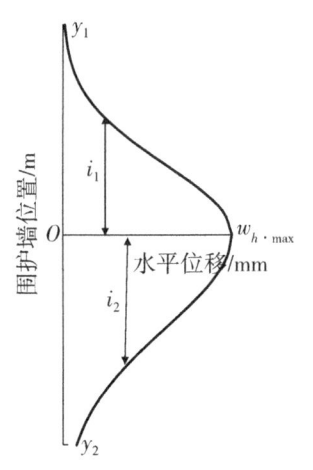

图 3.6 基于分段正态分布函数的基坑围护结构水平变形曲线

$$w(y)=\begin{cases} w_{h \cdot \max}\exp\left(-\dfrac{y^2}{2i_1^2}\right) & (0<y<y_1) \\ w_{h \cdot \max}\exp\left(-\dfrac{y^2}{2i_2^2}\right) & (y_2<y<0) \end{cases} \tag{3.4}$$

式中,i_1——上部曲线的反弯点到最大围护结构水平变形的距离;

i_2——下部曲线的反弯点到最大围护结构水平变形的距离;

$w_{h \cdot \max}$——围护结构水平变形的最大值;

y_1——围护结构的顶端点位置；

y_2——围护结构的底端点位置。

基于此，利用分段正态分布函数形式对四种不同的围护结构水平变形模式进行划分(图 3.7)。为了方便理解，笔者将两段正态分布函数都完整地呈现出来，其中实线部分是围护结构水平变形曲线，虚线部分是其对称部分的延伸：①当$|i_1|<|y_1|$，$|i_2|>|y_2|$时，围护墙侧移曲线表现为"上凹"型；②当$|i_1|>|y_1|$，$|i_2|>|y_2|$时，围护墙侧移曲线表现为"上下无凹"型；③当$|i_1|>|y_1|$，$|i_2|<|y_2|$时，围护墙侧移曲线表现为"下凹"型；④当$|i_1|<|y_1|$，$|i_2|<|y_2|$时，围护墙侧移曲线表现为"上凹下凹"型。

(a)"上凹"型　　(b)"上下无凹"型

(c)"下凹"型　　(d)"上凹下凹"型

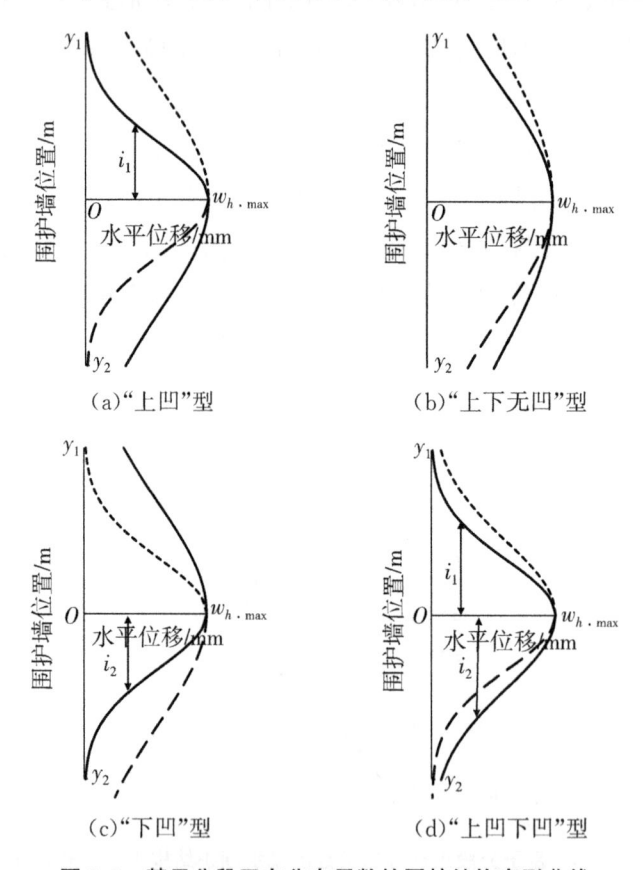

图 3.7　基于分段正态分布函数的围护结构变形曲线

由此可见，基于分段正态分布函数的围护结构水平变形表征方法可以较好地表现鼓胀型基坑 4 种类型的围护结构水平位移模式，并对 4 种变形模式从数学上进行精确的划分，因此可以根据相关变形表征指标大小(上、下凹槽宽度和围护结构顶端、底端位置)确定围护结构水平变形模式。

3.2.2.2　围护结构水平变形表征指标

由式(3.4)可知，围护结构水平变形表征指标有水平变形最大值和两个分段反弯点位置值,这类变形表征指标可以直接从变形表征函数中给出,可以称之为显性表征指标。此外,还有一类隐性表征指标,可以利用显性表征指标通过理论推导得出,如变形曲线包络面积是这一类隐性表征指标。考虑到曲线包络面积可以呈现变形的整体情况,而变形最大值仅仅能表现某个位置的变形情况。因此,为了更加全面地呈现围护结构水平变形曲线的规律,有必要对变形曲线包络面积展开研究。

为了建立围护结构水平变形曲线表征指标与包络面积之间的关系,若是借鉴隧道工程 Peck 公式方法,如 Peck 公式给出了地层损失(曲线包络面积)、地表沉降最大值和沉降槽宽度之间的关系,但可以发现利用该方法预测围护结构水平变形包络面积不甚合理。这是因为对围护结构水平变形曲线细究可以发现,围护结构有顶端和底端这些极限处,这和隧道工程地表沉降不尽相同,隧道地表沉降往往可以延伸至稳定(为零)的位置处,因此这个方法在围护结构水平变形包络面积计算中具有一定的局限性。为了解决这个问题,笔者对所提出的分段正态分布函数在围护结构长度上进行积分,这样在计算围护结构水平变形包络面积时,可以考虑围护结构尺寸,更有适宜性。考虑到指数函数积分的复杂性,笔者对分段正态分布函数进行泰勒级数展开,得到如下的围护结构水平变形曲线的近似表示形式:

$$w(y) \approx \begin{cases} w_{h \cdot \max}\left(1 - \dfrac{y^2}{2i_1^2} + \dfrac{1}{2}\dfrac{y^4}{4i_1^4}\right) & (0 < y < y_1) \\ w_{h \cdot \max}\left(1 - \dfrac{y^2}{2i_2^2} + \dfrac{1}{2}\dfrac{y^4}{4i_2^4}\right) & (y_2 < y < 0) \end{cases} \quad (3.5)$$

注意到上式的泰勒级数展开的多项式最高次数为四次,这是因为支撑式基坑围护结构水平位移曲线最复杂的情况即为"上凹下凹"型,对应着围护结构水平位移曲线出现两个反弯点的情况,而四次多项式刚好可以满足这一条件。因此求得的围护结构水平变形包络面积为:

$$S_{h \cdot w} = \int_{y_2}^{y_1} w(x) \, dx = \int_0^{y_1} w(x) \, dx + \int_{y_2}^0 w(x) \, dx \quad (3.6)$$

$$S_{h \cdot w} = w_{h \cdot \max}\left[y_1 - y_2 - \left(\dfrac{y_1^3}{6i_1^2} - \dfrac{y_2^3}{6i_2^2}\right) + \dfrac{1}{2}\left(\dfrac{y_1^5}{20i_1^4} - \dfrac{y_2^5}{20i_2^4}\right)\right] \quad (3.7)$$

由此可以建立起围护结构水平变形曲线表征指标与包络面积之间的关系式。

总体而言,本小节利用分段正态分布函数,建立围护结构水平变形曲线的表征方法;考虑开挖过程中的地层损失,建立围护结构水平变形曲线包络面积计算表达式,提出以水平变形最大值、两个分段反弯点位置值和变形曲线包络面积为核心的围护结构变形曲线表征指标体系。

3.2.3 围护结构水平变形曲线表征函数的验证

3.2.3.1 基于最小二乘法的回归分析方法

从最小二乘法拟合原理出发,对围护结构水平变形数据进行分段正态分布的回归分析。其基本原理是:对于所给定的数据点$(x_i, y_i)(i=1,2,\cdots,m)$,利用近似函数$f(x)$来拟合该数据集的分布规律,则拟合误差为$r_i = f(x_i) - y_i (i=1,2,\cdots,m)$。利用最小二乘法来进行拟合,相当于考虑了拟合误差向量的2-范数,即采用误差平方和$\sum_{i=0}^{m} r_i$来度量误差$r_i(i=1,2,\cdots,m)$的整体大小。为了使得拟合效果最佳,需要使拟合误差的平方和最小,即

$$\sum_{i=0}^{m} r_i^2 = \sum_{i=0}^{m} [f(x_i) - y_i]^2 = \min \quad (i=1,2,\cdots,m) \tag{3.8}$$

为了满足该条件,由多元函数求极值的必要条件可知,需使拟合误差平方和对其各个拟合系数的偏导数为零。对于常见的多项式拟合($f_n(x) = \sum_{k=0}^{n} a_k x^k$),拟合误差的平方和为:

$$I = \sum_{i=0}^{m} \left(\sum_{k=0}^{n} a_k x_i^k - y_i \right)^2 \tag{3.9}$$

则可得:

$$\frac{\partial I}{\partial a_j} = 2\sum_{i=0}^{m} \left(\sum_{k=0}^{n} a_k x_i^k - y_i \right) x_i^j = 0 \quad (j=0,1,\cdots,n) \tag{3.10}$$

针对围护结构水平变形,本章采用分段正态分布函数进行拟合。在拟合之前需要对围护结构水平变形表征函数进行线性转换,即将高斯分布曲线转换成易于拟合的线性形式,可得:

$$\ln w(y) = \begin{cases} \ln w_{h \cdot \max} + \dfrac{1}{i_1^2} \times \left(-\dfrac{y^2}{2}\right) & (0 < y < y_1) \\ \ln w_{h \cdot \max} + \dfrac{1}{i_2^2} \times \left(-\dfrac{y^2}{2}\right) & (y_2 < y < 0) \end{cases} \tag{3.11}$$

以$\ln w(y)$和$-y^2/2$为回归变量进行求解,即令:

$$S = \ln w(y) \tag{3.12}$$

$$a = \ln w_{h \cdot \max} \tag{3.13}$$

$$x = -\frac{y^2}{2} \tag{3.14}$$

$$b = \frac{1}{i_1^2} \tag{3.15}$$

$$c = \frac{1}{i_2^2} \tag{3.16}$$

则有:

$$S = \begin{cases} a + bx & (-y_1^2/2 < x < 0) \\ a + cx & (-y_2^2/2 < x < 0) \end{cases} \tag{3.17}$$

由于该预测函数为分段线性形式,因此在利用最小二乘法拟合时应该考虑两个表达式之间的联系,注意到该线性函数具有相同的截距,仅是斜率不一样。此时通过最小二乘法拟合原理可以得到 a,b,c 的值,最后根据上述公式可以反演得到 $w_{h\cdot\max}$、i_1、i_2 等围护结构水平位移表征指标,从而可以完整地勾勒出围护结构水平变形曲线。

3.2.3.2 工程实例分析

(1) 实例分析 1[229]

苏州地铁 1 号线塔园路车站位于塔园路与邓蔚路交叉路口下,基坑两侧采用明挖法施工,塔园路处的基坑采用暗挖法施工。该基坑工程采用 800mm 厚的地下连续墙和内支撑进行支护。为了有效地控制基坑施工引起的变形,基坑开挖的第一道内支撑采用 1m×1m 钢筋混凝土支撑。基坑西端头井开挖宽度为 34.11m,基坑最大开挖深度约为 18.96m,地连墙为 33m 深,其入土深度比为 0.74。该基坑支护体系共有 5 道支撑,上面 3 道为 C40 的钢筋混凝土支撑,下面 2 道为钢支撑。基坑东端头井开挖宽度为 22.6m,开挖深度和围护墙深度与西端头井相同,采用了 1 道 C40 混凝土支撑和 4 道钢支撑。本小节利用西端头井处的 X9 测斜孔监测数据进行研究,下面给出了 X9 测斜孔的监测数据及其拟合结果。

基于围护墙水平位移实测结果,本节以分段正态分布函数进行拟合。考虑到围护墙水平位移实测结果有部分位移为负数,为方便在拟合函数中进行处理,首先将所有的实测数据进行平移,使得所有数据均为正值。在此基础上,利用最小二乘法进行拟合,可以得到 $a=3.7012$,$b=0.0232$,$c=0.0207$。通过进一步反演,可以得到 $w_{h\cdot\max}=41.2694\text{mm}$(注意:此时的围护墙最大水平位移是平移后的位移),$i_1=6.5653$,$i_2=6.9505$。为了将拟合数据还原成未平移的情况,需要在相反方向上对得到的围护墙水平位移平移相同数值。此时拟合的分段正态分布函数的表达式为:

$$w(y) = \begin{cases} 41.2694\exp\left(-\dfrac{y^2}{2\times 6.5653^2}\right) - 8.4211 & (0 < y < 19) \\ 41.2694\exp\left(-\dfrac{y^2}{2\times 6.9509^2}\right) - 8.4211 & (-12 < y < 0) \end{cases} \tag{3.18}$$

注意,其中平移的数值为 8.4211mm。

可以发现,利用分段正态分布函数对该工程案例监测数据的拟合效果较好,其拟合度 $R^2=0.9758$(图 3.8)。

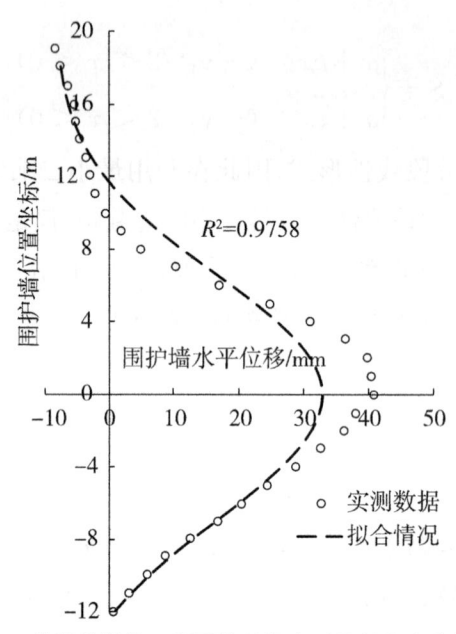

图 3.8 苏州某基坑工程围护结构变形及其拟合曲线对比

(2)实例分析 2[246]

上海自由国际广场工程位于浦东新区,整个工程的地上部分由市政道路经二路隔开,地下二层,并连为一体。其基础采用桩筏基础形式,采用的是 800mm 的钻孔灌注桩,最大的底板厚度是 2.6m。基坑开挖面积约为 30000m²,开挖深度为 10m 左右,基坑的保护等级为一级。基坑周围的市政管线和邻近的多层、高层建筑物众多,环境要求较高。基坑支护体系包括钻孔灌注桩围护、水平支撑体系与结构梁板相结合、竖向支撑系统与结构柱及柱下桩相结合、主楼顺作和裙楼逆作等部分。为确保基坑施工的安全,对基坑施工过程进行了全程的监测。本节对基坑围护墙水平变形监测数据进行拟合。

本节采用提出的分段正态分布函数形式进行拟合。基于最小二乘法原理,可以得到上述公式中的 $a=3.3913, b=0.0347, c=0.0309$。通过公式反演可以得到: $w_{h \cdot \max}=29.7045\text{mm}, i_1=5.3683, i_2=5.6888$。此时对应的拟合公式为:

$$w(y)=\begin{cases} 29.7045\exp\left(-\dfrac{y^2}{2\times 5.3683^2}\right) & (0<y<8.5) \\ 29.7045\exp\left(-\dfrac{y^2}{2\times 5.6888^2}\right) & (-9<y<0) \end{cases} \quad (3.19)$$

可以发现,利用正态分布函数对该案例的围护结构水平位移的拟合效果较好,其

拟合度 $R^2=0.9983$(图 3.9)。

本小节基于最小二乘法原理,提出了围护结构水平变形的回归分析方法。在此基础上,结合两个工程实例,证实了利用分段正态分布函数表征围护结构水平变形曲线的合理性和适用性。

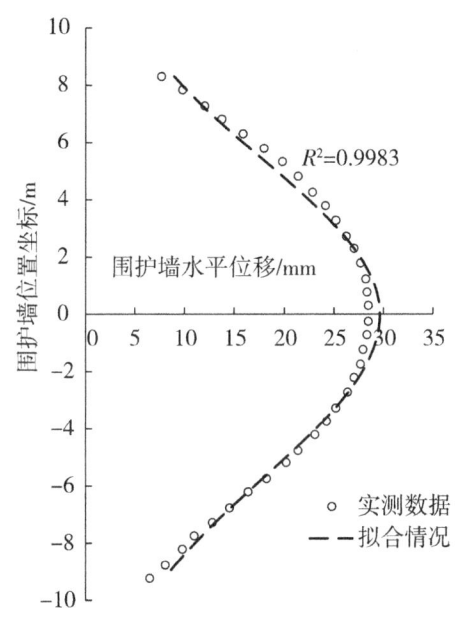

图 3.9 上海某基坑工程围护结构变形及其拟合曲线对比

3.3 坑外地表沉降的表征函数研究

正如第 1 章中的阐述,目前关于坑外地表沉降表征函数的研究,主要集中在 Rayleigh 分布函数、组合函数、正态分布函数、指数函数、偏态分布函数等。但由于目前研究的不足,笔者在前人研究的基础上,利用数理统计原理[250],发展并完善了基于偏态分布函数的坑外地表沉降曲线回归方法,并对偏态分布沉降曲线的指标进行了细致研究,进一步提高了偏态分布函数在描述坑外地表沉降曲线的实用性和有效性。

3.3.1 基于偏态分布函数的坑外地表沉降表征方法

3.3.1.1 坑外地表沉降表征函数

借助地层损失的概念建立地表沉降计算模型。计算模型假设坑外地表沉降曲线呈偏态分布曲线形态[125],函数表达式为:

$$\delta_v(x) = \frac{S_{v \cdot w}}{\sqrt{2\pi}wx} e^{\frac{-(\ln\frac{x}{2x_m})^2}{2w^2}} \qquad (3.20)$$

式中，δ_v——墙后任一点地表沉降量（mm）；

x——待求沉降点距离坑边的距离（m）；

x_m——最大沉降点距坑边的距离（m），对于坑外软土基坑可以取$(0.5\sim0.7)h$，对于土质较好的复杂地层x_m取值可以为$(0.25\sim0.5)h$；

$S_{v\cdot w}$——沉降曲线包络线面积（m·mm），可以取$80\%\sim120\%$的支护结构侧移曲线包络面积；

w——经验系数，软土基坑可以取$0.60\sim0.70$。

对于复杂地层，经验系数可以在沉降最大值位置x_m已知的情况下，根据上式直接求解得到，过程如下：

对δ_v求解一阶导数，得：

$$\delta_v'(x) = e^{\frac{-(\ln\frac{x}{2x_m})^2}{2w^2}} \left[-\frac{S_{v\cdot w}}{(\sqrt{2\pi})w} \frac{\frac{1}{w^2}\ln\frac{x}{2x_m}+1}{x^2} \right] \tag{3.21}$$

令$\delta_v'=0$，此时有$x=x_m$，代入其中可以得到$w=0.83$。

基于此，也可以求得最大地表沉降和地层损失之间的关系。当$x=x_m$，求得的δ_v即为墙后最大地表沉降（mm）。此时有：

$$w_{v\cdot \max} = \frac{S_{v\cdot w}}{\sqrt{2\pi}\,wx_m} e^{\frac{-(\ln\frac{x_m}{2x_m})^2}{2w^2}} \tag{3.22}$$

进一步化简有：$S_{v\cdot w}=2.95\cdot w_{v\cdot \max}\cdot x_m$，即建立起坑外地表沉降最大值与地层损失之间的关系。

另外，对δ_v求解二阶导数，得：

$$\delta_v''(x) = e^{\frac{-(\ln\frac{x}{2x_m})^2}{1.38}} \left[-1.45\ln\left(\frac{x}{2x_m}\right)\frac{1}{x}\right]\left(-S_{v\cdot w}\frac{0.7\times\ln\frac{x}{2x_m}+1}{x^2}\right)+ $$

$$e^{\frac{-(\ln\frac{x}{2x_m})^2}{1.38}} \left[-S_{v\cdot w}\frac{0.7-2\left(0.7\ln\frac{x}{2x_m}+1\right)}{x^3}\right] \tag{3.23}$$

令$\delta_v''=0$，此时有：

$$0 = \ln^2\left(\frac{x}{2x_m}\right) + 2.85\ln\left(\frac{x}{2x_m}\right) + 1.3 \tag{3.24}$$

$$x = 1.748x_m \tag{3.25}$$

将$x=1.748x_m$代入一阶导数中可以得到：

$$\delta_v'(x) = \frac{-0.125 S_{v\cdot w}}{x_m^2} \tag{3.26}$$

将 $x=1.748x_m$ 代入偏态函数表征的表达式中可以得到：

$$\delta_v(x)=0.271\frac{S_{v\cdot w}}{x_m} \tag{3.27}$$

由此可以得到切线的方程为：

$$y-0.271\frac{S_{v\cdot w}}{x_m}=-0.125\frac{S_{v\cdot w}}{x_m^2}(x-1.748x_m) \tag{3.28}$$

参照土水特征曲线[251]的做法，笔者将坑外地表沉降区分为主要影响区和次要影响区，笔者利用曲线的拐点（反弯点）切线来确定主要影响区和次要影响区的范围（图3.10）。由式(3.28)可知，当 $y=0$ 时，$x=3.916x_m$，由此可以划分基坑开挖坑外地表沉降的主要影响区和次要影响区分界点。

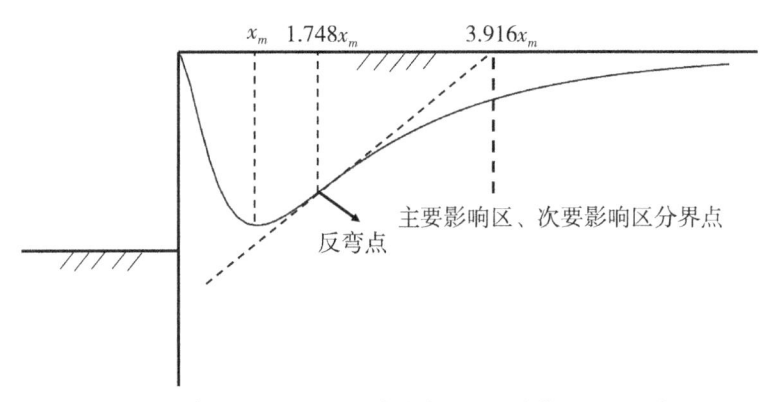

图 3.10 基于偏态分布函数的地表沉降曲线典型位置示意图

3.3.1.2 坑外地表沉降表征指标

偏态分布函数的优点在于能够在基坑开挖变形表达式中直接呈现相关的变形表征指标，如沉降曲线包络面积和最大地表沉降位置（显性表征指标）。

在上一小节的推导中，可以知道沉降曲线包络面积、最大地表沉降及其位置存在一定的关系式，因此最大地表沉降可以由显性表征指标推导得出。此外，由图3.10可知，最大地表沉降位置、反弯点位置和主、次要影响区分界点位置之间存在一定的比例关系，因此后两者可以由显性指标推导得出。

总体而言，本节针对坑外地表沉降变形，建立沉降曲线的偏态分布函数表达式；结合沉降曲线包络面积、最大地表沉降值及其位置值等指标，提出坑外地表沉降曲线的表征指标体系，并确定坑外地表沉降主要影响区和次要影响区的理论分界点位置。

3.3.2 坑外地表沉降表征函数的验证

3.3.2.1 基于最小二乘法的回归分析方法

对于地表沉降偏态分布函数拟合，笔者同样采用最小二乘法进行研究。

$$\delta_v(x) = \frac{S_{v \cdot w}}{\sqrt{2\pi}wx} e^{-\frac{(\ln\frac{x}{2x_m})^2}{2w^2}} \tag{3.29}$$

对于该式,对其求对数,可以得到:

$$\ln\delta_v(x) = -\frac{1}{2w^2}\ln^2 x + \left[-1 + \frac{1}{w^2}\ln(2x_m)\right]\ln x + \ln\frac{S_{v \cdot w}}{\sqrt{2\pi}w} - \frac{1}{2w^2}\ln^2(2x_m) \tag{3.30}$$

此时令 $\ln\delta_v = S, \ln x = x$,则有:

$$S = -\frac{1}{2w^2}x^2 + \left[-1 + \frac{1}{w^2}\ln(2x_m)\right]x + \ln\frac{S_{v \cdot w}}{\sqrt{2\pi}w} - \frac{1}{2w^2}\ln^2(2x_m) \tag{3.31}$$

此时的拟合公式可以看作是二次多项式(抛物线)的形式,其中:

$$a = -\frac{1}{2w^2} = -0.7258 \tag{3.32}$$

$$b = -1 + \frac{1}{w^2}\ln(2x_m) \tag{3.33}$$

$$c = \ln\frac{S_{v \cdot w}}{\sqrt{2\pi}w} - \frac{1}{2w^2}\ln^2(2x_m) \tag{3.34}$$

则原偏态分布函数可以变换为:

$$S = -0.7258x^2 + bx + c \tag{3.35}$$

利用最小二乘法的拟合方法,即要求 S 对 b 和 c 的偏导数均为零。基于 Matlab 等软件平台,对这一过程进行实现,则可以求得 b 和 c 的数值,进一步求得 $x_m, S_{v \cdot w}$ 等地表沉降曲线的表征指标。

3.3.2.2 工程实例分析

本节以文献[125]中的两个基坑工程案例为基础,对基坑围护结构的水平位移进行拟合分析研究。

(1)淮海广场人防工程

江苏省淮阴区淮海广场的基坑开挖深度为 $h=9.8m$,利用钻孔灌注桩对开挖区域加以支护,其直径为 900mm,间距为 1.4m。灌注桩桩长 $H=14.8m$,其中入土深度 $h_d=5m$,插入比 $h_d/h=0.51$。其中,测量得到的地表沉降最大值为 $w_{h \cdot \max}=20.2mm$,地表沉降最大值位置为距离围护结构 11.2m 处(即 $x_m=11.2m$)。此时通过最小二乘法以偏态分布函数形式对沉降数据进行拟合(图3.11),可以得到拟合的最大地表沉降位置为 10.3m,最大地表沉降为 18.9mm,地层损失为 574.7m·mm。拟合的精度 $R^2=0.9658$,可以看出拟合效果较好;同时将拟合曲线与实测数据进行对比,可以发现两者也比较贴近。对应的表征公式为:

$$\delta_v(x) = \frac{692.4}{\sqrt{2\pi}\,x} e^{-\frac{(\ln\frac{x}{20.6})^2}{1.3778}} \quad (3.36)$$

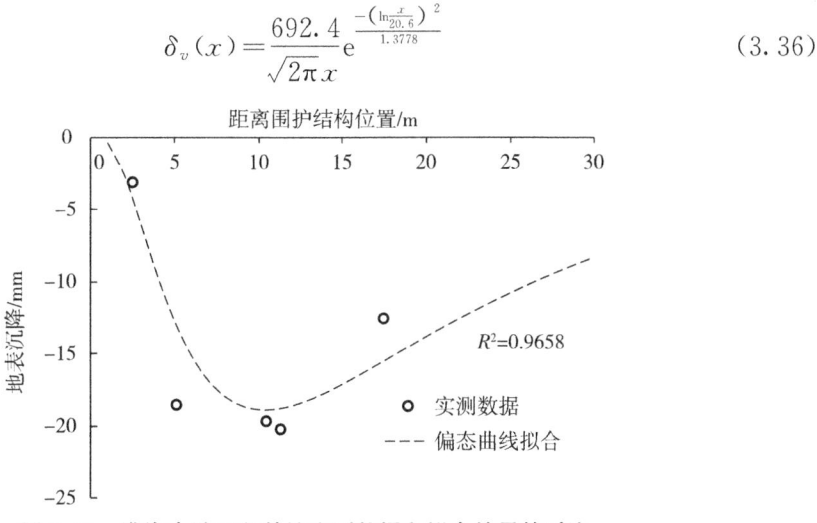

图 3.11 淮海人防工程基坑实测数据和拟合结果的对比

(2) 南京总医院新门诊大楼

该基坑开挖深度 $h=10.5\text{m}$,基坑支护系统采用了钻孔灌注桩形式,其直径为 900mm,间距为 1.0m。钻孔灌注桩的桩长 $H=17.4\text{m}$,其中入土深度 $h_d=6.9\text{m}$,插入比 $h_d/h=0.65$。其中,实测得到的最大地表沉降为 $w_{v.\max}=64.4\text{mm}$,最大地表沉降值位置为 $x_m=11.5\text{m}$。此时通过最小二乘法以偏态分布函数形式对沉降数据进行拟合(图 3.12),可以得到拟合的最大地表沉降位置为 9.1m,最大地表沉降为 59.7mm,地层损失为 $S_{v.w}=1608.0\text{m}\cdot\text{mm}$。拟合的精度 $R^2=0.9937$,可以看出拟合效果较好;同时将拟合曲线与实测数据进行对比,可以发现两者也比较贴近。对应的表征公式为:

$$\delta_v(x) = \frac{1937.35}{\sqrt{2\pi}\,x} e^{-\frac{(\ln\frac{x}{18.3})^2}{1.3778}} \quad (3.37)$$

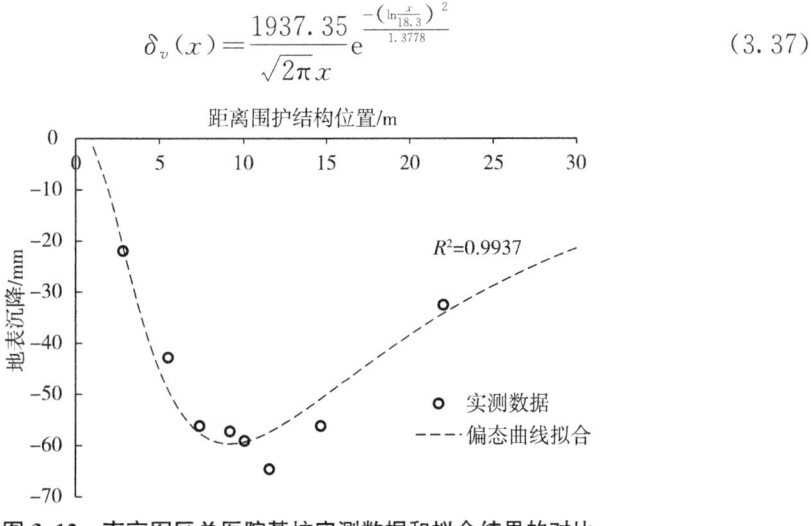

图 3.12 南京军区总医院基坑实测数据和拟合结果的对比

本小节提出了针对坑外地表沉降的最小二乘法回归方法。通过两个工程实例，对坑外地表沉降的偏态分布函数表征式进行了合理性验证。

3.4 变形表征函数和表征指标的讨论

利用分段正态分布函数来描述围护结构水平变形，而利用偏态分布函数来描述坑外地表沉降。正如前述，分段正态分布函数和偏态分布函数的优势在于其表征函数式中可以直接呈现变形表征指标，并对变形曲线形态的描述较为贴合。图3.13给出了基坑开挖变形表征函数及变形表征指标之间的关系示意图。

对于分段正态分布函数，表达式中有围护结构最大水平变形、上部反弯点位置、下部反弯点位置、围护结构底端和围护结构顶端，其中围护结构底端和顶端都是基坑尺寸参数，对于一个具体的基坑，这底端和顶端都是固定的。除此之外，由前述的分析可得，围护结构水平变形包络面积可以由这些变形表征指标通过积分求得(式(3.7))，即围护结构水平变形包络面积是一个隐性表征指标。因此，围护结构水平变形曲线的表征指标有最大水平变形值，上、下反弯点位置值和变形曲线包络面积。

对于偏态分布函数，表达式中有包络面积和地表最大沉降位置这两个重要的指标。前述研究表明，地表最大沉降与包络面积和地表最大沉降位置之间具有一定的关系($S_{v\cdot w} = 2.95 w_{v\cdot \max} x_m$)，地表最大沉降位置和主、次要影响区之间分界位置也是存在固定的比例关系(图3.10)，地表最大沉降和主、次要影响区之间分界位置都是隐性表征指标。因此，坑外地表沉降的变形表征指标为最大地表沉降、曲线包络面积、地表最大沉降位置、曲线反弯点位置值和主、次要影响区分界点位置值。

总体而言，变形表征函数可以利用清晰的表征指标进行描述，其表征指标可以分为显性和隐性两类，隐性表征指标可以通过显性表征指标推导得到。通过变形曲线表征指标的研究，本章建立了针对围护结构水平变形和坑外地表沉降的变形表征指标体系。

围护结构水平变形

$$w(x) = \begin{cases} w_{h\cdot\max} \exp\left(-\dfrac{y^2}{2 u_1^2}\right) & (0<y<y_1) \\ w_{h\cdot\max} \exp\left(-\dfrac{y^2}{2 u_2^2}\right) & (y_2<y<0) \end{cases}$$

坑外地表沉降

$$\delta_v(x) = \dfrac{S_{v\cdot w}}{\sqrt{2\pi} w x} e^{\dfrac{-\left[\ln\dfrac{x}{2x_m}\right]^2}{2w^2}}$$

	围护结构水平变形		坑外地表沉降		
显性	围护结构最大水平变形	上、下部反弯点位置	显性	包络面积	地表最大沉降位置
隐性	变形包络面积		隐性	地表最大沉降	反弯点位置	主、次要影响区分界位置

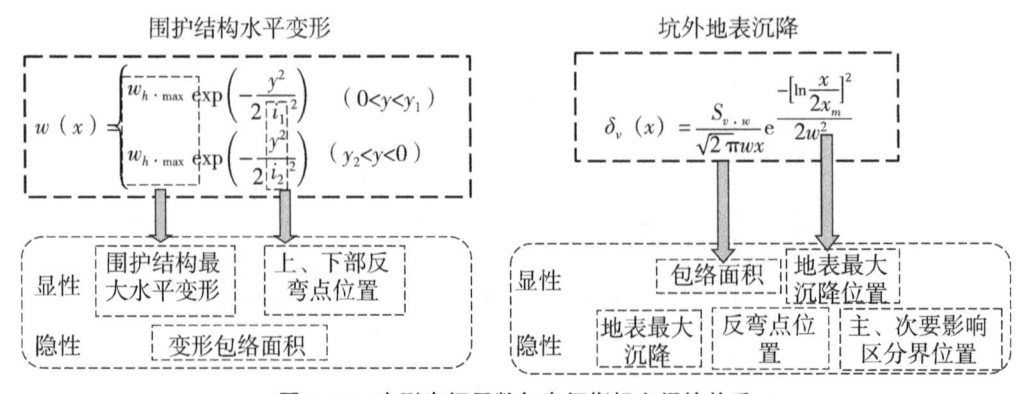

图 3.13 变形表征函数与表征指标之间的关系

3.5 本章小结

针对目前围护结构水平变形和坑外地表沉降表征函数研究的不足之处,本章建立了一套适用于内撑式基坑变形曲线的表征函数和指标体系。基于大量实测数据,针对内支撑式基坑围护结构变形,进行模式分类,将其分为四种类型;基于围护结构变形模式和上下分段特征,利用分段正态分布函数,建立了围护结构水平变形曲线的表征方法,并提出了以水平变形最大值、两个分段反弯点位置值和变形曲线包络面积为核心的围护结构变形曲线表征指标体系。针对坑外地表沉降变形,建立了沉降曲线的偏态分布函数表达式;结合沉降曲线包络面积、最大地表沉降值及其位置值等指标,提出了坑外地表沉降曲线的表征指标体系。本章主要的研究工作和研究结论如下:

①基于大量实测数据,笔者对内支撑式基坑鼓胀变形进行细化分类,并将围护结构鼓胀变形划分为四类:"上凹"型、"下凹"型、"上凹下凹"型和"上下无凹"型。

②基于围护结构变形模式和上下分段特征,借鉴 Peck 公式在表征隧道地表沉降中的思路,利用分段正态分布函数,建立了围护结构水平变形曲线的表征方法;考虑开挖过程中的地层损失,建立了围护结构水平变形曲线包络面积计算表达式,并提出了以水平变形最大值、两个分段反弯点位置值和变形曲线包络面积为核心的围护结构变形曲线表征指标体系。针对建立的围护结构水平变形曲线的分段正态分布函数表征式,根据实测数据,基于最小二乘法原理进行回归拟合,验证了该函数在基坑开挖变形表征中的有效性和适用性。

③针对坑外地表沉降变形,建立了沉降曲线的偏态分布函数表达式;结合沉降曲线包络面积、最大地表沉降值及其位置值等指标,提出了坑外地表沉降曲线的表征指标体系,并确定了坑外地表沉降主要影响区和次要影响区的理论分界点位置。针对建立的地表沉降曲线的偏态分布函数表征式,根据实测数据,基于最小二乘法原理进行回归拟合,验证了该函数在基坑开挖变形表征中的有效性和适用性。

④变形表征函数直接呈现变形表征指标,其表征指标可以分为显性和隐性两类,隐性表征指标可以通过显性表征指标推导得到。变形表征函数和表征指标的研究是后续开展基坑开挖随机响应分析的关键。

第4章 考虑参数空间变异性的基坑开挖变形响应分析

4.1 引言

第3章对基坑开挖变形表征函数及表征指标展开了细致的研究,这是开展基坑变形响应的关键。本章以土体参数空间变异性作为切入点,对基坑开挖引起的围护结构水平变形及坑外地表沉降规律展开研究。正如第2章所述,岩土体参数具有空间变异性特征。从这一点出发,很多学者考虑了岩土参数空间变异性对岩土工程问题的影响,并在地基承载力、边坡稳定性及隧道施工地表变形等方面开展了深入的研究,但在基坑开挖变形方面的研究有待进一步深入。

在基坑开挖的过程中,土体卸载引起基底土体回弹,开挖附近区域土体也会因为临空而产生位移,对围护结构产生水平向的侧压力,引起围护结构的水平变形,同时土体向临空方向移动也进一步地引起了地表沉降。当基坑开挖引起的变形过大时,则不可避免会给工程自身的安全留下较大的隐患,同时也会对周围建(构)筑物产生不良的影响。针对基坑开挖引起的地表沉降和围护结构水平变形问题,虽然国内外学者开展了大量研究,但并未系统性研究土体参数空间变异性作用下的基坑开挖变形响应规律,尤其是岩土参数各向异性特征的作用规律及其工程效应未见报道。

鉴于这一不足之处,本章基于有限差分法和Monte-Carlo框架,构建基于随机场理论的基坑开挖变形可靠度分析方法;开展数值模拟计算,利用建立的分段正态分布函数表征式和偏态分布函数表征式,分别针对围护结构水平变形和地表沉降的表征指标体系,研究土体参数空间变异性条件下各个表征指标的随机响应特性,系统分析内撑式基坑变形曲线的概率统计特征,揭示土性参数空间变异性作用下的基坑开挖变形响应规律及其工程效应。在此基础上,分析最大围护结构水平变形和最大地表沉降的变形超标概率曲线,计算不同分位数下的最大变形可靠度指标,以此进行置信区间推断,提出变形控制指标的确定依据,为合理确定基坑开挖变形控制指标提供认知基础和科学依据。

本章的技术路线见图 4.1。

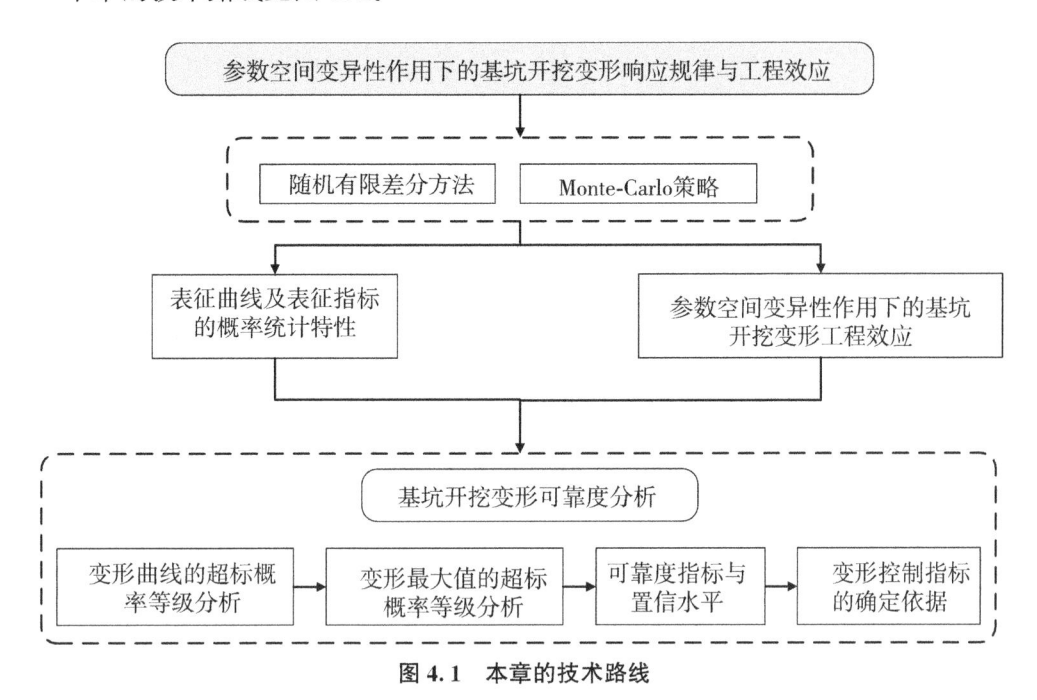

图 4.1　本章的技术路线

4.2　基坑开挖数值模拟方法

众所周知，基坑工程施工开挖变形是一个三维岩土工程问题。若从现场实际出发，对三维基坑工程进行精细化模拟，往往会存在大量的时间和经济成本。鉴于此，本章将基坑开挖模型简化为二维平面应变模型，重点研究基坑开挖引起的地表沉降和围护结构水平变形规律。

利用地层—结构法[252-253]对基坑采用分段分步开挖，开挖土方后及时施作相应的内支撑，并防止土体发生过大位移而引起坍塌。该方法利用变形协调原理，考虑地下结构与地层之间的相互作用，在计算过程中按照连续介质力学原理进行求解，可以同时计算得到地下结构、地层的位移和受力变形情况。

此外，正如第 2 章所述，基坑土体在开挖过程涉及土体卸载回弹、围护结构支撑变形等一系列的问题，其中土体处于小应变的状态，因此在模拟基坑开挖时应该利用能反映土体小应变特性的本构模型，HSS 模型则是一个较好的选择。HSS 模型不仅可以区分土体加载和卸载模量的差异性，而且可以较好地反映土体剪切模量随剪应变增大而衰减的特性，在表现软土行为时更为合理。

4.3 基于随机场理论的基坑开挖变形分析方法

4.3.1 基坑开挖变形随机分析流程

借助编程平台,实现参数随机场建模,继而编写数值计算软件的接入程序,实现参数空间变异性和数值分析的结合。在此基础上,对基坑开挖变形展开 Monte-Carlo 模拟,继而探讨参数空间变异性作用下的基坑开挖变形响应规律。坑外地表及围护结构变形的随机分析流程分为以下 5 个步骤:

①统计岩土体参数的空间变异性特征,包括参数的概率分布特征(均值、变异系数和分布类型)和空间相关性特征(相关结构和波动距离)。基于 FLAC^{3D} 软件平台,建立基坑开挖数值分析模型。

②根据数值计算模型尺寸和所需的 Monte-Carlo 随机分析次数,借助 MATLAB 平台,利用协方差矩阵分解法[78]生成土体参数随机场,协同单元中心坐标记录于".txt"文档中。

③利用 FLAC^{3D} 中内嵌的 FISH 编程语言,提取数值模型单元中心坐标。编写程序识别单元位置,实现独立生成参数随机场模型到数值模型的映射。

④在 Monte-Carlo 模拟的框架内,重复②~④步骤,即可以实现多次基坑开挖变形的随机性计算,记录并保存每次随机性计算的地表沉降和围护结构水平变形等结果。

⑤借助概率统计的方法,对多次随机性计算结果展开分析。

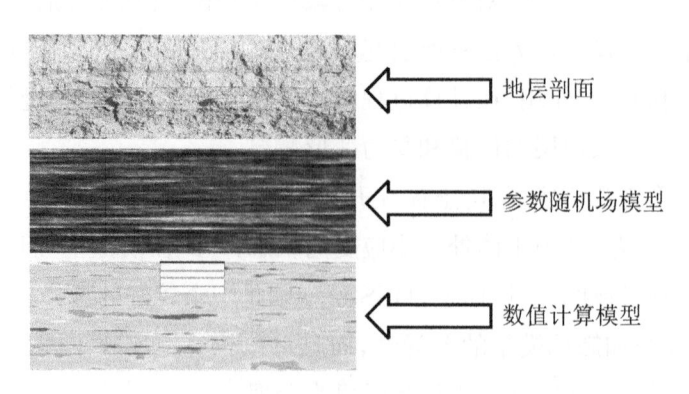

图 4.2 给出了基于随机场理论的基坑地表及围护结构变形分析方法。图 4.3 给出了基于随机场理论的基坑地表及围护结构变形计算流程。

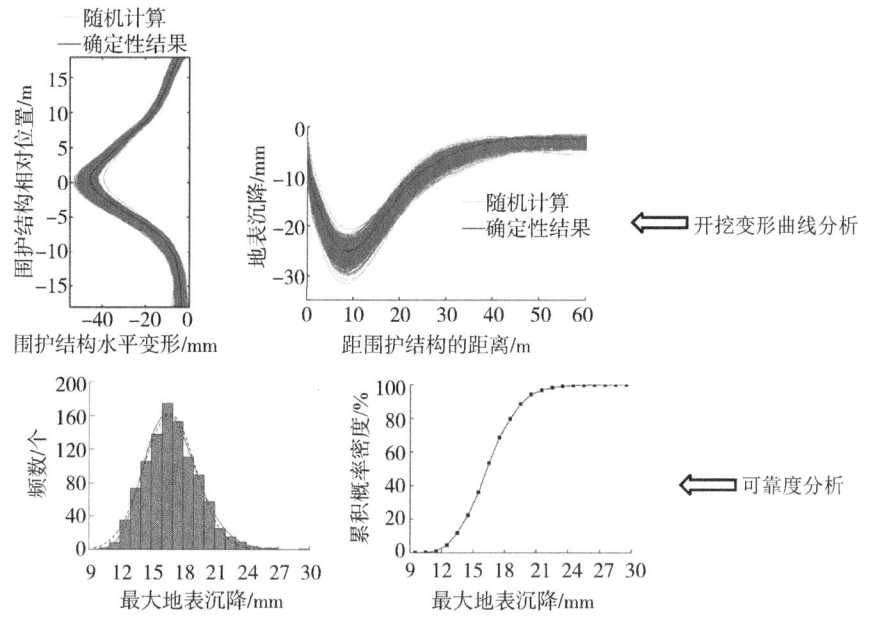

图 4.2 基于随机场理论的基坑地表及围护结构变形分析方法

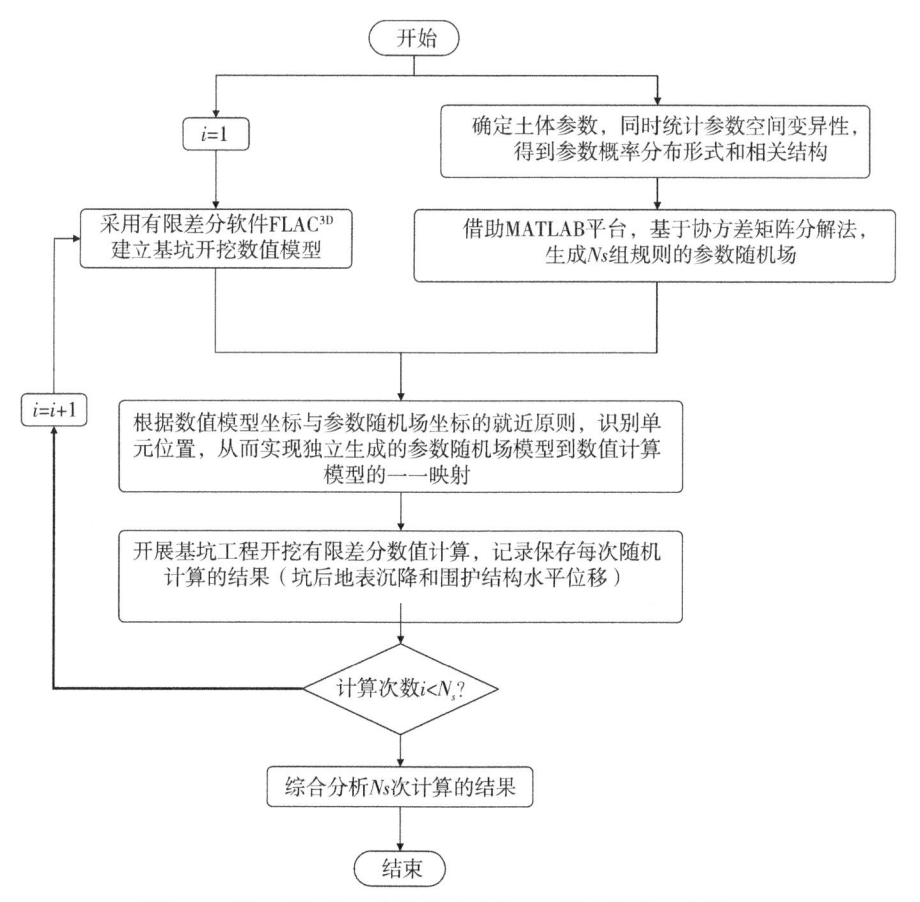

图 4.3 基于随机场理论的基坑地表及围护结构变形计算流程

4.3.2 坑外地表沉降及围护结构水平变形可靠度分析

受参数空间变异性的影响,每一次基坑开挖随机计算的结果都会有所差异。借助 Monte-Carlo 策略,可以对基坑开挖变形进行可靠度分析。相关文献[254]指出在变形可靠度分析时,可以采用变形超标概率评估计算变形的允许值 $S_{\lim}$。在此基础上,对变形最大值进行概率分析,可以建立最大变形功能函数 Z 为:

$$Z = S_{\max} - S_{\lim} \tag{4.1}$$

式中,$S_{\max}$ 和 $S_{\lim}$——每次随机计算的变形最大值和对应情况下的变形允许值。

此时,超标概率可以定义为最大变形值 $S_{\max}$ 超出变形允许值 $S_{\lim}$ 的概率,即为:

$$P_f = \frac{N_f}{N} \times 100\% \tag{4.2}$$

式中,N——每次随机计算的次数;

N_f——N 次随机计算中 $S_{\max}$ 超出 $S_{\lim}$(即 $Z>0$)的次数。

此外,可靠度指标[173]可以利用下式计算得到:

$$\beta = \frac{\mu_z}{\sigma_z} = \frac{\mu_{s_{\max}} - S_{\lim}}{\sigma_{s_{\max}}} \tag{4.3}$$

式中,$\mu_{s_{\max}}$——N 次随机计算得到最大变形的均值;

$\sigma_{s_{\max}}$——其对应的标准差。

4.4 算例分析—刚度参数的影响

4.4.1 数值计算模型

参考 FLAC³ᴰ 手册中的基坑建模方法,将基坑开挖问题简化为二维平面应变模型,开展坑外地表沉降及围护结构变形的规律研究。图 4.4 给出黏土基坑开挖的数值计算模型,其中基坑开挖深度为 $H=18\text{m}$,开挖宽度为 $B=30\text{m}$。整个数值模型长度为 150m,高度为 63m。坑外模型边界范围为 60m,坑底以下范围为 45m,此时基本能满足模型边界条件对基坑变形无影响的要求。此外,在基坑开挖附近区域对网格进行加密处理。参照基坑工程技术规范,将基坑周边的车辆及施作人员简化为 20kPa 的均布荷载。值得一提的是,尽管基坑开挖二维数值计算模型是对称的,但是考虑到土体参数空间变异性的影响,在基坑开挖的两侧土体参数分布不均匀等因素,因此本章仍建立基坑开挖整个数值模型。

利用 HSS 模型来反映土体的应力应变规律。在基坑整个开挖过程中,不考虑降水的影响,因此假设土体是不排水的。表 4.1 给出了土体的物理力学参数。

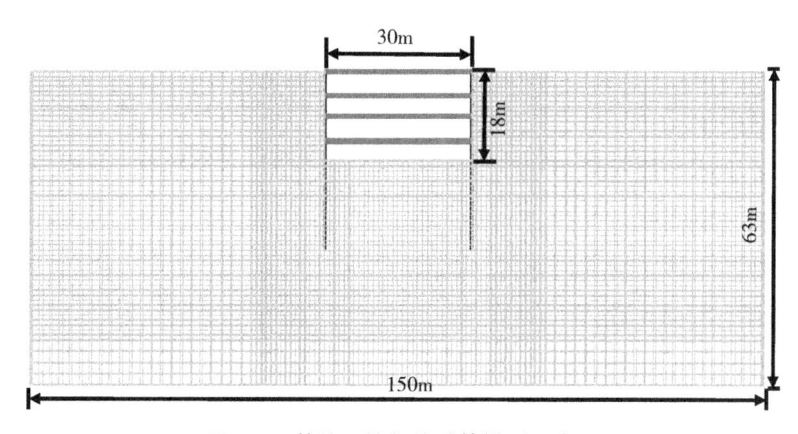

第4章 考虑参数空间变异性的基坑开挖变形响应分析

图 4.4 基坑开挖数值计算模型示意图

表 4.1 模型中土体的物理力学参数

γ /(kN/m³)	φ' /°	c' /kPa	E_{50}^{ref} /MPa	E_{ur}^{ref} /MPa	E_{oed}^{ref} /MPa	υ	m	p^{ref} /kPa	G_0^{ref} /MPa	$\gamma_{0.7}$
17.5	20	13	4.5	13.5	4.5	0.35	0.9	100	40.5	2e⁻⁴

基坑的支护体系包括围护结构和内支撑。其中,围护结构利用 Liner 单元来模拟,内支撑利用 Beam 单元来模拟,本节考虑了第一道钢筋混凝土支撑以及另外三道钢支撑。围护结构参数见表 4.2,内支撑参数见表 4.3。其中,FLAC³ᴰ 利用接触面单元来模拟土体和围护结构之间的相互作用,下面给出 FLAC³ᴰ 中接触面刚度的建议值:

$$K_n = K_s = 10 \frac{K + 4/3G}{\Delta z} \quad (4.4)$$

式中,$K + 4/3G$——压缩刚度(MPa);

K 和 G——土体的体积刚度和剪切刚度的平均值(MPa);

Δz——相邻单元中刚度较小一侧的单元尺寸(m)。

表 4.2 围护结构参数

属性	密度/(kg/m³)	杨氏模量/GPa	泊松比	等效厚度/m
数值	2500	24	0.2	0.51

表 4.3 内支撑参数

属性	密度/(kg/m³)	杨氏模量/GPa	泊松比
钢筋混凝土支撑	3000	30	0.2
钢支撑	3000	24	0.2

基坑开挖具体步骤如下：

①地应力平衡；

②激活衬砌单元；

③将基坑土体开挖至地表以下1m；

④施作第一道混凝土支撑；

⑤继续开挖土体至地表以下5.5m；

⑥施作第二道钢支撑；

⑦继续开挖土体至地表以下9.5m；

⑧施作第三道钢支撑；

⑨继续开挖土体至地表以下14.5m；

⑩施作第四道钢支撑；

⑪最后开挖土体至地表以下18m。

值得一提的是，本章重点关注土体参数空间变异性对基坑开挖地表及围护结构变形的影响，考虑到基坑开挖结束后的变形往往是最大的，因此本节后续计算结果及其分析仅仅针对基坑开挖结束的最终状态，不涉及开挖过程的变化。

4.4.2 确定性分析

在确定性条件下，对坑外地表沉降和围护结构水平变形展开分析，图4.5分别给出对应的基坑开挖变形计算结果。由图4.5(a)可知，坑外地表沉降呈现"凹槽型"形状，最大地表沉降为25.06mm，大致为基坑开挖深度的0.14%，最大沉降位于距离围护结构9.0m左右处，即$x_m=9.0$m。地表沉降往远离围护结构一侧延伸，并逐渐趋于稳定，而靠近基坑边缘的土体由于围护结构的自重以及土体与结构之间的相互作用，其沉降值也相对较大；由图4.5(b)可知，围护结构水平变形表现为"外凸式"形状，其最大水平位移为45.46mm，大致为基坑开挖深度的0.25%，位于基坑底部附近。另外通过对变形曲线积分可以得到，围护结构水平变形的包络面积为0.70708m²，坑外地表沉降的包络面积为0.57997m²，可见围护结构水平变形包络面积与坑外地表沉降包络面积并不完全相等，围护结构水平变形包络面积大于地表沉降包络面积。

同时由第3章可知，坑外地表沉降可以用偏态分布函数形式进行表征，围护结构水平变形则可以用分段正态分布函数形式进行表征。在此基础上，结合变形表征指标，可以最终确定基坑变形曲线的表达形式。结合最大地表沉降位置($x_m=9.0$m)，地表沉降包络面积和偏态分布函数表达式，可以得到坑外地表沉降曲线的表征方程为：

$$\delta_v(x) = \frac{278.76}{x} \exp\left(-\frac{\left(\ln\frac{x}{18.0}\right)^2}{1.38}\right) \quad (4.5)$$

另外值得一提的是,由第 3 章的研究中可得,坑外地表主、次要影响区分界点位置为 $x=3.916x_m=35.244\mathrm{m}\approx2.0H$,说明主要影响区范围是在距离围护结构 2 倍的开挖深度以内,该结论和 Kung 等[255]、Hsieh 等[256]和 Wang 等[257]的研究结论非常吻合,这也从侧面说明了本次数值计算结果的合理性和适用性。

对围护结构水平变形曲线展开研究,可以发现围护结构水平变形曲线呈现为"上凹下凹"型,同时可知曲线上部反弯点位置为 $i_1=6.00\mathrm{m}$,曲线下部反弯点位置为 $i_2=-6.00\mathrm{m}$,围护结构顶端位置为 $y_1=18\mathrm{m}$,围护结构底端位置为 $y_2=-18\mathrm{m}$。由此可得围护结构水平变形曲线的表征方程为:

$$w(y)=\begin{cases} -45.46\exp\left(-\dfrac{y^2}{72}\right) & (0<y<18) \\ -45.46\exp\left(-\dfrac{y^2}{72}\right) & (-18<y<0) \end{cases} \quad (4.6)$$

注意到在围护结构水平变形曲线的表征方程中,因为上、下反弯点位置刚好处于对称的位置,上部曲线和下部曲线的表征方程形式保持一致。

在上述表征方程的基础上,对地表沉降曲线和围护结构水平变形曲线进行回归拟合,可以求得其拟合度分别为:$R^2=0.933$ 和 $R^2=0.984$,可见效果较好。

(a)坑外地表沉降   (b)围护结构水平变形

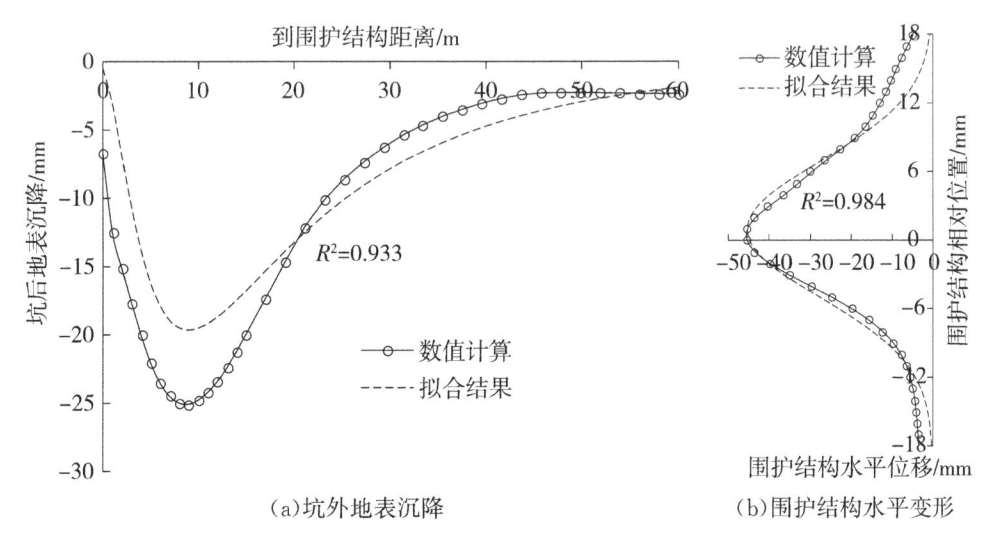

图 4.5 基坑开挖变形曲线及其拟合形式对比

4.4.3 随机性分析模型

考虑岩土参数空间变异性,结合数值计算和 Monte-Carlo 策略,对基坑开挖变形响应展开随机性分析。本小节系统研究土体刚度参数的各向异性随机场($\theta_x \neq \theta_z$)条件下,参数竖向波动距离(vertical scales of fluctuation,θ_z)、水平向波动距离(horizontal scales of fluctuation,θ_x)和变异系数(coefficient of variation,COV)对基坑开挖变形的影响规律。

对数正态分布是严格非负的,可以看作为不确定性因素相乘的极限分布形式,这和岩土体形成过程中的不确定性因素相吻合[258-259]。因此,笔者利用对数正态分布来描述土体刚度参数的随机性特征,同时利用指数型相关函数形式表示土体任意空间点处刚度参数之间的相关性:

$$\rho(\tau_x,\tau_z)=\exp\left[-2\left(\frac{|\tau_x|}{\theta_x}+\frac{|\tau_z|}{\theta_z}\right)\right] \quad (4.7)$$

式中,$\rho(\tau_x,\tau_z)$——相关函数,能表征两点间的相关性强弱,大小范围为 $0 \leqslant \rho \leqslant 1$;

τ_x、τ_z——水平向和竖向距离(m);

θ_x、θ_z——水平向和竖向的波动距离(m)。

根据相关文献[62,260]可以得知,水平向波动距离和竖向波动距离可以分别取 10.0~80.0m 和 1.0~3.0m。

4.4.3.1 随机分析方案

考虑岩土参数波动距离取值的建议,选取土层模量参数波动距离的基础值为 $\theta_z=0.1H=1.8\text{m}$,$\theta_x=2H=36\text{m}$。在此基础上,设计参数各向异性的随机分析工况,分为 ANI-z*-x(变量为θ_z,共计20种模拟工况,见表4.4),ANI-z-x*(变量为θ_x,共计20种模拟工况,见表4.5),ANI-v*-θ(变量为COV,共计15种模拟工况,见表4.6)三类随机计算工况组。

表 4.4　　　　　　　　　竖向波动距离随机分析工况

模拟工况	变量	参数分布类型及自相关函数	变异系数 COV	波动距离 竖向 θ_z	水平 θ_x	ξ
ANI-z1-x1	θ_z	对数正态分布、指数型(SExp)	0.3	0.05H	0.5H	10.0
ANI-z2-x1				0.10H		5.0
ANI-z3-x1				0.15H		3.3
ANI-z4-x1				0.20H		2.5
ANI-z1-x2	θ_z	对数正态分布、指数型(SExp)	0.3	0.05H	1.0H	20.0
ANI-z2-x2				0.10H		10.0
ANI-z3-x2				0.15H		6.7
ANI-z4-x2				0.20H		5.0

续表

模拟工况	变量	参数分布类型及自相关函数	变异系数 COV	波动距离 竖向 θ_z	波动距离 水平 θ_x	ξ
ANI-z1-x3	θ_z	对数正态分布、指数型(SExp)	0.3	0.05H	2.0H	40.0
ANI-z2-x3				0.10H		20.0
ANI-z3-x3				0.15H		13.3
ANI-z4-x3				0.20H		10.0
ANI-z1-x4	θ_z	对数正态分布、指数型(SExp)	0.3	0.05H	3.0H	60.0
ANI-z2-x4				0.10H		30.0
ANI-z3-x4				0.15H		20.0
ANI-z4-x4				0.20H		15.0
ANI-z1-x5	θ_z	对数正态分布、指数型(SExp)	0.3	0.05H	4.0H	80.0
ANI-z2-x5				0.10H		40.0
ANI-z3-x5				0.15H		26.7
ANI-z4-x5				0.20H		20.0

注：基坑开挖深度 $H=18\text{m}$；ξ 是土体各向异性系数，$\xi=\theta_x/\theta_z$，下同。

表 4.5 水平向波动距离随机分析工况

模拟工况	变量	参数分布类型及自相关函数	变异系数 COV	波动距离 竖向 θ_z	波动距离 水平 θ_x	ξ
ANI-z1-x1	θ_x	对数正态分布、指数型(SExp)	0.3	0.05H	0.5H	10.0
ANI-z1-x2					1.0H	20.0
ANI-z1-x3					2.0H	40.0
ANI-z1-x4					3.0H	60.0
ANI-z1-x5					4.0H	80.0
ANI-z2-x1	θ_x	对数正态分布、指数型(SExp)	0.3	0.10H	0.5H	5.0
ANI-z2-x2					1.0H	10.0
ANI-z2-x3					2.0H	20.0
ANI-z2-x4					3.0H	30.0
ANI-z2-x5					4.0H	40.0

续表

模拟工况	变量	参数分布类型及自相关函数	变异系数 COV	波动距离 竖向 θ_z	波动距离 水平 θ_x	ξ
ANI-z3-x1	θ_x	对数正态分布、指数型(SExp)	0.3	0.15H	0.5H	3.3
ANI-z3-x2					1.0H	6.7
ANI-z3-x3					2.0H	13.3
ANI-z3-x4					3.0H	20.0
ANI-z3-x5					4.0H	26.7
ANI-z4-x1	θ_x	对数正态分布、指数型(SExp)	0.3	0.20H	0.5H	2.5
ANI-z4-x2					1.0H	5.0
ANI-z4-x3					2.0H	10.0
ANI-z4-x4					3.0H	15.0
ANI-z4-x5					4.0H	20.0

表4.6　　变异系数随机分析工况

模拟工况	变量	参数均值分布类型及自相关函数	变异系数 COV	波动距离 竖向 θ_z	波动距离 水平 θ_x	ξ
ANI-v1-θ1	COV	对数正态分布、指数型(SExp)	0.1	0.1H	1.0H	10.0
ANI-v2-θ1			0.2			
ANI-v3-θ1			0.3			
ANI-v4-θ1			0.4			
ANI-v1-θ2	COV	对数正态分布、指数型(SExp)	0.1	0.1H	2.0H	20.0
ANI-v2-θ2			0.2			
ANI-v3-θ2			0.3			
ANI-v4-θ2			0.4			
ANI-v1-θ3	COV	对数正态分布、指数型(SExp)	0.1	0.1H	3.0H	30.0
ANI-v2-θ3			0.2			
ANI-v3-θ3			0.3			
ANI-v4-θ3			0.4			

4.4.3.2　随机分析次数的确定

借助Monte-Carlo策略开展基坑开挖变形随机分析,每次随机计算得到的基坑变形结果均不尽相同,则需要对随机分析次数予以确定。这是因为当随机计算次数过少时,则无法在统计意义上真实地反映土体参数空间变异性的影响规律;当随机计算次数过多时,则会造成计算时间和成本的大幅增加。

为了确定合理的随机分析次数,笔者对随机计算输出结果的相关统计值展开分析。针对工况 ANI-z2-x3 的随机计算情况,图 4.6 给出了其计算结果中最大变形(包括坑外地表沉降和围护结构水平位移,下同)的均值和变异系数随着随机模拟次数的变化情况。可以看出,当模拟计算次数增加时,最大变形均值和变异系数曲线渐渐变缓。其中,当随机模拟次数达到 1000 次时,其结果趋于稳定。因此,在后续的随机计算中,笔者均选取 1000 次作为随机计算的次数。

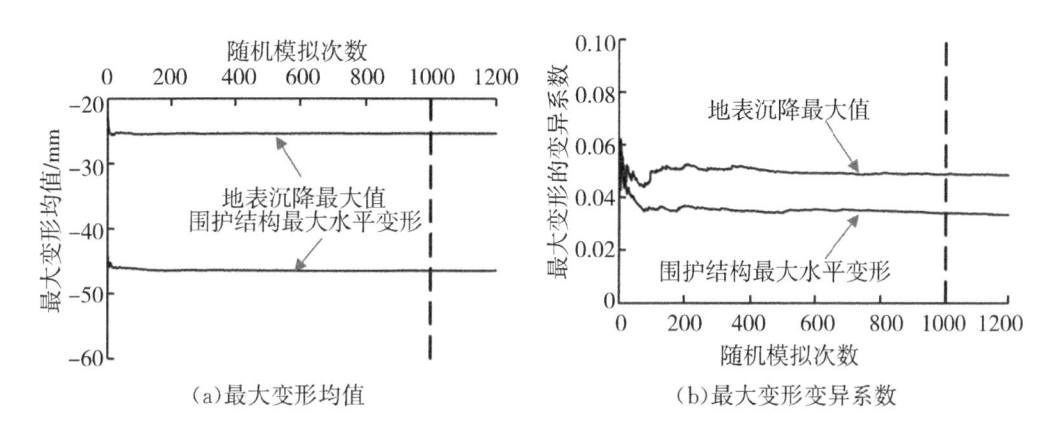

图 4.6 最大变形均值及变异系数的变化情况

4.4.4 坑外地表沉降变形随机分析

4.4.4.1 变形曲线的形态分析

(1) 竖向波动距离的影响

在 ANI-z*-x 系列工况组的随机计算基础上,研究不同波动距离情况下的坑外地表沉降变化规律。图 4.7 给出了 ANI-z1-x1～ANI-z4-x1 工况下的坑外地表沉降情况(对应的工况中水平波动距离为 $0.5H$,变异系数为 0.3);图 4.8 给出了 ANI-z1-x5～ANI-z4-x5(对应的工况中水平波动距离为 $4.0H$,变异系数为 0.3)。其中,每一种工况均开展了 1000 次的 Monte-Carlo 模拟,为了便于对计算结果进行比较,图中利用灰线表示随机计算的结果,利用黑线表示确定性计算的结果。可以看出,受土体参数空间变异性的影响,每次随机计算的结果都不尽相同,但都在确定性计算结果周围波动,大量的随机模拟结果呈现出一簇"凹槽型"曲线,在形态上与确定性结果并无区别,只是在量值上有所差异。在相同的水平向波动距离的情况下,地表沉降曲线的离散程度都随着竖向波动距离的增加而增加。究其原因,当竖向波动距离增大时,土体参数的竖向相关性增强,在基坑开挖区域出现较大面积的高(低)刚度区的概率增大,则会使得随机计算的结果更为离散。另外可以发现,随机计算结果在总体上始终表现为绝对值大于确定性分析结果占较多数。这是源于土体参数的低刚度占优效应，同时这也和土体刚度参数对数正态分布的不对称性有关。

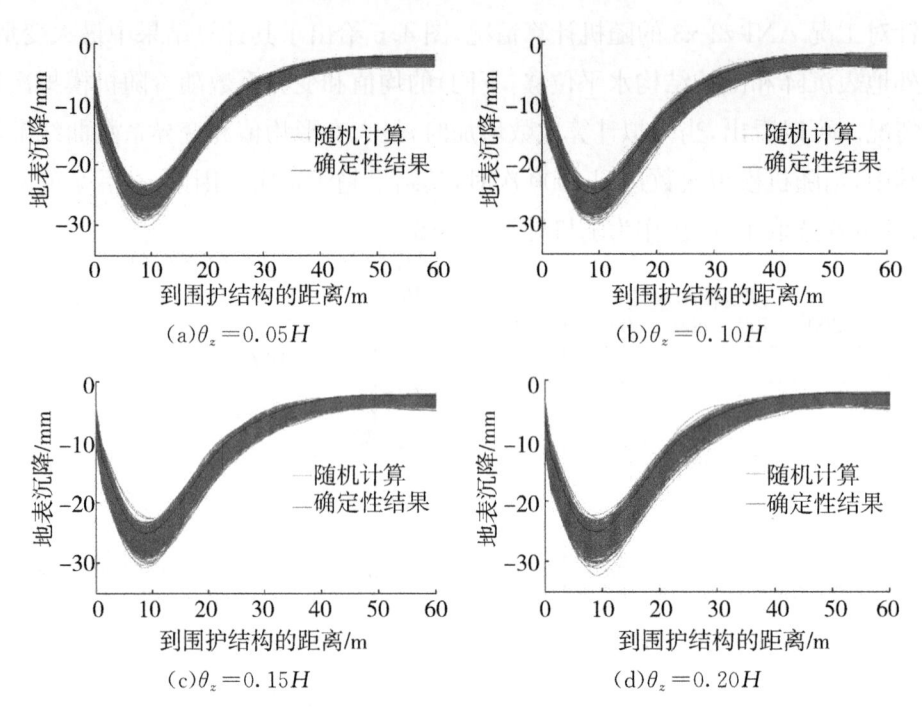

图 4.7　不同竖向波动距离下的坑外地表沉降曲线（$\theta_x=0.5H=9.0$m）

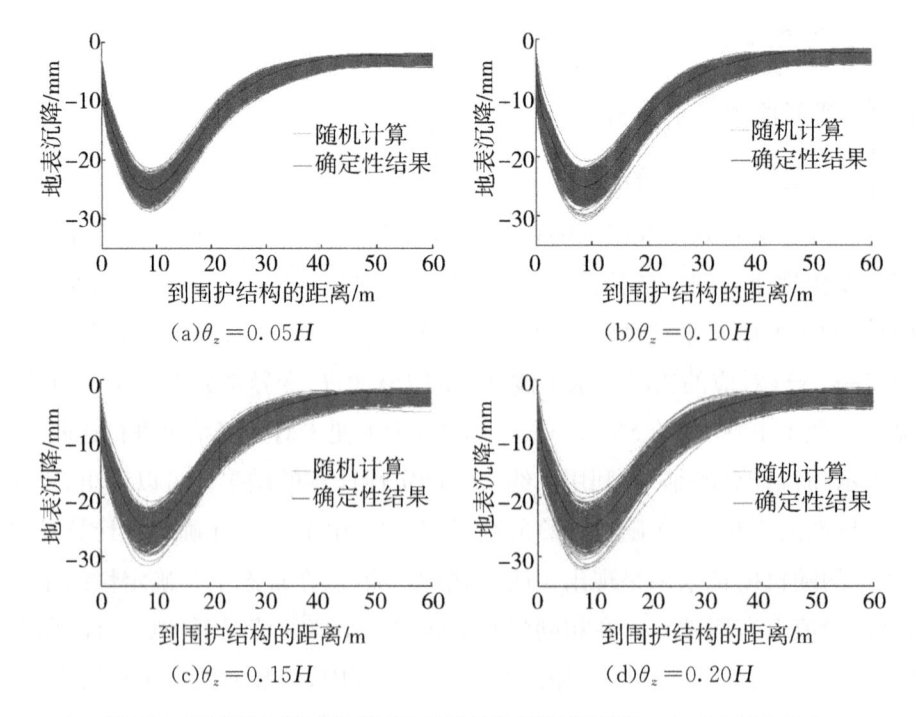

图 4.8　不同竖向波动距离下的坑外地表沉降曲线（$\theta_x=4.0H=72.0$m）

(2)水平向波动距离的影响

除了关注竖向波动距离对随机计算结果的影响外,还需将水平向波动距离的影响考虑到其中。图 4.9 和图 4.10 分别给出了在 ANI-z-x* 系列工况组中,竖向波动距离为 0.10H 和 0.20H 情况下,不同水平向波动距离情况下随机计算所得的坑外地表沉降结果。可以看出,水平向波动距离对坑外地表沉降的影响与竖向波动距离的影响大体一致。所不同的是,地表沉降受到水平向波动距离的影响要小于受到竖向波动距离的影响。

(a) $\theta_x = 0.5H$

(b) $\theta_x = 1.0H$

(c) $\theta_x = 2.0H$

(d) $\theta_x = 3.0H$

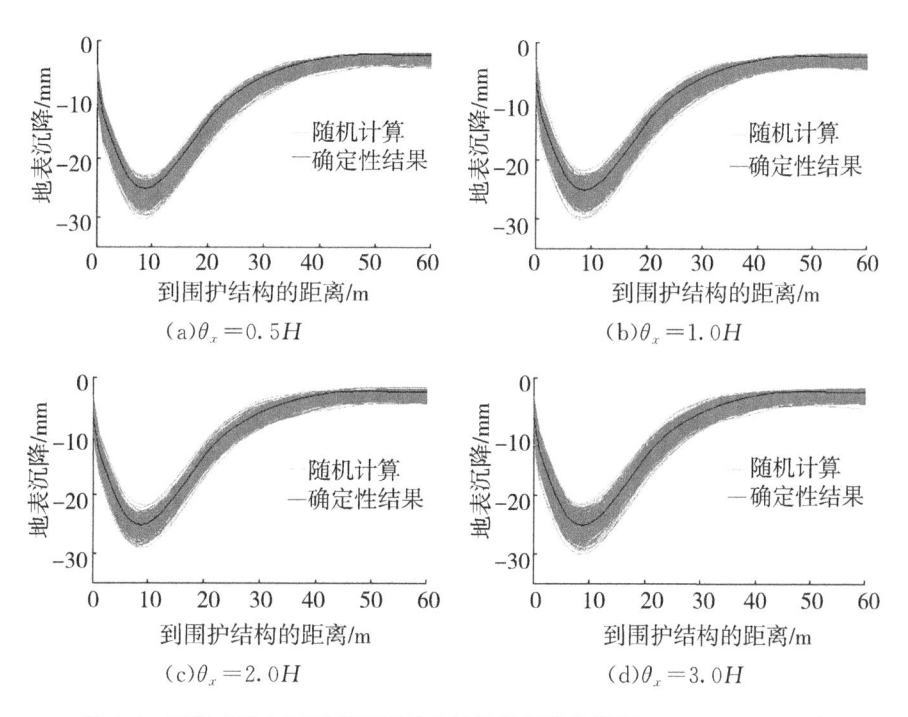

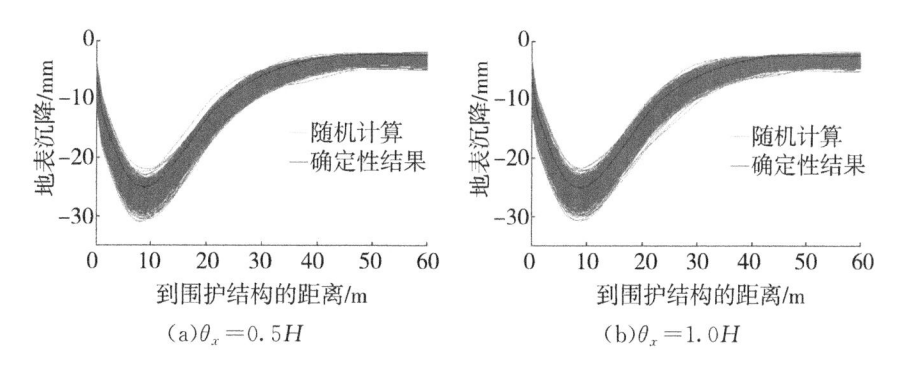

图 4.9 不同水平向波动距离下的坑外地表沉降曲线($\theta_z = 0.10H = 1.8$m)

(a) $\theta_x = 0.5H$

(b) $\theta_x = 1.0H$

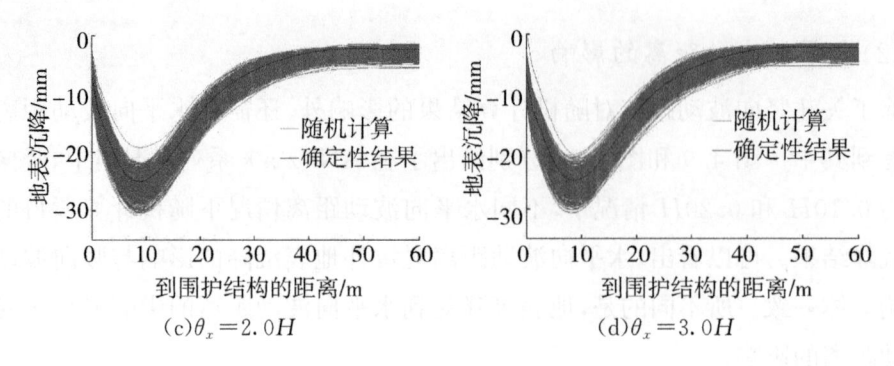

(c)$\theta_x=2.0H$　　　　　　　　(d)$\theta_x=3.0H$

图 4.10　不同水平向波动距离下的坑外地表沉降曲线($\theta_z=0.20H=3.6$m)

总体来说,不同方向的波动距离对地表沉降曲线的离散程度都有较大的影响,其中竖向波动距离的影响比水平向波动距离的影响更为显著,表现为基坑开挖变形空间各向异性效应。

(3)变异系数的影响

图 4.11 和图 4.12 分别给出了不同变异系数情况下的坑外地表沉降曲线。由图 4.11、图 4.12 中可知,当 $COV=0.1$ 时,地表沉降曲线非常集中。但当 COV 增大时,地表沉降曲线逐渐趋于离散。与波动距离相比较,变异系数对坑外地表沉降曲线的影响更为显著。

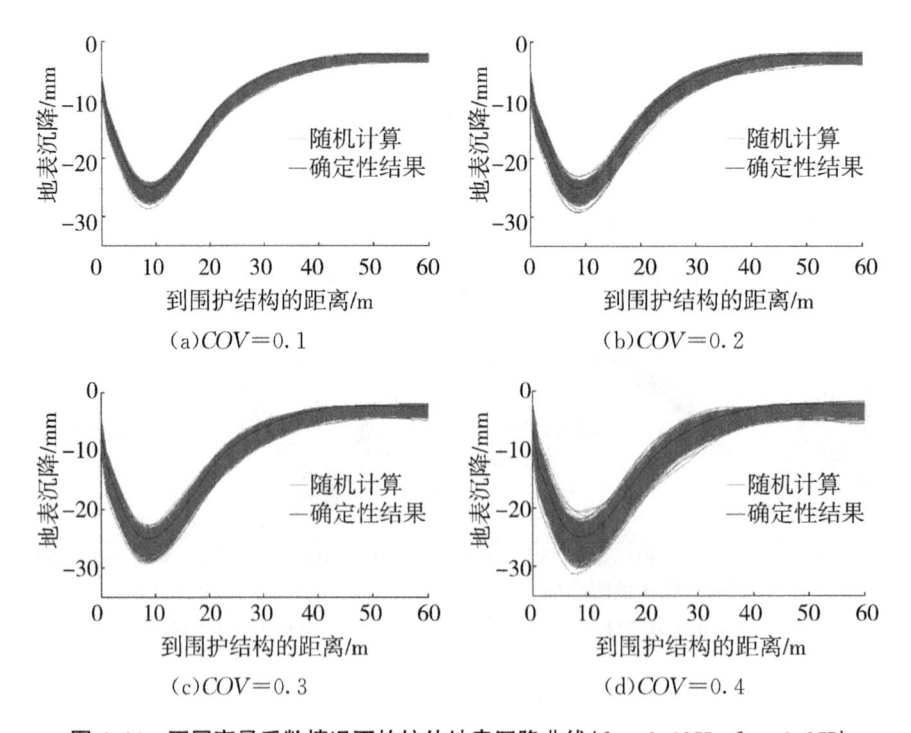

(a)$COV=0.1$　　　　　　　　(b)$COV=0.2$

(c)$COV=0.3$　　　　　　　　(d)$COV=0.4$

图 4.11　不同变异系数情况下的坑外地表沉降曲线($\theta_z=0.10H$,$\theta_x=1.0H$)

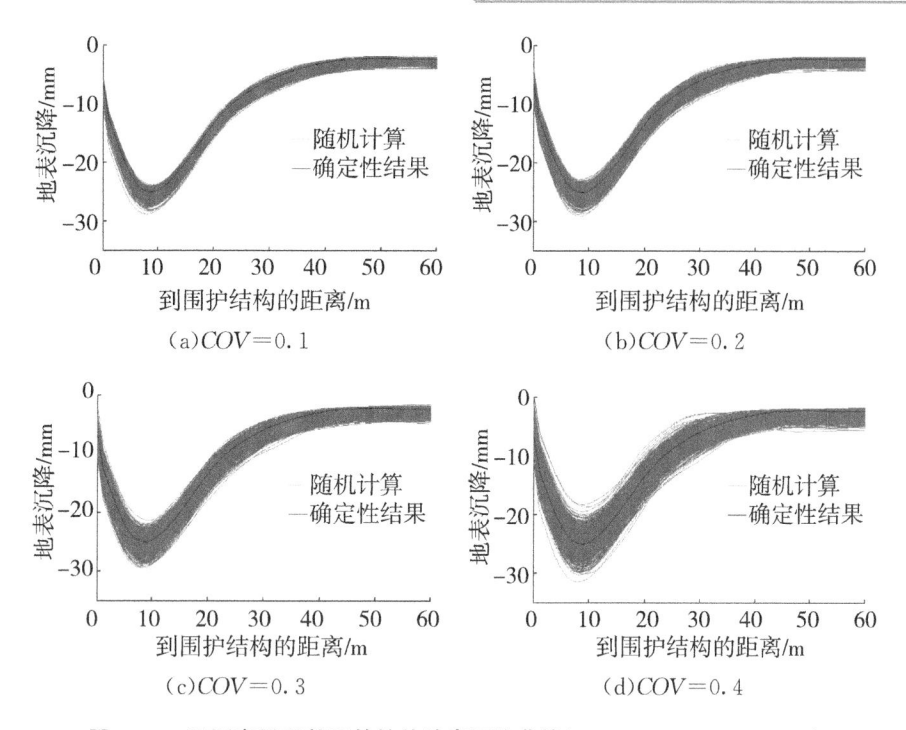

图 4.12　不同变异系数下的坑外地表沉降曲线（$\theta_z=0.10H$，$\theta_x=3.0H$）

4.4.4.2　最大地表沉降值分析

最大地表沉降值作为一个典型的表征指标，应该在研究中重点关注。在随机分析中，笔者对每种工况都开展 1000 次 Monte-Carlo 模拟。受参数空间变异性的影响，每次随机结果都会有所差异，因此有必要借助概率统计分析的方法对每种工况的 1000 次随机计算结果进行研究。本小节重点研究最大地表沉降值的 95% 分位数和变异系数受到土体参数空间变异性的影响规律。对最大地表沉降值的 95% 分位数和变异系数展开研究则可以较好地得到计算结果的分布情况[87]，而利用最大地表沉降的变异系数评价离散程度较好，可以定量地呈现沉降值的离散程度。

(1) 竖向波动距离的影响

图 4.13 给出了不同竖向波动距离条件下最大地表沉降 95% 分位数和变异系数的变化规律。从图 4.13 中可以看出，当竖向波动距离增大时，最大地表沉降 95% 分位数和变异系数均表现为近似线性增大的趋势。

(a) 95%分位数   (b) 变异系数

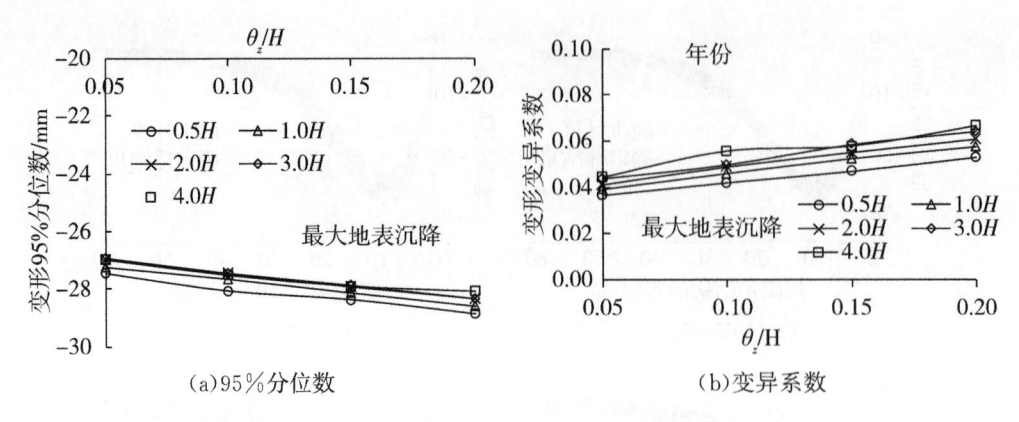

图 4.13 竖向波动距离对最大地表沉降值数字特征的影响

(2) 水平向波动距离的影响

除了研究竖向波动距离的影响，也需开展水平向波动距离的影响分析。图 4.14 给出了不同水平向波动距离条件下的最大地表沉降 95% 分位数和变异系数的变化情况。可以看出，最大地表沉降的 95% 分位数和变异系数均随着水平向波动距离的增大而增大，但增大的幅度比竖向波动距离的影响稍小。由此可见，竖向波动距离对最大地表沉降的影响大于水平向波动距离的影响。

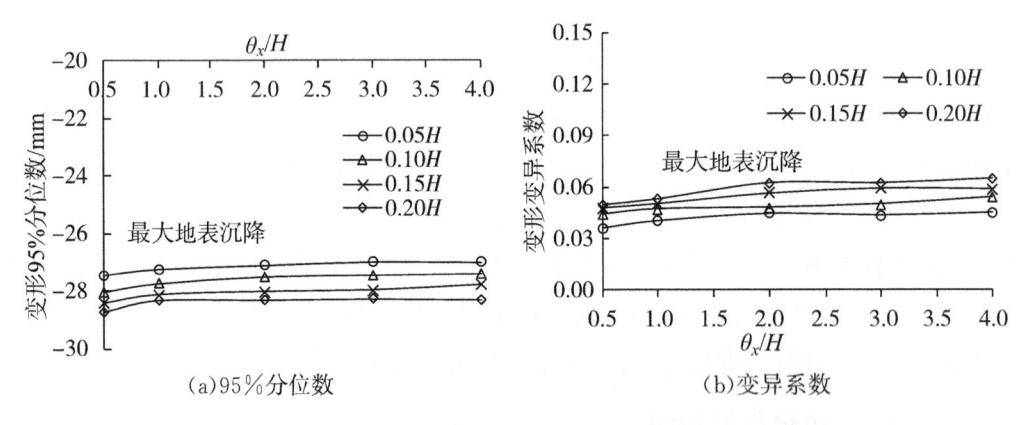

(a) 95%分位数   (b) 变异系数

图 4.14 水平向波动距离对最大地表沉降值数字特征的影响

(3) 变异系数的影响

波动距离是土体参数空间相关性的体现，而变异系数则是土体参数空间随机性的表现。为了研究参数空间随机性的影响，图 4.15 给出了不同变异系数条件下的最大地表沉降的 95% 分位数和变异系数的变化规律。可以看出，随着土体参数变异系数的增大，最大地表沉降的 95% 分位数和变异系数也随之增大。

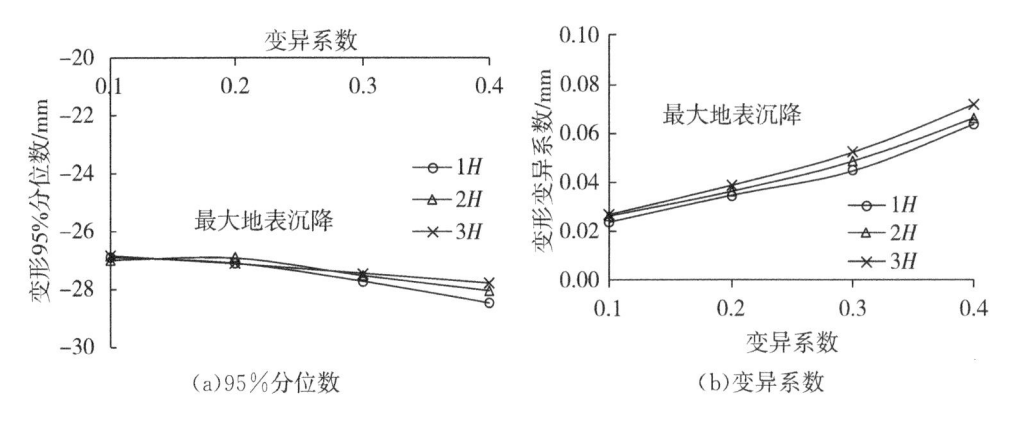

图 4.15 变异系数对最大地表沉降值数字特征的影响

4.4.4.3 最大地表沉降位置分析

作为坑外地表沉降曲线中的变形表征指标之一,最大地表沉降位置亦应该展开分析研究。由前述研究可以得到,随机计算得到坑外地表沉降曲线形态受土体参数空间变异性的影响很小,只是在变形的量值上有较大变化。针对坑外最大地表沉降位置,笔者从随机计算结果和随机拟合结果这两个方面展开研究。

(1)随机计算结果

由计算结果可知,坑外最大地表沉降位置也会受到土体不同变异程度的影响,以下分别从土体竖向波动距离、水平向波动距离和变异系数这三个方面对坑外最大地表沉降位置的分布情况展开分析。

1)竖向波动距离的影响

图 4.16 给出了不同工况下,坑外最大地表沉降位置随土体参数竖向波动距离的变化规律。总体来看,当竖向波动距离增大时,最大地表沉降出现位置愈加离散。这是因为当竖向波动距离增大时,基坑周围出现低(高)刚度区域的可能性增大,使得最大地表沉降位置值更为离散。

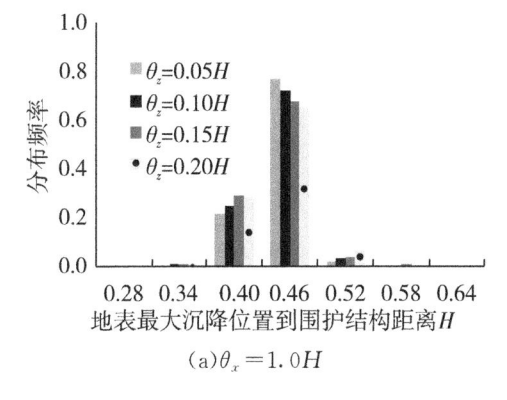

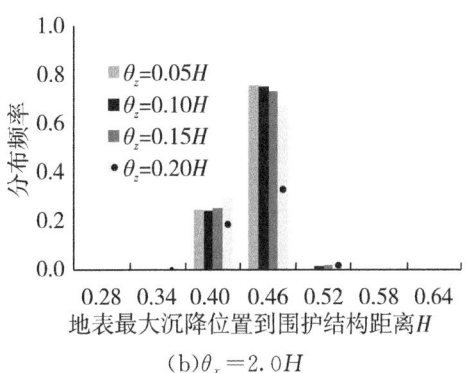

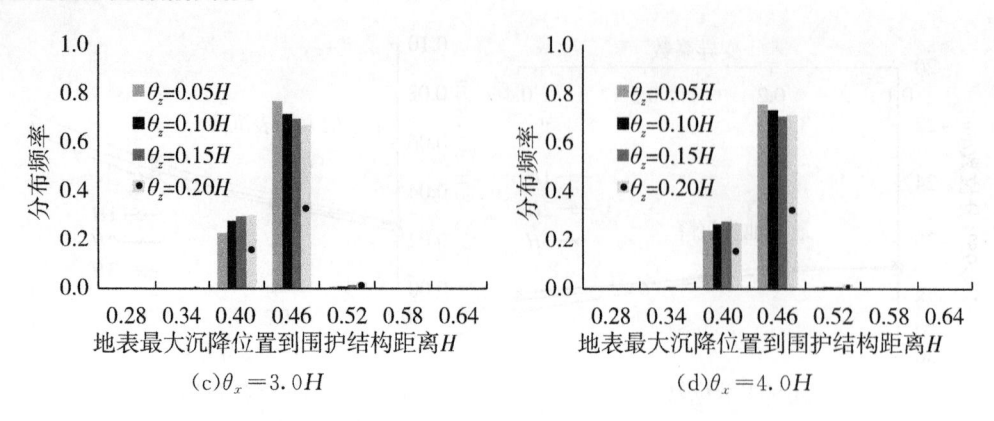

(c) $\theta_x=3.0H$ (d) $\theta_x=4.0H$

图 4.16　不同竖向波动距离下的地表沉降最大值位置分布情况

2) 水平向波动距离的影响

图 4.17 给出了不同工况下，最大地表沉降位置随土体参数水平向波动距离的变化规律。

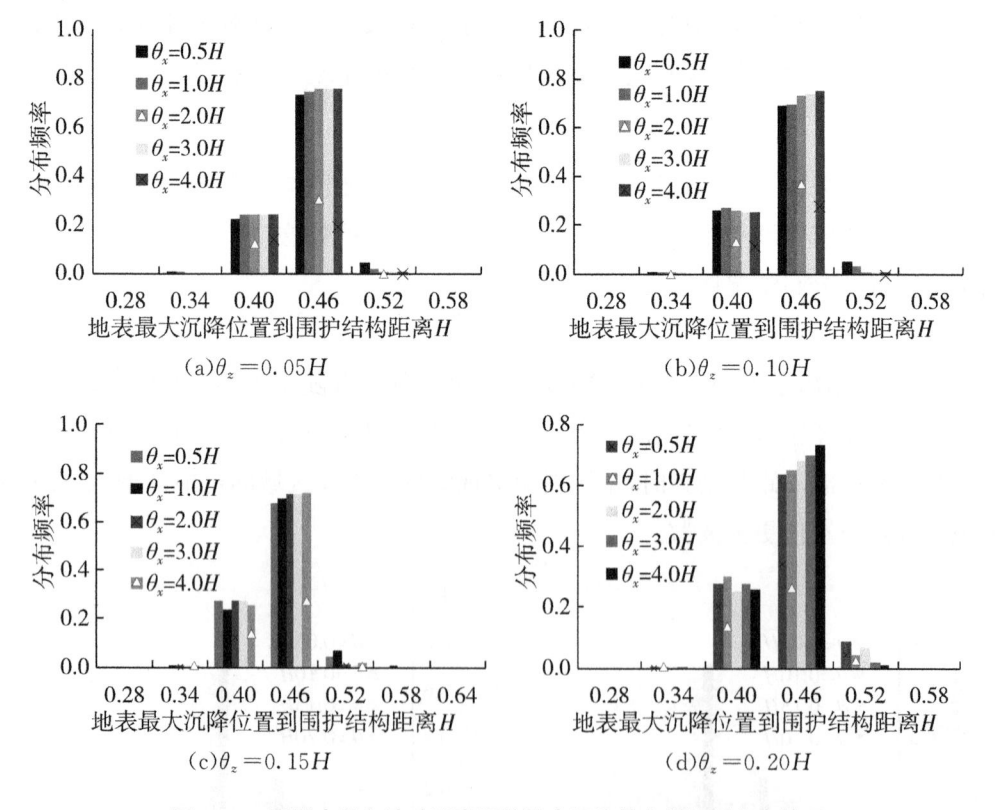

(a) $\theta_z=0.05H$ (b) $\theta_z=0.10H$

(c) $\theta_z=0.15H$ (d) $\theta_z=0.20H$

图 4.17　不同水平向波动距离下的地表沉降最大值位置分布情况

总体来说，可以得到当水平向波动距离增大时，坑外地表沉降最大值出现位置也愈加集中，表现为最大沉降分布位置的高峰态势分布特征明显，出现与确定性计算结果相同地表沉降位置的概率增大。究其原因，水平向波动距离的增大，则会使得土体参数的水平向相关性增强,并逐渐表现为水平向均值,此时最大地表沉降位置的分布趋于集中。

3)变异系数的影响

显而易见,土体变异系数对最大变形分布位置亦会产生较大的影响。图4.18给出了不同工况下,最大地表沉降位置随土体变异系数的变化规律。从图4.18中可以得到,当土体变异系数增大时,地表沉降最大值出现位置的离散程度也随之增大,表现为地表沉降最大值分布位置的峰值态势逐渐减小。

(a) $\theta_x=1.0H$, $\theta_z=0.1H$

(b) $\theta_x=2.0H$, $\theta_z=0.1H$

(c) $\theta_x=3.0H$, $\theta_z=0.1H$

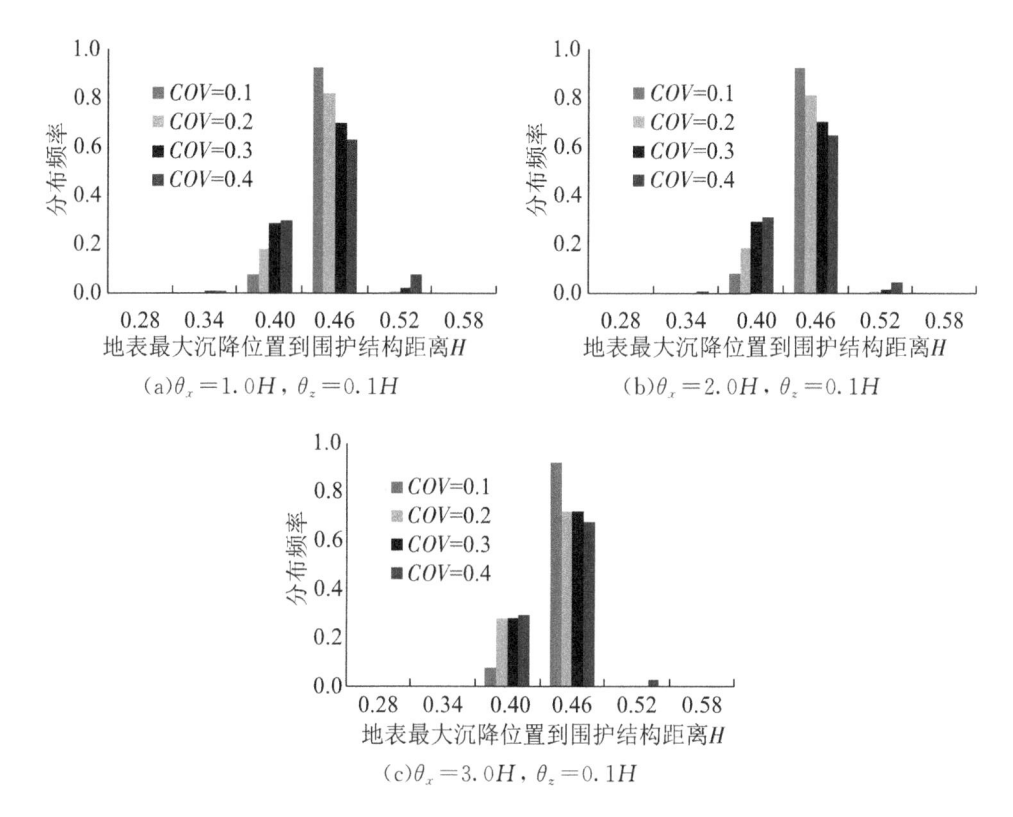

图4.18 不同变异系数下的地表沉降最大值位置分布情况

此外,最大地表沉降出现位置是变形模式划分的一项重要标准。由第1章中对坑外地表沉降模式的总结中,可以看到坑外地表沉降模式一般分为三种:三角形沉降、凹槽形沉降和梯形沉降(或者称为组合型沉降)。结合本章随机计算的结果可以发现,坑外地表沉降基本都呈现梯形形状,这种地表变形模式是一种组合形式。从这个角度来看,土体参数空间变异性几乎不会影响坑外地表沉降曲线的形态,亦对坑外地表沉降变形模式几乎没有影响。

(2)随机拟合结果

在随机计算结果的基础上,对坑外地表沉降曲线的变形表征函数和表征指标展开研究。下面给出偏态分布函数表达式:

$$\delta_v(x) = \frac{S_w}{\sqrt{2\pi}wx} e^{-\frac{(\ln\frac{x}{2x_m})^2}{2w^2}} \quad (4.8)$$

式中，S_w——沉降曲线包络线面积；

x_m——最大沉降点距坑边的距离；

w——经验系数。

变形表征指标包括 S_w 和 x_m，利用数学推导的方式可以求得 $w=0.83$。

为了更好地描述土体参数空间变异性条件下的地表沉降曲线特征，有必要利用偏态分布函数来表征地表沉降曲线的极大值、极小值、均值和95%分位数分布规律。其中利用极小值和极大值之间的范围可以给出表征区间的大小，也对应着随机计算结果的离散程度；均值则表示了随机计算的平均结果；95%分位数则对应着地表沉降曲线在95%保证率情况下的地表沉降允许值。

先确定表征指标，继而结合表征函数对坑外地表沉降进行回归拟合。图4.19给出了工况（$\theta_z = 0.05H = 0.9$m，$\theta_x = 0.5H = 9.0$m，$COV = 0.3$）条件下的坑外地表沉降回归拟合结果。可以看出，拟合度基本都在0.88以上，说明基于变形表征函数的回归效果甚佳。

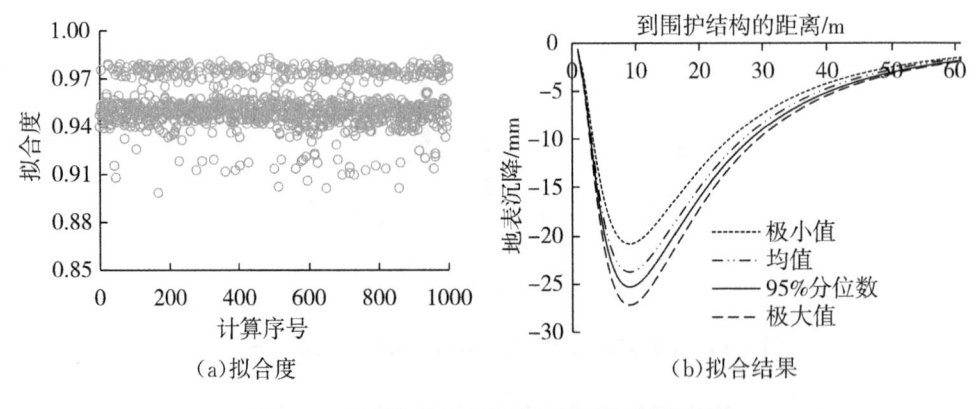

图4.19 利用偏态分布函数进行回归分析的结果

注意到在偏态分布的回归拟合中，本节以确定性计算的地表沉降位置为表征指标时，亦对随机计算曲线表征具有很好的适用性。这说明在利用偏态分布函数来研究地表沉降规律时，可以忽略土体参数空间变异性的影响，即可近似认为地表沉降位置无变化。从这个角度来看，地表沉降位置表现为聚集效应。由第3章的结论可知，最大地表沉降位置、反弯点位置和主、次要影响区分界位置存在固定的比例关系。因此在地表沉降的随机分析中，可以认为最大地表沉降位置值、反弯点位置值和主、次要影响区分界位置值不受岩土参数空间变异性的影响，表现为变形曲线典型位置聚集效应。

4.4.4.4 地表沉降曲线包络面积分析

地表沉降曲线包络面积代表了整个地表沉降变形的情况。本小节通过对地表沉降曲线求积分,可以得到曲线包络面积,继而对随机计算条件下的曲线包络面积变化规律展开分析,以下分别从竖向波动距离、水平向波动距离和变异系数这三个方面展开研究。

(1) 竖向波动距离的影响

图 4.20 给出了地表沉降曲线包络面积的 95% 分位数和变异系数随竖向波动距离的变化情况。可以看出,地表沉降曲线包络面积 95% 分位数和变异系数都随着竖向波动距离的增大而增大,地表沉降曲线包络面积的变化规律基本与最大地表沉降的变化规律保持一致。这说明最大地表沉降和包络面积在描述地表沉降规律方面的一致性,这也与第 3 章推导出的关系式相吻合。

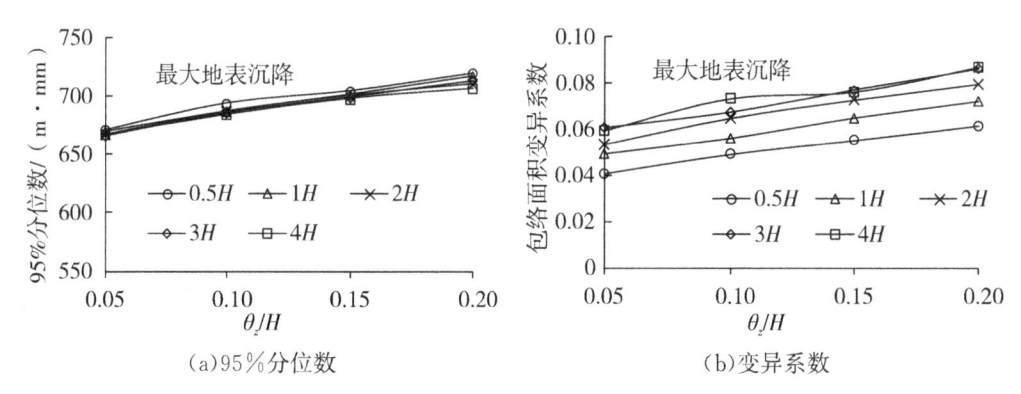

图 4.20 竖向波动距离对曲线包络面积数字特征的影响

(2) 水平向波动距离的影响

图 4.21 给出了地表沉降曲线包络面积的 95% 分位数和变异系数随水平向波动距离的变化情况。可以看出,当水平向波动距离增大时,曲线包络面积 95% 分位数变化较小,但曲线包络面积的变异系数则随之增大。总体来看,水平向波动距离的影响小于竖向波动距离的影响。

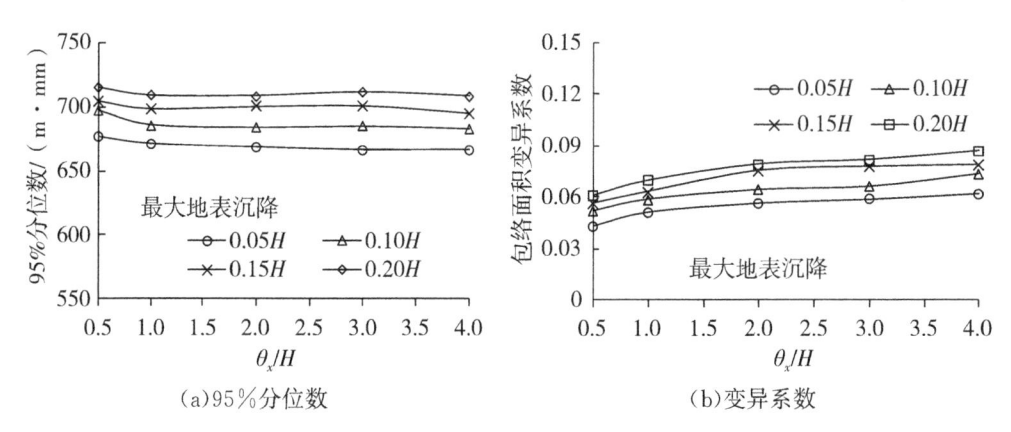

图 4.21 水平向波动距离对曲线包络面积数字特征的影响

(3)变异系数的影响

图 4.22 给出了地表沉降曲线包络面积的 95% 分位数和变异系数随变异系数的变化情况。可以看出,地表沉降曲线包络面积的 95% 分位数和变异系数随着土体参数变异系数的增大而增大。

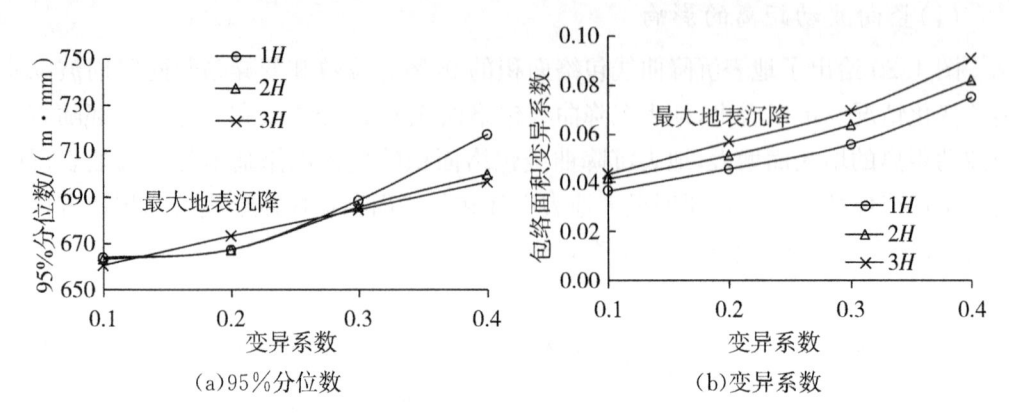

图 4.22　变异系数对曲线包络面积数字特征的影响

4.4.4.5　地表沉降的变形表征指标分析

针对地表沉降的变形表征指标研究,前述已经对最大地表沉降和地表沉降曲线包络面积展开了分析,但这些都是基于数值计算直接输出的结果,并未对变形表征指标之间的关系展开研究。第 3 章中给出了最大地表沉降 $w_{v \cdot \max}$ 和地表沉降曲线包络面积 $S_{v \cdot w}$ 之间的关系式:

$$S_{v \cdot w} = 2.95 w_{v \cdot \max} x_m \tag{4.9}$$

式中,x_m——最大地表沉降位置值。

在通过偏态分布函数的回归拟合中,结合曲线典型位置聚集效应,认为 x_m 与确定性计算情况无异,即 $x_m = 9.0 \text{m}$。此时认为最大地表沉降 $w_{v \cdot \max}$ 和地表沉降曲线包络面积 $S_{v \cdot w}$ 之间呈线性关系,即

$$S_{v \cdot w} = 26.55 w_{v \cdot \max} \tag{4.10}$$

注意到地表沉降曲线包络面积 $S_{v \cdot w}$ 是显性指标,而 $w_{v \cdot \max}$ 是隐性指标,$S_{v \cdot w}/w_{v \cdot \max}$ 之间的比值为 26.55。在每次随机计算中,其比值都会有差异,为了研究每种工况下的 $S_{v \cdot w}/w_{v \cdot \max}$ 比值情况,取 $S_{v \cdot w}$ 的均值和 $w_{v \cdot \max}$ 的均值进行研究。

表 4.7 给出了部分工况条件下对地表沉降曲线的显性指标和隐性指标的分析研究,可以看出 $S_{v \cdot w}/w_{v \cdot \max}$ 分布在 24.50 左右,总体上均小于公式推导出的比值 (26.55)。究其原因,回归拟合时以显性指标为基础,利用偏态分布函数回归拟合时仍会存在一定的误差,这种误差使得最大地表沉降被减弱了,另外最大地表沉降仍会受到参数空间变异性的微小影响,而本节对此进行了忽略。总体而言,曲线拟合度均

在90%以上,回归拟合效果较好。对于隐性指标$w_{v\cdot\max}$,可以利用回归拟合值近似代替数值计算值,以此作为初始分析值。

值得一提的是,由回归拟合的比值($S_{v\cdot w}/w_{v\cdot\max}$)结果可知,利用变形表征函数公式推导得到的$w_{v\cdot\max}$结果偏于保守,但利用变形表征指标关系式推导结果的方法仍不失为一种新方法和新思路。

表4.7　　　　　　　　　　地表沉降曲线的变形表征指标分析

工况	S_w(均值)/(m·mm)	$w_{v\cdot\max}$(均值)/mm	比值($S_{v\cdot w}/w_{v\cdot\max}$)/m	曲线拟合度(均值)
ANI-z1-x1	629.32	25.97	24.23	0.9538
ANI-z2-x1	638.97	26.20	24.39	0.9550
ANI-z3-x1	643.51	26.32	24.45	0.9534
ANI-z4-x1	650.86	26.52	24.54	0.9545
ANI-z1-x2	619.37	25.54	24.25	0.9582
ANI-z2-x2	626.95	25.69	24.40	0.9579
ANI-z3-x2	633.27	25.92	24.43	0.9581
ANI-z4-x2	637.68	26.03	24.50	0.9582

4.4.4.6　变形响应量分布类型分析

基于前述对最大地表沉降的分析和认识,本小节对最大地表沉降分布类型展开分析,探讨土体参数空间变异性对基坑开挖变形响应量分布类型的影响规律。

图4.23和图4.24分别给出了不同波动距离和不同变异系数条件下,随机计算得到的最大地表沉降分布直方图及其对数正态拟合形式。从图4.23、图4.24中可以看出,最大地表沉降基本都呈现为对数正态分布形式。

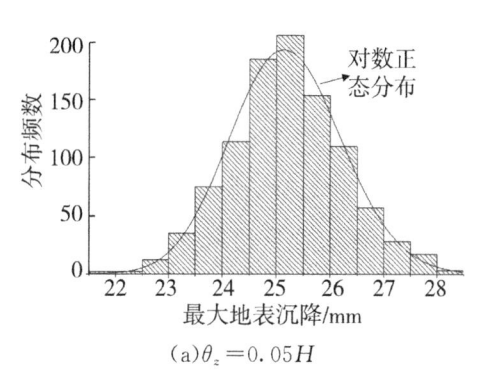

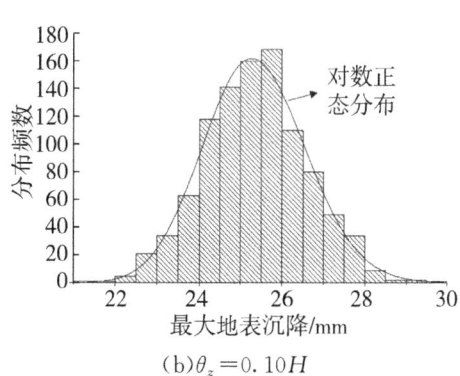

(a)$\theta_z=0.05H$　　　　　(b)$\theta_z=0.10H$

(c)$\theta_z=0.15H$

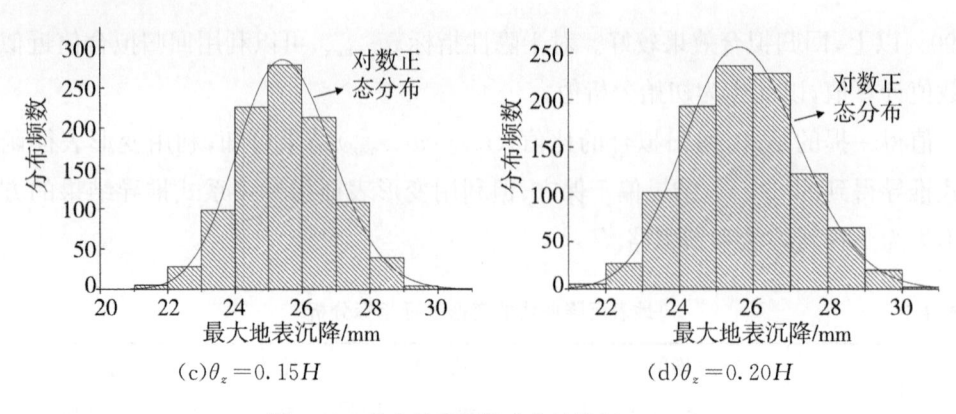

(d)$\theta_z=0.20H$

图 4.23　最大地表沉降分布统计($\theta_x=2H$)

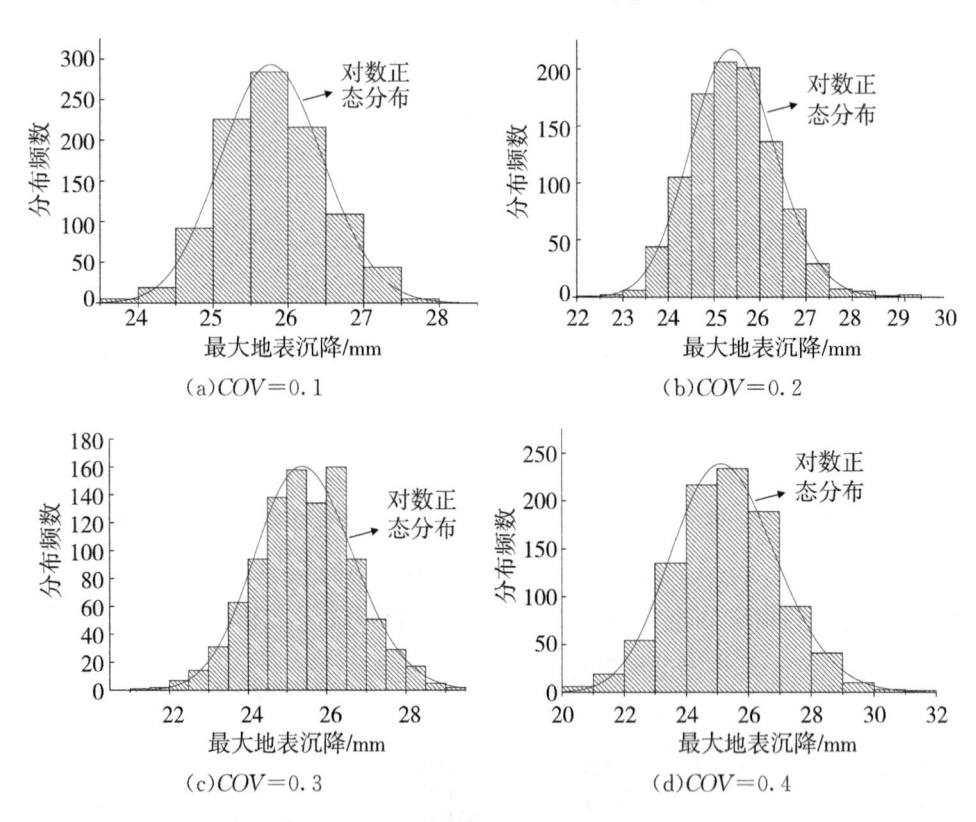

(a)$COV=0.1$

(b)$COV=0.2$

(c)$COV=0.3$

(d)$COV=0.4$

图 4.24　最大地表沉降分布统计($\theta_x=2H$,$\theta_z=0.1H$)

对于每一种工况,其随机计算结果均不尽相同。在本章的随机计算中,土体刚度参数服从对数正态分布形式,那么可以自然地联想到基坑开挖变形结果服从正态分布或者对数正态分布形式,通过图 4.23 和图 4.24 简单拟合可知,该图中最大地表沉降和最大围护结构水平变形服从对数正态分布。在此简单的认识上,笔者利用 SPSS 软件对本章所涉及计算工况的输出变量展开拟合优度检验,所采用的检验方法为柯尔莫哥洛夫—斯米尔洛夫(Kolmogorov-Smirnov,K-S)检验。利用 K-S 拟合优度检验的一般步骤为:首先假设基坑最大变形服从正态分布或者对数正态分布,然后在显

著性水平为 $\alpha=0.05$ 的基础上，计算检验概率值 Sig.，若 Sig.$>\alpha$，则接受原假设；否则，拒绝原假设。

表 4.8 分别给出了不同工况下，最大地表沉降正态分布和对数正态分布的 K-S 拟合优度检验结果。从表 4.8 中可以看出，大部分工况中最大地表沉降既服从正态分布，也服从对数正态分布。但比较而言，最大地表沉降的分布类型采用对数正态分布效果更佳。

表 4.8　　最大地表沉降正态和对数正态分布的 K-S 检验结果

计算工况	待检验的分布类型	原假设	检验概率值	检验结果
ANI-z1-x1	正态分布	$\mu=25.95, \sigma=0.94$	0.117	保留原假设
	对数正态分布	$\mu=3.26, \sigma=0.04$	0.116	保留原假设
ANI-z2-x1	正态分布	$\mu=26.20, \sigma=1.09$	0.111	保留原假设
	对数正态分布	$\mu=3.26, \sigma=0.42$	0.125	保留原假设
ANI-z3-x1	正态分布	$\mu=26.32, \sigma=1.23$	0.103	保留原假设
	对数正态分布	$\mu=3.27, \sigma=0.47$	0.116	保留原假设
ANI-z4-x1	正态分布	$\mu=26.54, \sigma=1.40$	0.106	保留原假设
	对数正态分布	$\mu=3.28, \sigma=0.05$	0.107	保留原假设
ANI-z1-x2	正态分布	$\mu=25.54, \sigma=0.99$	0.104	保留原假设
	对数正态分布	$\mu=3.24, \sigma=0.04$	0.119	保留原假设
ANI-z2-x2	正态分布	$\mu=25.69, \sigma=1.17$	0.054	保留原假设
	对数正态分布	$\mu=3.25, \sigma=0.05$	0.113	保留原假设
ANI-z3-x2	正态分布	$\mu=25.92, \sigma=1.35$	0.113	保留原假设
	对数正态分布	$\mu=3.25, \sigma=0.05$	0.123	保留原假设
ANI-z4-x2	正态分布	$\mu=26.03, \sigma=1.49$	0.117	保留原假设
	对数正态分布	$\mu=3.26, \sigma=0.06$	0.122	保留原假设
ANI-z1-x3	正态分布	$\mu=25.20, \sigma=1.03$	0.105	保留原假设
	对数正态分布	$\mu=3.23, \sigma=0.04$	0.110	保留原假设
ANI-z2-x3	正态分布	$\mu=25.36, \sigma=1.23$	0.106	保留原假设
	对数正态分布	$\mu=3.23, \sigma=0.05$	0.118	保留原假设
ANI-z3-x3	正态分布	$\mu=25.55, \sigma=1.40$	0.118	保留原假设
	对数正态分布	$\mu=3.24, \sigma=0.05$	0.129	保留原假设
ANI-z4-x3	正态分布	$\mu=25.77, \sigma=1.56$	0.108	保留原假设
	对数正态分布	$\mu=3.25, \sigma=0.06$	0.109	保留原假设
ANI-z1-x4	正态分布	$\mu=25.11, \sigma=1.10$	0.123	保留原假设
	对数正态分布	$\mu=3.22, \sigma=0.04$	0.121	保留原假设

续表

计算工况	待检验的分布类型	原假设	检验概率值	检验结果
ANI-z2-x4	正态分布	$\mu=25.37, \sigma=1.26$	0.112	保留原假设
	对数正态分布	$\mu=3.23, \sigma=0.05$	0.111	保留原假设
ANI-z3-x4	正态分布	$\mu=25.44, \sigma=1.49$	0.074	保留原假设
	对数正态分布	$\mu=3.23, \sigma=0.06$	0.117	保留原假设
ANI-z4-x4	正态分布	$\mu=25.60, \sigma=1.65$	0.122	保留原假设
	对数正态分布	$\mu=3.24, \sigma=0.06$	0.126	保留原假设
ANI-z1-x5	正态分布	$\mu=25.07, \sigma=1.11$	0.035	拒绝原假设
	对数正态分布	$\mu=3.22, \sigma=0.04$	0.106	保留原假设
ANI-z2-x5	正态分布	$\mu=25.20, \sigma=1.39$	0.114	保留原假设
	对数正态分布	$\mu=3.23, \sigma=0.06$	0.117	保留原假设
ANI-z3-x5	正态分布	$\mu=25.45, \sigma=1.46$	0.108	保留原假设
	对数正态分布	$\mu=3.23, \sigma=0.06$	0.128	保留原假设
ANI-z4-x5	正态分布	$\mu=25.39, \sigma=1.68$	0.120	保留原假设
	对数正态分布	$\mu=3.23, \sigma=0.07$	0.112	保留原假设

总体而言,坑外最大地表沉降服从对数正态分布。联想到土体刚度参数(输入参数)采用对数正态分布来描述其概率分布特征,此时变形响应量(输出参数)亦服从对数正态分布。这说明了输入参数与变形响应量的分布类型存在一定的关联性,可以称之为输入参数与变形响应分布类型关联效应。探究其原因,在考虑土体参数空间变异性时,各输入参数的分布特征在隐式功能函数的作用下会发生传递,继而使得变形响应量分布类型也与之关联。此时,在开展基坑开挖变形可靠度分析时,亦应充分考虑到这种分布类型关联效应。

4.4.5 围护结构水平变形随机分析

4.4.5.1 变形曲线的形态分析

(1)竖向波动距离的影响

图 4.25 给出了水平波动距离为 $4.0H$ 情况下,土体竖向波动距离对围护结构水平变形的影响规律。可以看出,围护结构水平变形曲线受到竖向波动距离的影响与坑外地表沉降曲线大体类似,土体参数竖向波动距离对围护结构水平变形曲线的形态几乎没有影响,但是会影响变形曲线的量值,表现为当土体竖向波动距离增大时,围护结构水平变形曲线的离散程度增大。

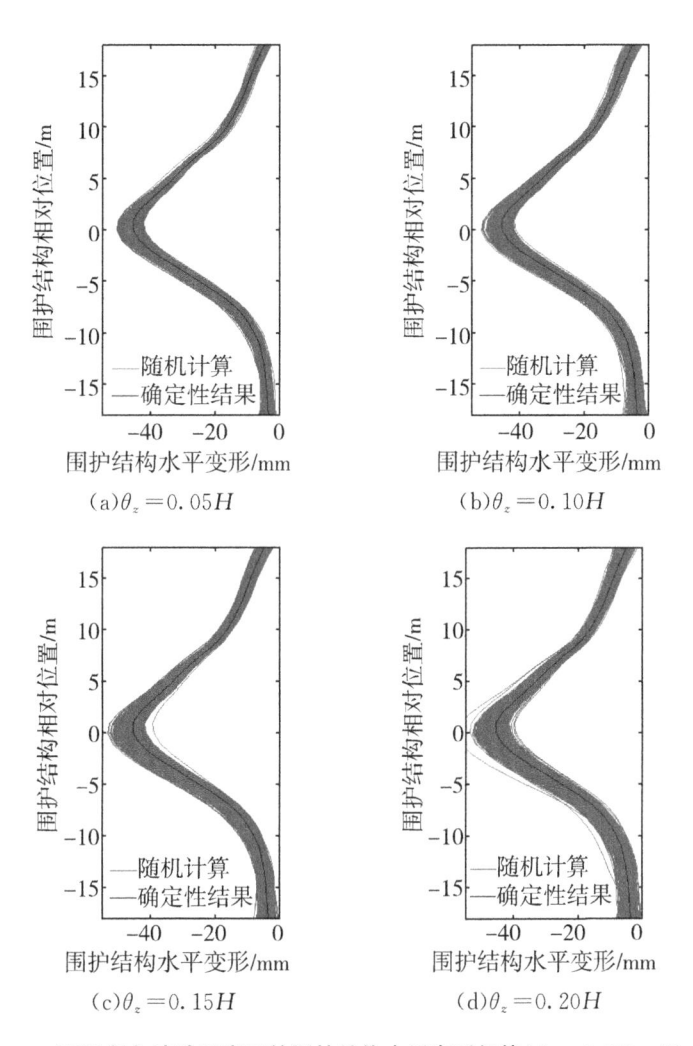

图 4.25　不同竖向波动距离下的围护结构水平变形规律($\theta_x=4.0H=72.0$m)

(2) 水平向波动距离的影响

图 4.26 给出了竖向波动距离为 $0.10H$ 工况下,不同水平向波动距离情况下的围护结构水平变形规律。可以看出,水平向波动距离对围护结构水平变形的影响没有竖向波动距离的影响显著,同样只是影响变形曲线的离散程度,但对曲线的形态并无明显的影响。

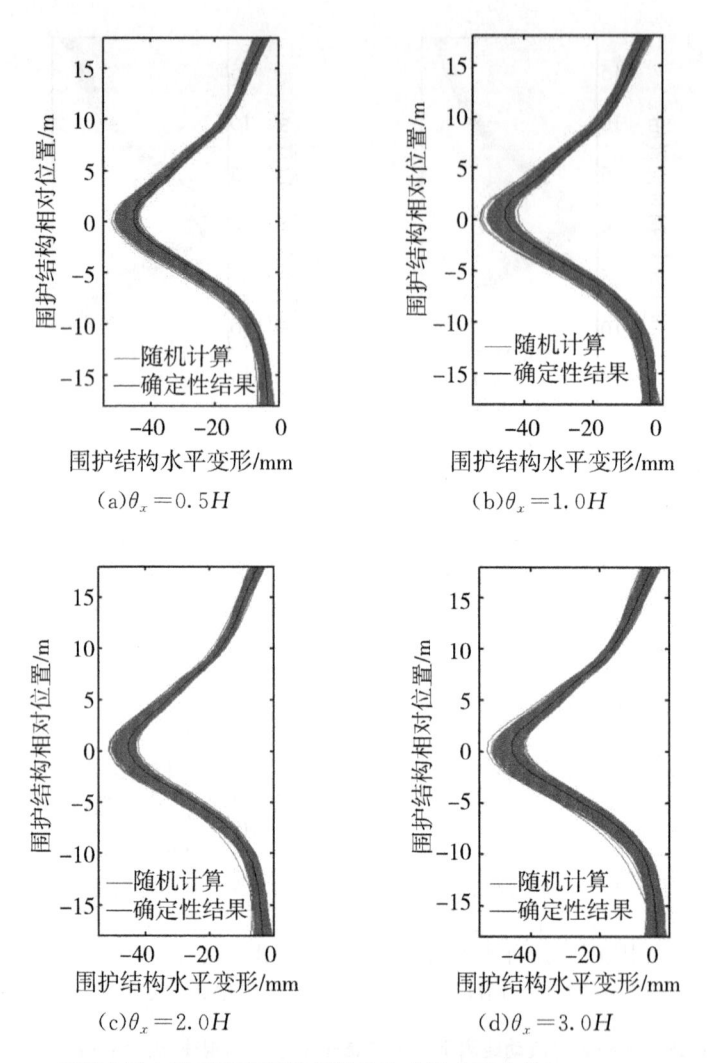

图 4.26　不同水平向波动距离下的围护结构水平变形曲线($\theta_z=0.10H=1.8m$)

(3)变异系数的影响

图 4.27 给出了变异系数对围护结构水平变形曲线的影响规律,其中每种工况下 $\theta_z=0.1H$,$\theta_x=3.0H$。从图 4.27 中可以看出,随着土体变异系数的增大,围护结构水平变形曲线的离散程度也明显增大。值得一提的是,变异系数对围护结构水平变形曲线离散程度的影响明显大于竖向和水平向波动距离的影响,这一点与前述关于坑外地表沉降的研究结论保持一致。

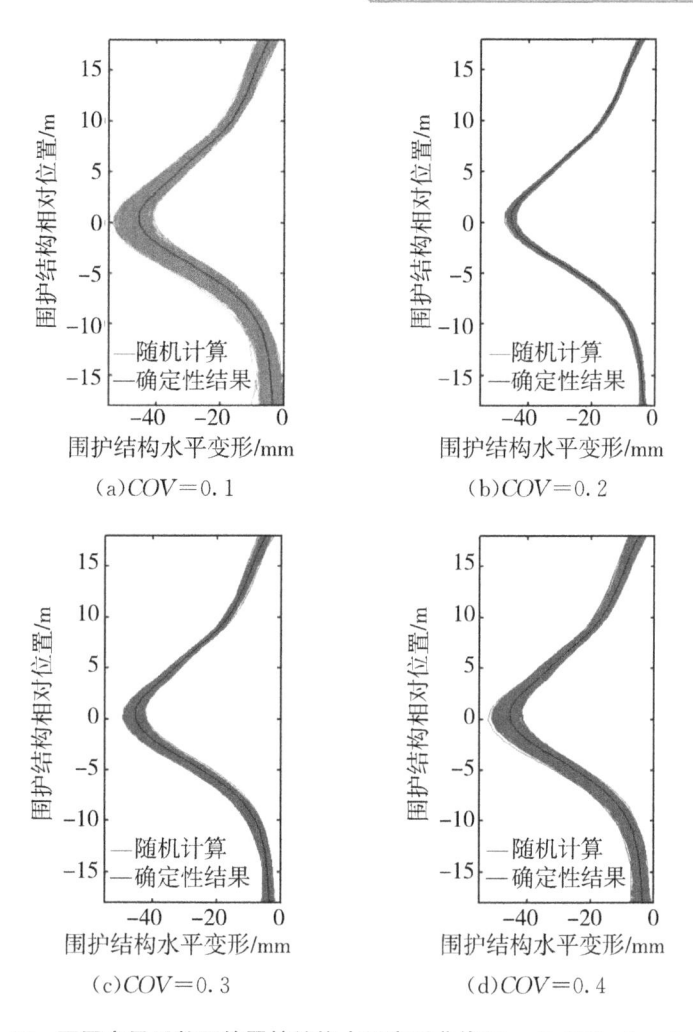

图 4.27 不同变异系数下的围护结构水平变形曲线($\theta_z=0.10H$，$\theta_x=3.0H$)

4.4.5.2 最大围护结构水平变形值分析

在随机分析中，笔者对每种工况都开展 1000 次 Monte-Carlo 模拟。受参数空间变异性的影响，每次随机结果都会有所差异，因此有必要借助概率统计分析的方法对每种工况的 1000 次随机计算结果进行研究。本小节重点研究最大围护结构水平变形值的 95% 分位数和变异系数受到土体参数空间变异性的影响规律。

(1) 竖向波动距离的影响

图 4.28 给出了不同竖向波动距离情况下最大变形 95% 分位数和变异系数的变化规律。从图 4.28 中可以看出，当竖向波动距离增大时，最大变形 95% 分位数和变异系数均表现为增大的趋势。图 4.28(a) 给出了最大围护结构水平变形值 95% 分位数的变化情况，可以看出与前述结果进行比较可知，对于不同的工况($\theta_x=0.5H$、$1H$、$2H$、$3H$ 和 $4H$)，最大地表沉降比最大围护结构水平变形表现得更为离散。这

说明了地表沉降受到波动距离的影响比围护结构水平变形受到的影响要大一些。究其原因,土体的刚度远远小于围护结构的刚度,导致其变形受到了土体参数空间变异性更大的影响[183]。图4.28(b)给出了各个工况下,最大围护结构水平变形的变异系数随竖向波动距离的变化情况。可以看出,最大变形的变异系数随着竖向波动距离大致呈线性增加的趋势。此外,不同工况下的最大地表沉降变异系数都比最大围护结构水平变形变异系数要大一些。这说明了地表沉降受到参数空间变异性的影响要大于围护结构受到的影响,这也是由于土体刚度远远小于围护结构刚度的缘故。

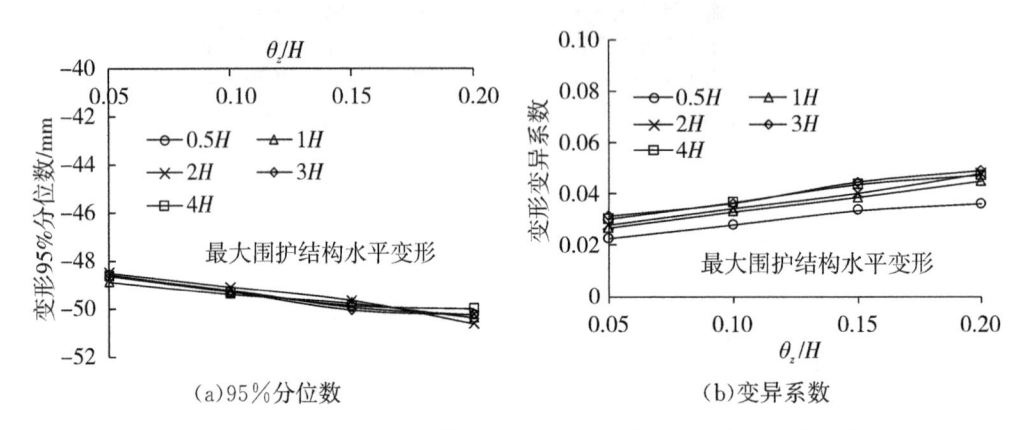

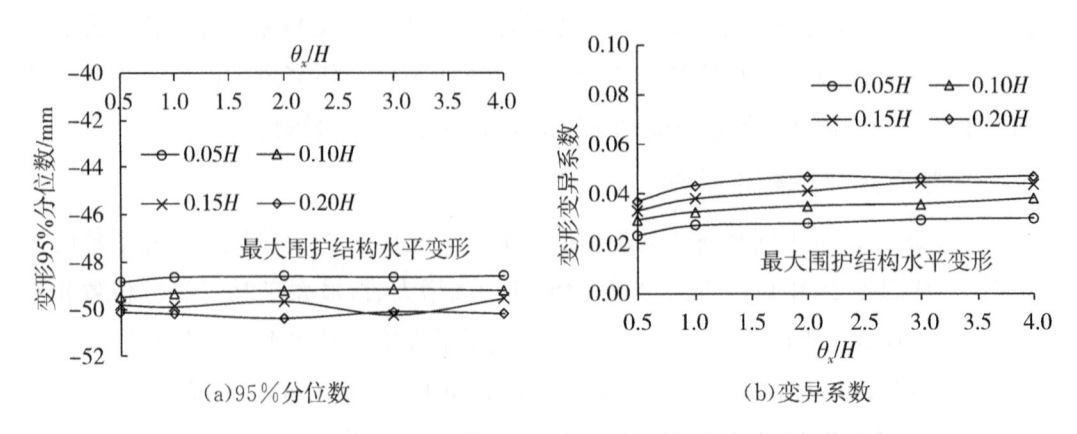

图 4.28　竖向波动距离对最大围护结构水平变形值数字特征的影响

(2)水平向波动距离的影响

图4.29给出了不同工况下,最大变形95%分位数和变异系数受到水平向波动距离的影响情况。从图4.29中可以看出,最大变形95%分位数和变异系数受到水平向波动距离的影响较小。此时与前述研究相比,可以发现最大变形的变异系数受到水平向波动距离的影响较小,但整体上呈增大的趋势。此外,同样发现最大地表沉降的变异系数比最大围护结构水平变形的变异系数要大一些,这也是源于土体和围护结构的刚度差异。

图 4.29　水平向波动距离对最大围护结构水平变形值数字特征的影响

(3)变异系数的影响

图 4.30(a)给出了不同工况下,最大变形 95% 分位数和变异系数受到土体参数变异系数的影响情况。从图 4.30 中可以看出,当变异系数增大时,最大变形 95% 分位数也随之增大,这也从侧面说明了最大变形的离散程度在高变异性土体中表现为更大的事实;图 4.30(b)给出了不同工况下,最大变形变异系数受到土体变异系数的影响规律。从 4.30 中可以看出,最大变形变异系数随着土体变异系数的增大而增大。当土体刚度参数的变异系数越大,则参数分布的离散程度越大,随机计算得到的最大变形变异程度也越大。另外也发现,波动距离越大时,土体参数的相关性和随机性的叠加效应也越明显。

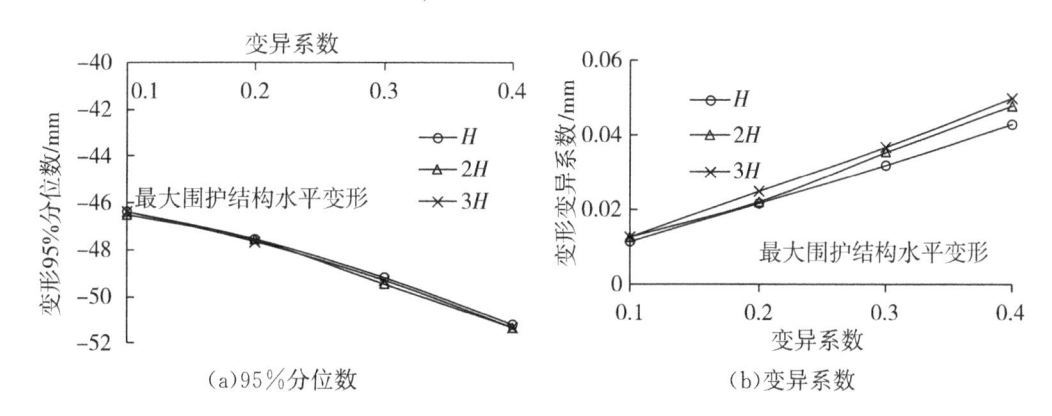

图 4.30 变异系数对最大围护结构水平变形值数字特征的影响

4.4.5.3 分段反弯点位置分析

除了最大围护结构水平变形值外,分段反弯点位置值亦是变形曲线的重要表征指标。由前述研究可以得到,随机计算得到围护结构水平变形曲线形态受土体参数空间变异性的影响很小,只是在变形的量值上有较大变化。针对变形曲线的典型位置值,本节亦从随机计算结果和随机拟合结果这两个方面展开研究。

(1)随机计算结果

由于围护结构和土体的刚度之间存在较大的差异,围护结构受到土体参数空间变异性的影响程度要小于地表沉降受到的影响程度。这直接导致围护结构水平变形最大值位置表现为比较集中的规律,即受到土体参数空间变异性的影响很小。随机计算结果显示围护结构水平变形最大值主要出现在两个位置:基坑底部以上约 0.97m 处和基坑底部以下约 0.03m 处。在数值计算中,变形最大值出现的位置往往在某个网格节点位置,加之围护结构变形受到土体参数空间变异性影响较小些。这就导致变形最大值出现位置较为集中。对最大变形出现在不同位置的原因进行分析,可以发现土体刚度参数的不均匀性和低刚度占优效应是主要因素。

对于变形曲线反弯点位置,通过二次求导可以得知上部曲线和下部曲线的拐点位置比较稳定,即曲线反弯点位置亦非常集中,曲线上部反弯点位置基本上位于 $i_1=6.00\text{m}$ 上下,曲线下部反弯点位置为 $i_2=-6.00\text{m}$ 上下,这和确定性计算结果保持一致。由此可知,土体参数空间变异性对围护结构水平变形曲线典型位置值的影响程度甚微,表现为变形曲线典型位置聚集效应。

对围护结构水平变形模式开展研究,结合随机计算中围护结构顶端位置为 $y_1=18\text{m}$,围护结构底端位置为 $y_2=-18\text{m}$,可知围护结构水平变形基本上均表现为"上凹下凹"型。这也说明了围护结构水平变形曲线的形态受土体参数空间变异性的影响很小。

(2)随机拟合结果

由第 3 章可知,围护结构水平变形可以利用分段正态分布函数来表征。基于此,首先需对分段正态分布函数的变形表征值展开分析,下式给出分段正态函数的表达形式:

$$w(y)=\begin{cases} w_{h\cdot\max}\exp\left(-\dfrac{y^2}{2i_1^2}\right) & (0<y<y_1) \\ w_{h\cdot\max}\exp\left(-\dfrac{y^2}{2i_2^2}\right) & (y_2<y<0) \end{cases} \tag{4.11}$$

式中,i_1——上部曲线的反弯点位置;

i_2——下部曲线的反弯点位置;

$w_{h\cdot\max}$——围护结构水平变形的最大值;

y_1 和 y_2——围护结构的几何参数(对于本案例,$y_1=18\text{m}$,$y_2=-18\text{m}$)。

正如前述,上部曲线和下部曲线的反弯点位置非常集中,基本保持在 $i_1=6.00\text{m}$ 和 $i_2=-6.00\text{m}$ 的上下浮动,表现为典型位置的聚集效应。因此在利用分段正态分布函数来表征围护结构水平变形曲线时可以忽略参数空间变异性对曲线拐点位置的影响。另外,对于围护结构水平变形最大值的分布规律,前述对此已经进行了详细研究,这里不作赘述。基于对变形表征指标的认识,本小节对围护结构水平变形随机计算结果展开拟合分析。

以工况($\theta_z=0.05H=0.9\text{m}$,$\theta_x=0.5H=9.0\text{m}$,$COV=0.3$)下的计算结果为例,对 1000 次 Monte-Carlo 计算结果均开展拟合分析。图 4.31 给出了该工况的回归拟合结果。可以看出,拟合度基本都在 0.95 以上,说明基于变形表征指标的回归效果甚佳。

(a)拟合度

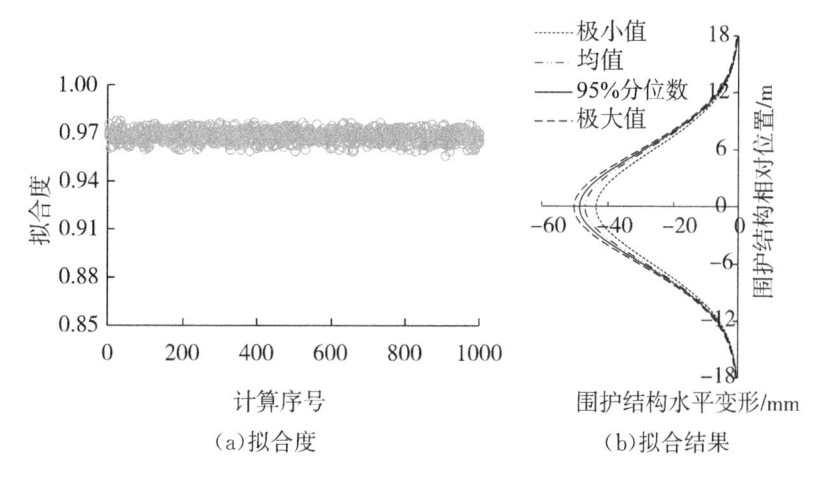

(b)拟合结果

图 4.31 利用分段正态分布函数进行回归分析的结果

总体来说,坑外地表沉降和围护结构水平变形均表现为典型位置聚集效应。所不同的是,与围护结构水平变形相比,地表沉降受到参数空间变异性的影响更大,其变形曲线典型位置聚集效应稍弱一些。

4.4.5.4 围护结构水平变形曲线包络面积分析

围护结构水平变形曲线包络面积代表了整个围护结构变形的情况。本小节通过对围护结构水平变形曲线求积分,可以得到曲线包络面积,继而对随机计算条件下的曲线包络面积变化情况展开分析,以下分别从竖向波动距离、水平向波动距离和变异系数这三个方面展开研究。

(1)竖向波动距离的影响

图 4.32 给出了围护结构水平变形曲线包络面积的 95% 分位数和变异系数随竖向波动距离的变化情况。可以看出,当竖向波动距离增大时,围护结构水平变形曲线包络面积的 95% 分位数和变异系数也随之增大。

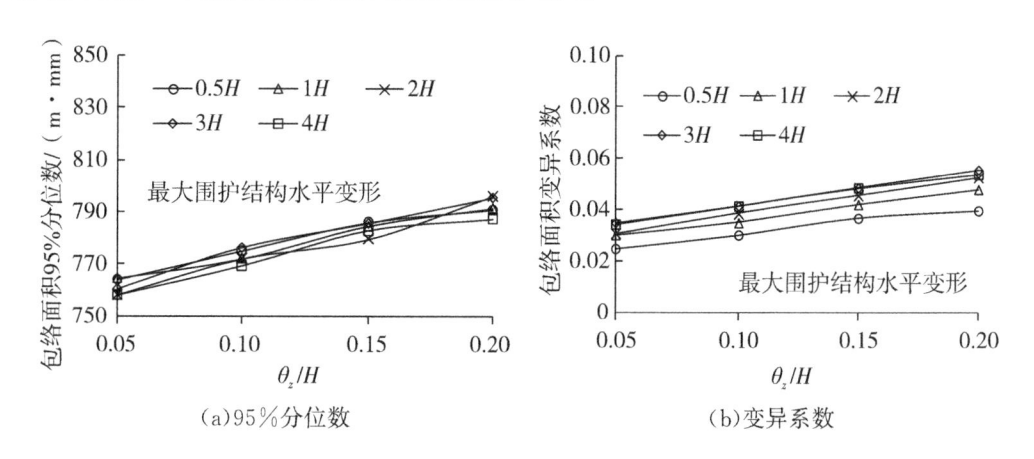

(a)95%分位数

(b)变异系数

图 4.32 竖向波动距离对曲线包络面积数字特征的影响

(2) 水平向波动距离的影响

图 4.33 给出了围护结构水平变形曲线包络面积的 95％分位数和变异系数随水平向波动距离的变化情况。可以看出,围护结构水平变形曲线包络面积的 95％分位数和变异系数受到水平向波动距离的影响较小,总体上和最大围护结构水平变形值的变化规律相一致。

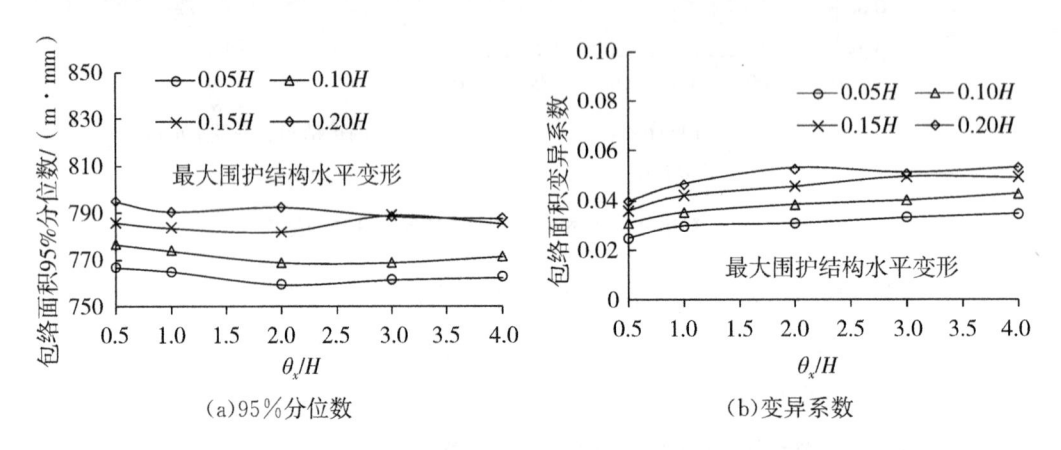

图 4.33 水平向波动距离对曲线包络面积数字特征的影响

(3) 变异系数的影响

图 4.34 给出了围护结构水平变形曲线包络面积的 95％分位数和变异系数随土体变异系数的变化情况。可以看出,当土体变异系数增大时,围护结构水平变形曲线包络面积的 95％分位数和变异系数也随之增大。

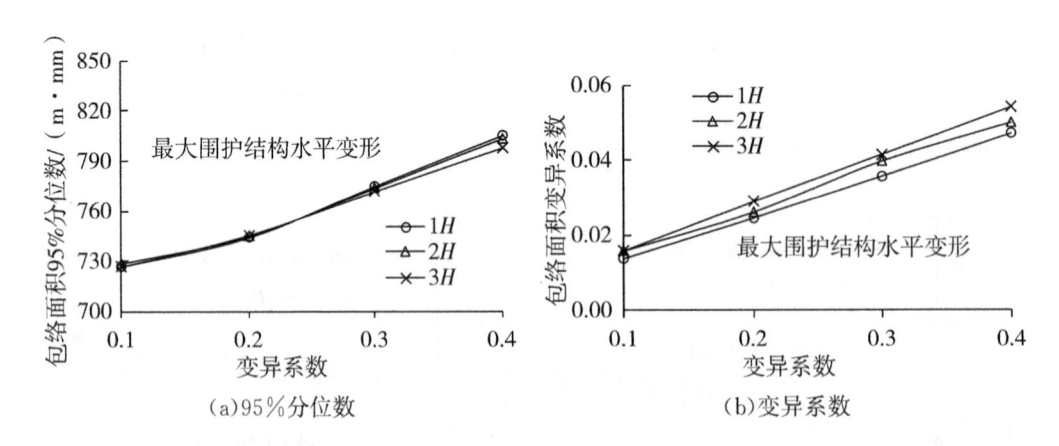

图 4.34 变异系数对曲线包络面积数字特征的影响

总体而言,针对围护结构水平变形曲线包络面积的分析中,变异系数的影响最大,竖向波动距离的影响次之,水平向波动距离的影响最小,亦表现为基坑开挖空间各向异性效应。

4.4.5.5 围护结构水平变形的表征指标分析

针对围护结构水平变形的表征指标研究，前述已经对最大围护结构水平变形和变形曲线包络面积展开了分析，但这些都是基于数值计算直接输出的结果，并未对变形表征指标之间的关系展开研究。第3章中给出了最大围护结构水平变形 $w_{h \cdot \max}$ 和围护结构水平变形曲线包络面积 $S_{h \cdot w}$ 之间的关系式：

$$S_{h \cdot w} = w_{h \cdot \max} \left[y_1 - y_2 - \left(\frac{y_1^3}{6i_1^2} - \frac{y_2^3}{6i_2^2} \right) + \frac{1}{2} \left(\frac{y_1^5}{20i_1^4} - \frac{y_2^5}{20i_2^4} \right) \right] \quad (4.12)$$

式中，i_1——上部曲线的反弯点到最大围护结构水平变形的距离；

i_2——下部曲线的反弯点到最大围护结构水平变形的距离；

y_1——围护结构的顶端点位置；

y_2——围护结构的底端点位置。

在此案例中，$y_1=9.0$m，$y_2=-9.0$m；结合曲线典型位置聚集效应，认为 i_1 和 i_2 与确定性计算情况无异，即 $i_1=6.0$m，$i_2=-6.0$m。

此时可以对上式进行简化，得到最大围护结构水平变形 $w_{h \cdot \max}$ 和围护结构水平变形曲线包络面积 $S_{h \cdot w}$ 亦大致呈线性关系，即

$$S_{h \cdot w} = 13.528 w_{h \cdot \max} \quad (4.13)$$

注意到最大围护结构水平变形 $w_{h \cdot \max}$ 是显性指标，而 $S_{h \cdot w}$ 是隐性指标，$S_{h \cdot w}/w_{h \cdot \max}$ 之间的比值为 13.528。在每次随机计算中，其比值都会有差异，为了研究每种工况下的 $S_{v \cdot w}/w_{v \cdot \max}$ 比值情况，取 $S_{h \cdot w}$ 的均值和 $w_{h \cdot \max}$ 的均值进行研究。

表 4.9 给出了部分工况条件下对围护结构水平变形曲线的显性指标和隐性指标的分析研究，可以看出，$S_{h \cdot w}/w_{h \cdot \max}$ 分布在 15.65 左右，总体上均大于公式推导出的比值（13.528）。究其原因，回归拟合时以显性指标为基础，利用分段正态分布函数回归拟合时仍会存在一定的误差，这种误差使得曲线包络面积被减弱了。总体而言，曲线拟合度均在 90% 以上，回归拟合效果较好。对于隐性指标 $S_{h \cdot w}$，可以利用回归拟合值近似代替数值计算值，以此作为初始分析值。

值得一提的是，由回归拟合的比值（$S_{h \cdot w}/w_{h \cdot \max}$）结果可知，利用变形表征函数公式推导得到的 $S_{h \cdot w}$ 结果偏于保守，但利用变形表征指标关系式推导结果的方法仍不失为一种新方法和新思路。

表 4.9　　　　　　　　围护结构水平变形曲线的变形表征指标分析

工况	$w_{h \cdot \max}$（均值）/mm	$S_{h \cdot w}$（均值）/(m·mm)	比值（$S_{h \cdot w}/w_{h \cdot \max}$）/m	曲线拟合度（均值）
ANI-z1-x1	46.93	733.46	15.63	0.9638

续表

工况	$w_{h\cdot max}$（均值）/mm	$S_{h\cdot w}$（均值）/(m·mm)	比值($S_{h\cdot w}/w_{h\cdot max}$)/m	曲线拟合度（均值）
ANI-z2-x1	47.00	736.66	15.67	0.9650
ANI-z3-x1	47.13	739.54	15.69	0.9634
ANI-z4-x1	47.32	743.76	15.71	0.9645
ANI-z1-x2	46.69	728.42	15.60	0.9782
ANI-z2-x2	46.74	730.06	15.62	0.9779
ANI-z3-x2	46.79	731.97	15.64	0.9781
ANI-z4-x2	46.84	733.45	15.66	0.9782

4.4.5.6 变形响应量分布类型分析

本小节对最大围护结构水平变形的分布类型展开分析，探讨土体参数空间变异性对基坑开挖变形响应量分布类型的影响规律。

图4.35和图4.36分别给出了不同波动距离和不同变异系数条件下，围护结构水平变形最大值的分布情况。可以看出，围护结构水平变形基本上呈现为对数正态分布形式。

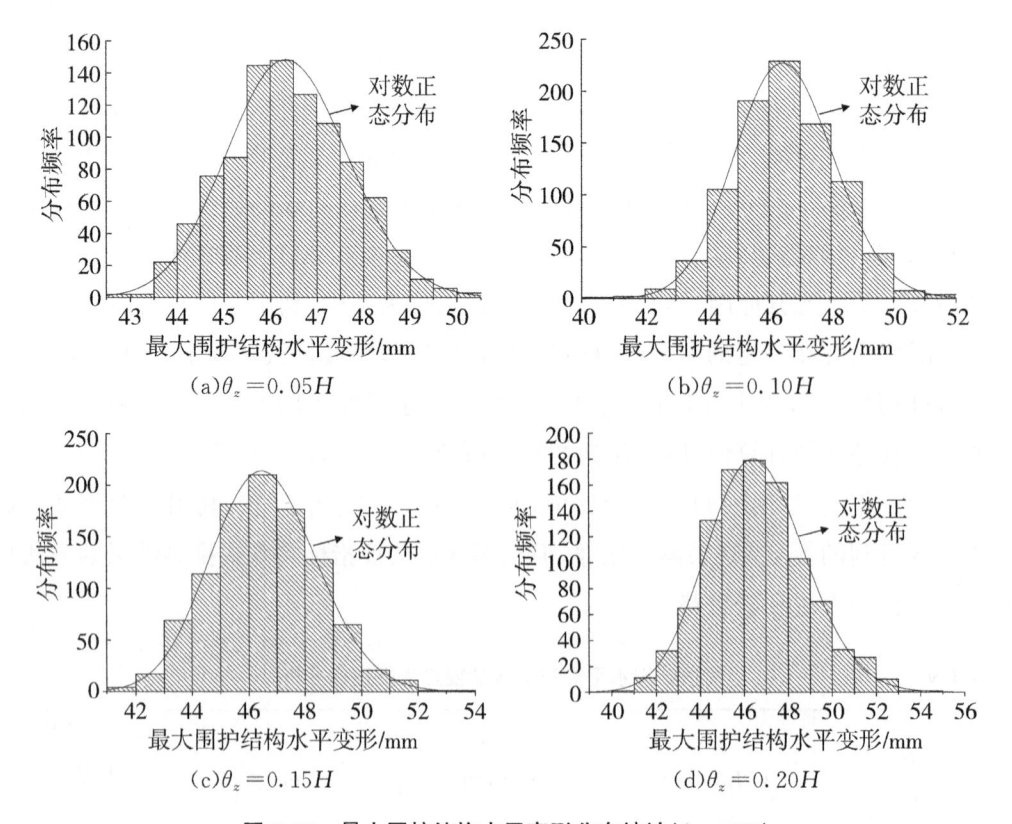

(a) $\theta_z = 0.05H$

(b) $\theta_z = 0.10H$

(c) $\theta_z = 0.15H$

(d) $\theta_z = 0.20H$

图4.35 最大围护结构水平变形分布统计($\theta_x = 2H$)

(a) $COV=0.1$

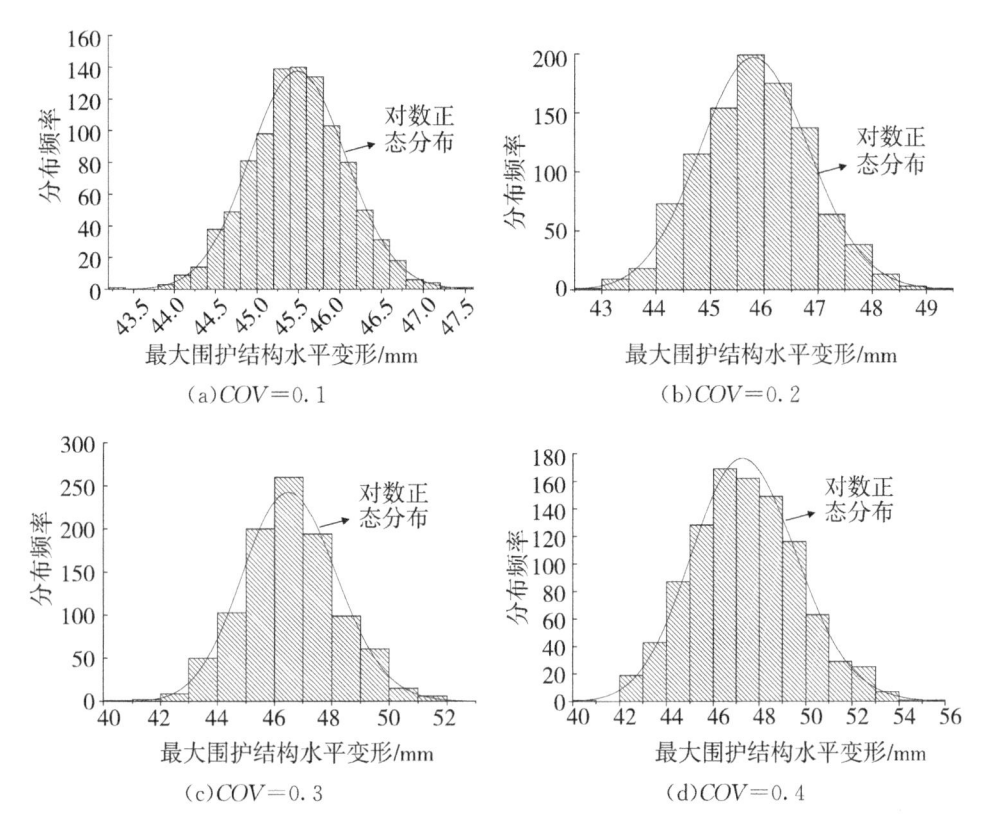

(b) $COV=0.2$

(c) $COV=0.3$

(d) $COV=0.4$

图 4.36　最大围护结构水平变形分布统计（$\theta_x=2H$，$\theta_z=0.1H$）

与最大地表沉降的分析类似，本节亦对最大围护结构水平变形值展开 K-S 拟合优度检验，表 4.10 分别给出了不同工况下，最大围护结构水平变形正态分布和对数正态分布的 K-S 拟合优度检验结果。从表 4.10 中可以看出，大部分工况中的最大围护结构水平变形值既服从正态分布，也服从对数正态分布。但比较而言，分布类型采用对数正态分布效果更佳，如对于 ANI-z3-x1、ANI-z4-x2、ANI-z4-x3、ANI-z3-x4、ANI-z2-x5 和 ANI-z3-x5 这些工况，其最大围护结构水平变形不服从正态分布形式。

表 4.10　最大围护结构水平变形正态分布和对数正态分布的 K-S 拟合优度检验结果

计算工况	待检验的分布类型	原假设	检验概率值	检验结果
ANI-z1-x1	正态分布	$\mu=46.93$，$\sigma=1.07$	0.125	保留原假设
	对数正态分布	$\mu=3.85$，$\sigma=0.02$	0.121	保留原假设
ANI-z2-x1	正态分布	$\mu=47.00$，$\sigma=1.32$	0.054	保留原假设
	对数正态分布	$\mu=3.85$，$\sigma=0.03$	0.103	保留原假设
ANI-z3-x1	正态分布	$\mu=47.13$，$\sigma=1.58$	0.014	拒绝原假设
	对数正态分布	$\mu=3.85$，$\sigma=0.33$	0.076	保留原假设

续表

计算工况	待检验的分布类型	原假设	检验概率值	检验结果
ANI-z4-x1	正态分布	$\mu=47.32, \sigma=1.72$	0.107	保留原假设
	对数正态分布	$\mu=3.86, \sigma=0.04$	0.120	保留原假设
ANI-z1-x2	正态分布	$\mu=46.69, \sigma=1.25$	0.119	保留原假设
	对数正态分布	$\mu=3.84, \sigma=0.03$	0.121	保留原假设
ANI-z2-x2	正态分布	$\mu=46.74, \sigma=1.54$	0.108	保留原假设
	对数正态分布	$\mu=3.84, \sigma=0.03$	0.112	保留原假设
ANI-z3-x2	正态分布	$\mu=46.79, \sigma=1.80$	0.114	保留原假设
	对数正态分布	$\mu=3.84, \sigma=0.04$	0.128	保留原假设
ANI-z4-x2	正态分布	$\mu=46.84, \sigma=2.10$	0.027	拒绝原假设
	对数正态分布	$\mu=3.85, \sigma=0.04$	0.059	保留原假设
ANI-z1-x3	正态分布	$\mu=46.38, \sigma=1.29$	0.069	保留原假设
	对数正态分布	$\mu=3.84, \sigma=0.03$	0.108	保留原假设
ANI-z2-x3	正态分布	$\mu=46.52, \sigma=1.60$	0.113	保留原假设
	对数正态分布	$\mu=3.84, \sigma=0.03$	0.120	保留原假设
ANI-z3-x3	正态分布	$\mu=46.58, \sigma=1.87$	0.120	保留原假设
	对数正态分布	$\mu=3.84, \sigma=0.04$	0.118	保留原假设
ANI-z4-x3	正态分布	$\mu=46.60, \sigma=2.23$	0.021	拒绝原假设
	对数正态分布	$\mu=3.84, \sigma=0.05$	0.109	保留原假设
ANI-z1-x4	正态分布	$\mu=46.33, \sigma=1.45$	0.114	保留原假设
	对数正态分布	$\mu=3.84, \sigma=0.03$	0.112	保留原假设
ANI-z2-x4	正态分布	$\mu=46.49, \sigma=1.68$	0.106	保留原假设
	对数正态分布	$\mu=3.84, \sigma=0.04$	0.109	保留原假设
ANI-z3-x4	正态分布	$\mu=46.52, \sigma=2.06$	0.014	拒绝原假设
	对数正态分布	$\mu=3.84, \sigma=0.04$	0.104	保留原假设
ANI-z4-x4	正态分布	$\mu=46.49, \sigma=2.27$	0.110	保留原假设
	对数正态分布	$\mu=3.84, \sigma=0.05$	0.125	保留原假设
ANI-z1-x5	正态分布	$\mu=46.24, \sigma=1.39$	0.100	保留原假设
	对数正态分布	$\mu=3.83, \sigma=0.03$	0.110	保留原假设
ANI-z2-x5	正态分布	$\mu=46.37, \sigma=1.69$	0.019	拒绝原假设
	对数正态分布	$\mu=3.84, \sigma=0.04$	0.103	保留原假设
ANI-z3-x5	正态分布	$\mu=46.37, \sigma=2.03$	0.024	拒绝原假设
	对数正态分布	$\mu=3.84, \sigma=0.04$	0.108	保留原假设

续表

计算工况	待检验的分布类型	原假设	检验概率值	检验结果
ANI-z4-x5	正态分布	$\mu=46.43, \sigma=2.20$	0.118	保留原假设
	对数正态分布	$\mu=3.84, \sigma=0.05$	0.123	保留原假设

总体而言,最大围护结构水平变形服从对数正态分布。联想到土体刚度参数(输入参数)采用对数正态分布来描述其概率分布特征,此时变形响应量(输出参数)亦服从对数正态分布。这说明了输入参数与变形响应量的分布类型存在一定的关联性,可以称之为输入参数与变形响应分布类型关联效应。探究其原因,在考虑土体参数空间变异性时,各输入参数的分布特征在隐式功能函数的作用下会发生传递,继而使得变形响应量分布类型也与之关联。此时,在开展基坑开挖变形可靠度分析时,亦应充分考虑到这种分布类型关联效应。

4.4.6 围护结构水平变形和地表沉降的关系分析

由基坑开挖过程中的力学分析可知,围护结构水平变形和坑外地表沉降之间存在一定的正相关关系。为了深入研究两者之间的关系,笔者基于随机计算结果,从最大变形值(包括围护结构水平变形和坑外地表沉降,下同)及其相应的变形曲线包络面积这两个角度对坑外地表沉降和围护结构水平变形之间的关系进行探讨。其中,最大变形值代表了基坑开挖变形的极值分布情况,而变形曲线包络面积则表示基坑开挖变形的总体变形分布水平。

4.4.6.1 基坑开挖最大变形值之间的关系

在确定性计算中,最大围护结构水平变形值与最大地表沉降值之间的比值为1.814。根据随机计算工况,本节将从竖向波动距离、水平向波动距离和变异系数这三个角度开展分析。

(1)竖向波动距离的影响

图4.37给出了不同竖向波动距离工况下,围护结构水平变形最大值(归一化值,δ_{hm}/H(%))和坑外地表沉降最大值(归一化值,δ_{vm}/H(%))之间的关系。从图4.37中可以看出,利用椭圆可以较好地表示围护结构水平变形最大值和坑外地表沉降最大值之间的关系。当竖向波动距离增大时,最大变形之间的关系更为离散,表现为椭圆的面积更大。这是因为当竖向波动距离增大时,土体参数的竖向相关性增强,使得基坑周围出现大面积的低(高)刚度区的概率增大,从而使得随机计算的结果更为离散。总体来说,围护结构水平变形和坑外地表沉降之间具有明显的正相关性。

(a)$\theta_z=0.05H$

(b)$\theta_z=0.10H$

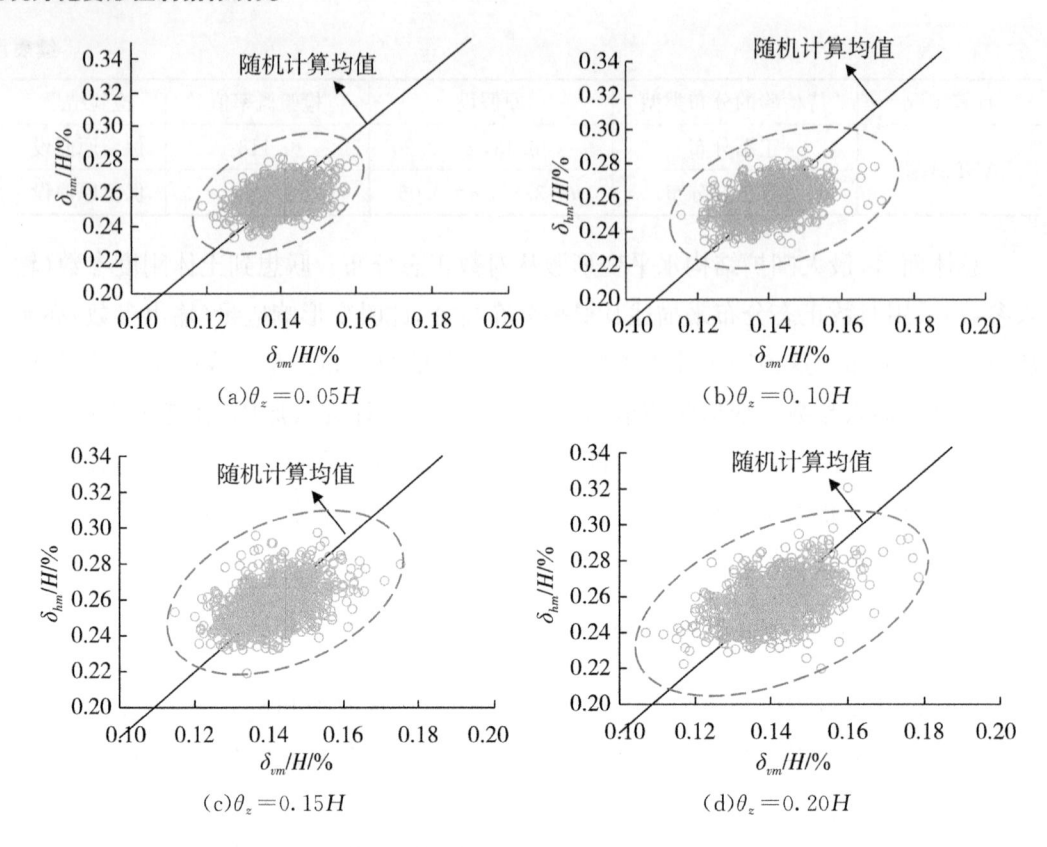

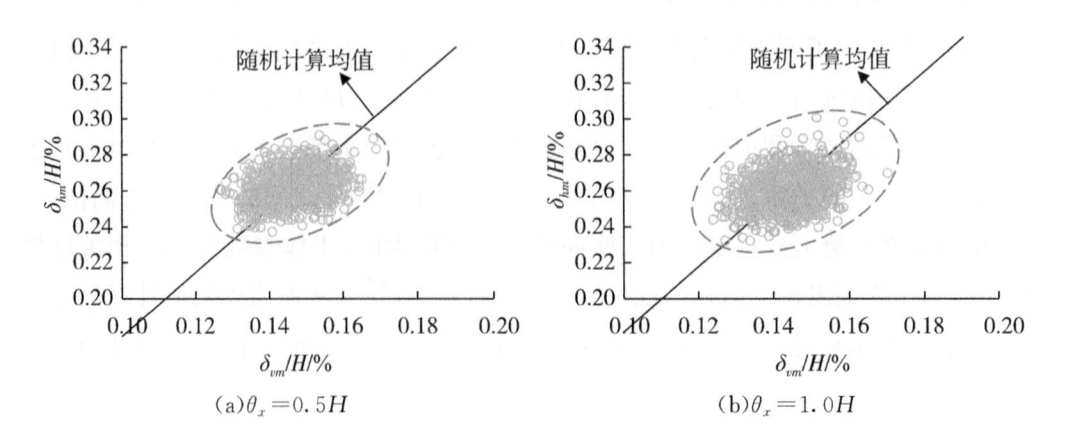

(c)$\theta_z=0.15H$

(d)$\theta_z=0.20H$

图 4.37 不同竖向波动距离下最大变形值之间的关系($\theta_x=4.0H=72.0\text{m}$)

(2)水平向波动距离的影响

图 4.38 给出了不同水平向波动距离工况下,围护结构水平变形最大值(归一化值,δ_{hm}/H(%))和坑外地表沉降最大值(归一化值,δ_{vm}/H(%))之间的关系。笔者同样利用椭圆表示围护结构水平变形最大值和坑外地表沉降最大值之间的关系。可以发现,当水平向波动距离增大时,最大变形之间比值的离散程度增大,表现为椭圆的面积也相应增大,这也是源于土体参数水平向相关性增强的缘故。

(a)$\theta_x=0.5H$

(b)$\theta_x=1.0H$

(c) $\theta_x = 2.0H$

(d) $\theta_x = 3.0H$

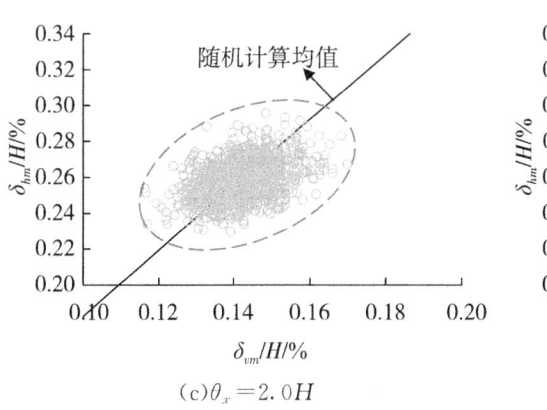

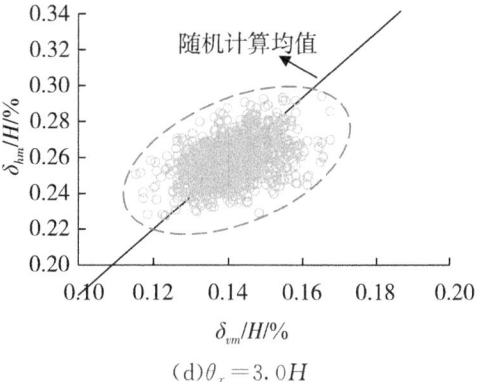

图 4.38 不同水平向波动距离下最大变形值之间的关系($\theta_z = 0.15H = 2.7\text{m}$)

(3) 变异系数的影响

图 4.39 给出了不同变异系数工况下,围护结构水平变形最大值(归一化值,δ_{hm}/H(%))和坑外地表沉降最大值(归一化值,δ_{vm}/H(%))之间的关系。从图 4.39 中可以看出,随着土体变异系数的增大,两者之间的比值愈加离散,椭圆面积也增大。总体而言,围护结构水平变形最大值和坑外地表沉降最大值保持为正相关关系。

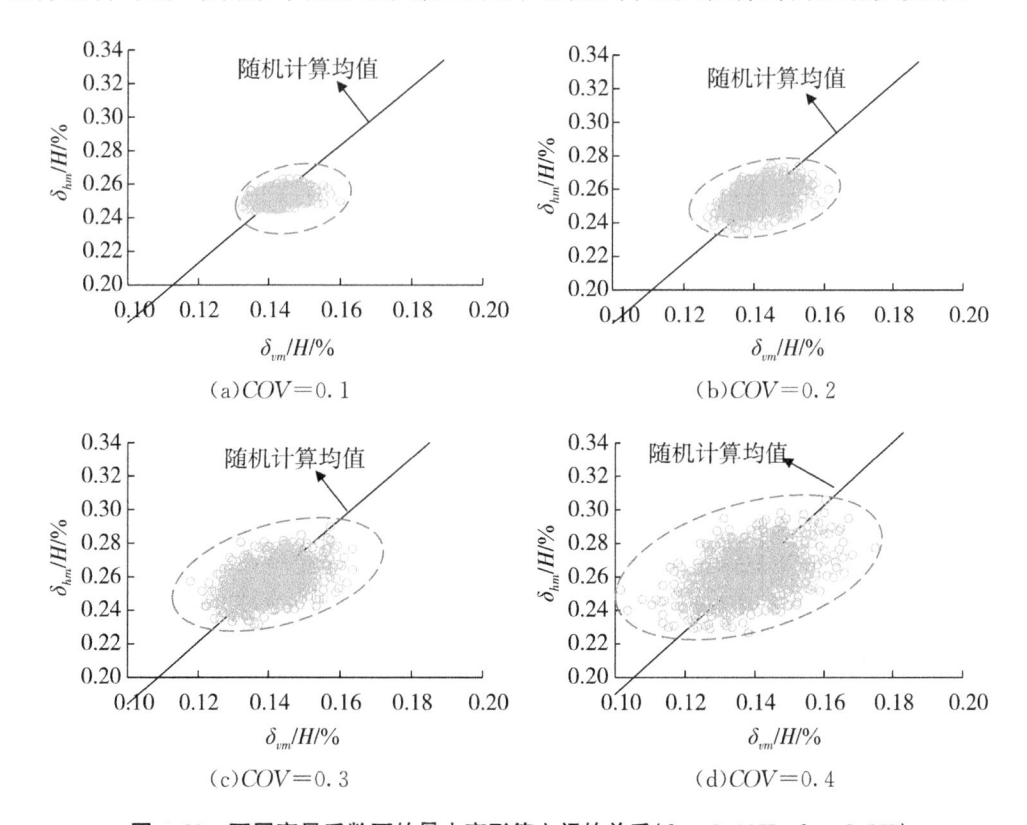

(a) $COV=0.1$

(b) $COV=0.2$

(c) $COV=0.3$

(d) $COV=0.4$

图 4.39 不同变异系数下的最大变形值之间的关系($\theta_z = 0.10H$,$\theta_x = 3.0H$)

4.4.6.2 变形曲线包络面积之间的关系

在确定性计算中,围护结构水平变形包络面积与坑外地表沉降包络面积之比为 1.219。根据随机计算工况,本节将从竖向波动距离、水平向波动距离和变异系数这三个角度开展分析。

(1)竖向波动距离的影响

图 4.40 给出了不同竖向波动距离工况下,围护结构水平变形曲线包络面积 S_h 与坑外地表沉降曲线包络面积 S_v 之间的关系。从图 4.40 中可以看出,两者之间的包络面积关系亦可以用椭圆来表现。当竖向波动距离增大时,两者之间的散点关系愈离散,表现为椭圆的面积增大。总体来说,两者之间包络面积的关系与变形最大值之间的关系表现出相同的规律。

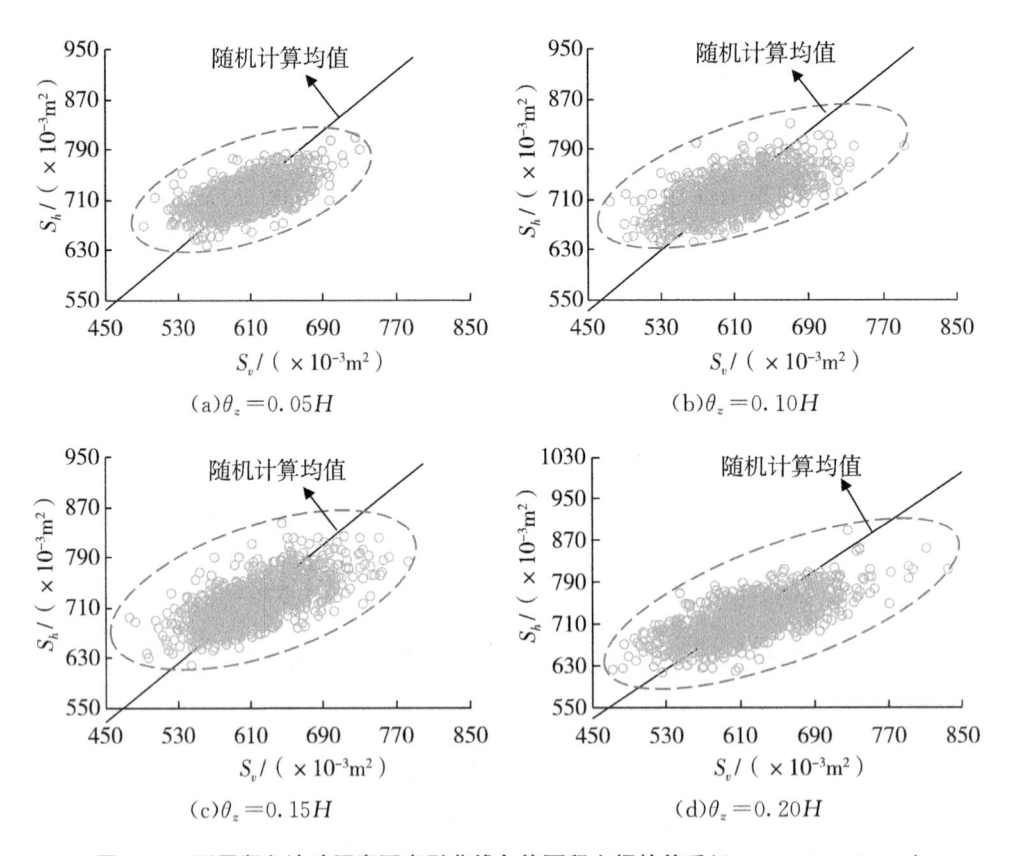

图 4.40 不同竖向波动距离下变形曲线包络面积之间的关系($\theta_x = 4.0H = 72.0$m)

(2)水平向波动距离的影响

图 4.41 给出了不同水平向波动距离工况下,围护结构水平变形曲线包络面积 S_h 与坑外地表沉降曲线包络面积 S_v 之间的关系。从图 4.41 中可以看出,两者之间的关系随着水平向波动距离的增大而增大。这一点和上述对变形最大值之间的比值研究

结论保持一致。

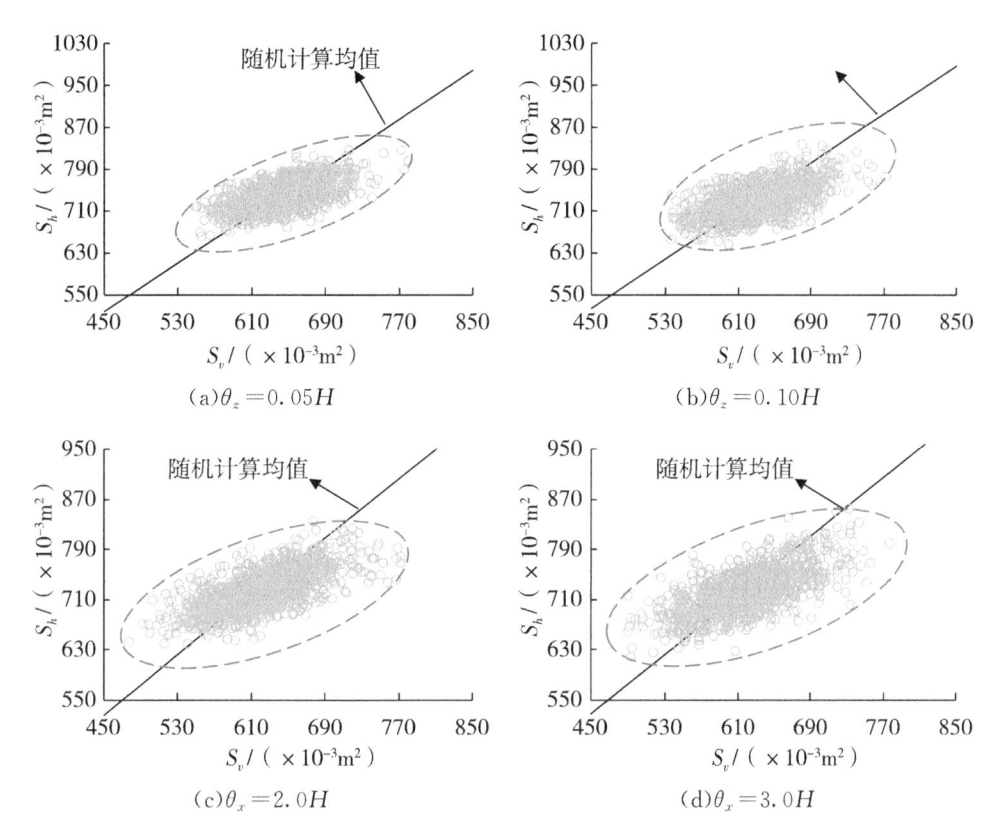

图 4.41 不同水平向波动距离下变形曲线包络面积之间的关系（$\theta_z=0.15H=2.7\text{m}$）

（3）变异系数的影响

图 4.42 给出了不同变异系数工况下，围护结构水平变形曲线包络面积 S_h 与坑外地表沉降曲线包络面积 S_v 之间的关系。可以看出，当土体变异系数增大时，两者变形曲线包络面积之间的关系也越离散。当 $COV=0.4$ 时，S_v 的最小值为 $429.56\times10^{-3}\text{m}^2$，最大值为 $793.96\times10^{-3}\text{m}^2$；$S_h$ 的最小值为 $616.44\times10^{-3}\text{m}^2$，最大值为 $862.29\times10^{-3}\text{m}^2$。对于 S_v 和 S_h，可以看到最大值和最小值相差很大，远远超过了其他工况对应的情况。这说明了在高变异性土体中，围护结构水平变形和坑外地表沉降值更为离散，其对应变形包络面积之比的离散度也更大。

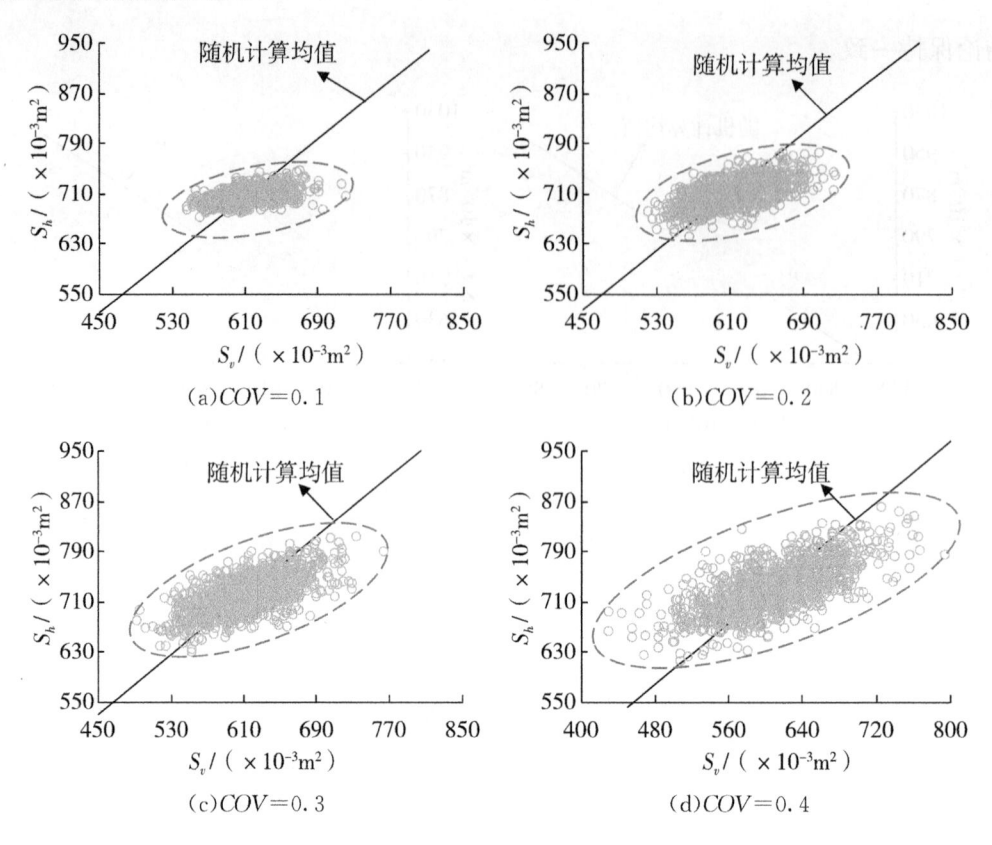

图 4.42　不同变异系数下的变形曲线包络面积之间的关系($\theta_z=0.10H$，$\theta_x=3.0H$)

变形最大值之间的关系和变形曲线包络面积之间的关系均可以用椭圆来表示，椭圆面积能表现它们之间关系的离散程度；土体参数空间变异性对变形最大值之间关系和变形曲线包络面积之间关系的影响规律具有一致性。总体来说，围护结构水平变形和地表沉降总体上呈现为正相关性，坑外地层位移变形引起围护结构变形和地表沉降，从影响机理上可以将其称为围护结构与地层变形耦合互馈效应。从这种工程效应出发，有利于解决围护结构变形和坑外地表沉降预测和安全评价等问题。

4.5　算例分析——强度参数的影响

4.5.1　数值计算模型

关于强度参数的影响研究，本节考虑黏聚力 c 的空间变异性，对基坑开挖随机变形响应规律展开研究。数值计算过程仍然采用 4.4.1 节中的数值模型及其计算参数，因此确定性分析结果和 4.4.2 节保持一致。

在随机分析方案中，考虑岩土参数空间变异性，结合数值计算和 Monte-Carlo 策略，系统研究土体强度参数的各向异性随机场($\theta_x \neq \theta_z$)中，参数竖向波动距离(vertical scales of fluctuation，θ_z)和水平向波动距离(horizontal scales of fluctuation，θ_x)对基坑开挖变形响应的影响规律。

利用对数正态分布来描述土体强度参数的随机性特征,同时利用指数型相关函数形式表示土体任意空间点处强度参数之间的相关性：

$$\rho(\tau_x,\tau_z)=\exp\left[-2\left(\frac{|\tau_x|}{\theta_x}+\frac{|\tau_z|}{\theta_z}\right)\right] \tag{4.14}$$

根据相关文献[62,260]可以得知,水平向波动距离和竖向波动距离分别取10.0~80.0m和1.0~3.0m。基于此,本节选取土层强度参数波动距离的基础值为$\theta_z=0.1H=1.8$m,$\theta_x=2H=36$m。在此基础上,借助Monte-Carlo策略,设计参数各向异性的随机分析工况,分为MCS-z*-x(变量为θ_z,共计20种模拟工况,见表4.11)和MCS-z-x*(变量为θ_x,共计20种模拟工况,见表4.12)两类随机计算工况组。值得一提的是,考虑到土体变异系数对变形输出信息影响规律的可预测性,本小节仅仅对波动距离这一影响因素展开分析。

表 4.11　　　　　　　　竖向波动距离随机分析工况

模拟工况	变量	参数分布类型及自相关函数	变异系数 COV	波动距离 竖向 θ_z	波动距离 水平 θ_x	ξ
MCS-z1-x1	θ_z	对数正态分布、指数型(SExp)	0.3	0.05H	0.5H	10.0
MCS-z2-x1	θ_z	对数正态分布、指数型(SExp)	0.3	0.10H	0.5H	5.0
MCS-z3-x1	θ_z	对数正态分布、指数型(SExp)	0.3	0.15H	0.5H	3.3
MCS-z4-x1	θ_z	对数正态分布、指数型(SExp)	0.3	0.20H	0.5H	2.5
MCS-z1-x2	θ_z	对数正态分布、指数型(SExp)	0.3	0.05H	1.0H	20.0
MCS-z2-x2	θ_z	对数正态分布、指数型(SExp)	0.3	0.10H	1.0H	10.0
MCS-z3-x2	θ_z	对数正态分布、指数型(SExp)	0.3	0.15H	1.0H	6.7
MCS-z4-x2	θ_z	对数正态分布、指数型(SExp)	0.3	0.20H	1.0H	5.0
MCS-z1-x3	θ_z	对数正态分布、指数型(SExp)	0.3	0.05H	2.0H	40.0
MCS-z2-x3	θ_z	对数正态分布、指数型(SExp)	0.3	0.10H	2.0H	20.0
MCS-z3-x3	θ_z	对数正态分布、指数型(SExp)	0.3	0.15H	2.0H	13.3
MCS-z4-x3	θ_z	对数正态分布、指数型(SExp)	0.3	0.20H	2.0H	10.0
MCS-z1-x4	θ_z	对数正态分布、指数型(SExp)	0.3	0.05H	3.0H	60.0
MCS-z2-x4	θ_z	对数正态分布、指数型(SExp)	0.3	0.10H	3.0H	30.0
MCS-z3-x4	θ_z	对数正态分布、指数型(SExp)	0.3	0.15H	3.0H	20.0
MCS-z4-x4	θ_z	对数正态分布、指数型(SExp)	0.3	0.20H	3.0H	15.0

续表

模拟工况	变量	参数分布类型及自相关函数	变异系数 COV	波动距离 竖向 θ_z	波动距离 水平 θ_x	ξ
MCS-z1-x5	θ_z	对数正态分布、指数型(SExp)	0.3	0.05H	4.0H	80.0
MCS-z2-x5	θ_z	对数正态分布、指数型(SExp)	0.3	0.10H	4.0H	40.0
MCS-z3-x5	θ_z	对数正态分布、指数型(SExp)	0.3	0.15H	4.0H	26.7
MCS-z4-x5	θ_z	对数正态分布、指数型(SExp)	0.3	0.20H	4.0H	20.0

注：基坑开挖深度 $H=18\text{m}$；ξ 是土体各向异性系数，$\xi=\theta_x/\theta_z$，下同。

表 4.12　　　　　　　　　　　水平向波动距离随机分析工况

模拟工况	变量	参数分布类型及自相关函数	变异系数 COV	波动距离 竖向 θ_z	波动距离 水平 θ_x	ξ
MCS-z1-x1	θ_x	对数正态分布、指数型(SExp)	0.3	0.05H	0.5H	10.0
MCS-z1-x2	θ_x	对数正态分布、指数型(SExp)	0.3	0.05H	1.0H	20.0
MCS-z1-x3	θ_x	对数正态分布、指数型(SExp)	0.3	0.05H	2.0H	40.0
MCS-z1-x4	θ_x	对数正态分布、指数型(SExp)	0.3	0.05H	3.0H	60.0
MCS-z1-x5	θ_x	对数正态分布、指数型(SExp)	0.3	0.05H	4.0H	80.0
MCS-z2-x1	θ_x	对数正态分布、指数型(SExp)	0.3	0.10H	0.5H	5.0
MCS-z2-x2	θ_x	对数正态分布、指数型(SExp)	0.3	0.10H	1.0H	10.0
MCS-z2-x3	θ_x	对数正态分布、指数型(SExp)	0.3	0.10H	2.0H	20.0
MCS-z2-x4	θ_x	对数正态分布、指数型(SExp)	0.3	0.10H	3.0H	30.0
MCS-z2-x5	θ_x	对数正态分布、指数型(SExp)	0.3	0.10H	4.0H	40.0
MCS-z3-x1	θ_x	对数正态分布、指数型(SExp)	0.3	0.15H	0.5H	3.3
MCS-z3-x2	θ_x	对数正态分布、指数型(SExp)	0.3	0.15H	1.0H	6.7
MCS-z3-x3	θ_x	对数正态分布、指数型(SExp)	0.3	0.15H	2.0H	13.3
MCS-z3-x4	θ_x	对数正态分布、指数型(SExp)	0.3	0.15H	3.0H	20.0
MCS-z3-x5	θ_x	对数正态分布、指数型(SExp)	0.3	0.15H	4.0H	26.7
MCS-z4-x1	θ_x	对数正态分布、指数型(SExp)	0.3	0.20H	0.5H	2.5
MCS-z4-x2	θ_x	对数正态分布、指数型(SExp)	0.3	0.20H	1.0H	5.0
MCS-z4-x3	θ_x	对数正态分布、指数型(SExp)	0.3	0.20H	2.0H	10.0
MCS-z4-x4	θ_x	对数正态分布、指数型(SExp)	0.3	0.20H	3.0H	15.0
MCS-z4-x5	θ_x	对数正态分布、指数型(SExp)	0.3	0.20H	4.0H	20.0

4.5.2 基坑开挖变形随机分析

在考虑刚度参数空间变异性的基坑开挖变形随机分析中,坑外地表沉降曲线始终呈现"凹槽"型,围护结构水平变形曲线始终呈现出"上凹下凹"型,并且确定性结果始终在随机性结果上下波动。这一结论在定性上和考虑强度参数空间变异性时的情况保持一致。为了进一步地在定量上对强度参数空间变异性的影响展开研究,本小节围绕地表沉降和围护结构水平变形,重点关注基坑开挖最大变形值、变形曲线包络面积以及地表和围护结构变形两者之间的关系。

4.5.2.1 最大变形的数字特征分析

图 4.43 分别给出了不同波动距离工况下的最大地表沉降和最大围护结构水平变形的 95% 分位数变化情况,注意到图中同时给出了水平向波动距离和竖向波动距离的影响。可以看出,水平向波动距离对最大变形 95% 分位数的影响甚微,表现为不同变形 95% 分位数在 $\theta_x = 0.5H$、$1H$、$2H$、$3H$ 和 $4H$ 时重合度较高;而当竖向波动距离增大时,最大变形 95% 分位数有略微增大。

(a) 最大地表沉降

(b) 最大围护结构水平变形

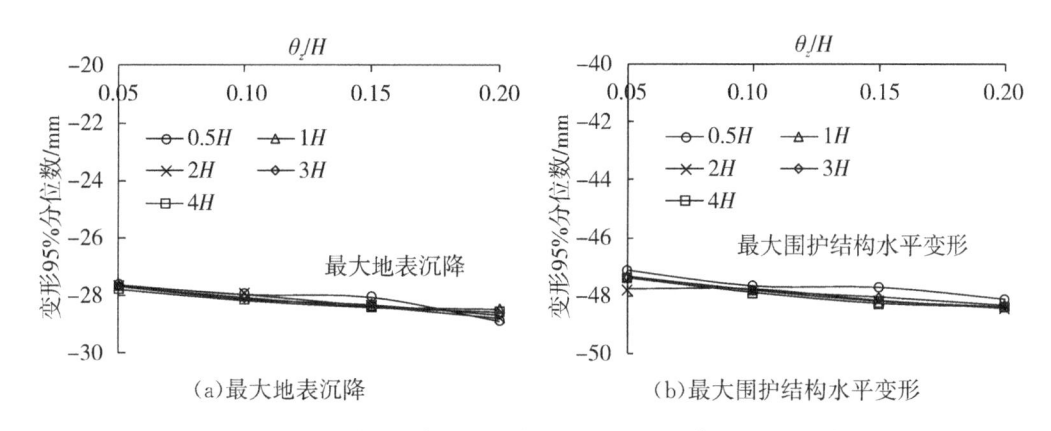

图 4.43 不同波动距离工况下的变形最大值 95% 分位数变化情况

图 4.44 给出了不同波动距离工况下的最大地表沉降和最大围护结构水平变形变异系数的变化情况,注意到图 4.44 中同时给出了水平向波动距离和竖向波动距离的影响。可以看出,当竖向(水平向)波动增大时,最大变形的变异系数也随之增大。不同之处在于,竖向波动距离的影响大于水平向波动距离的影响。

(a)最大地表沉降　　　　　　　　　(b)最大围护结构水平变形

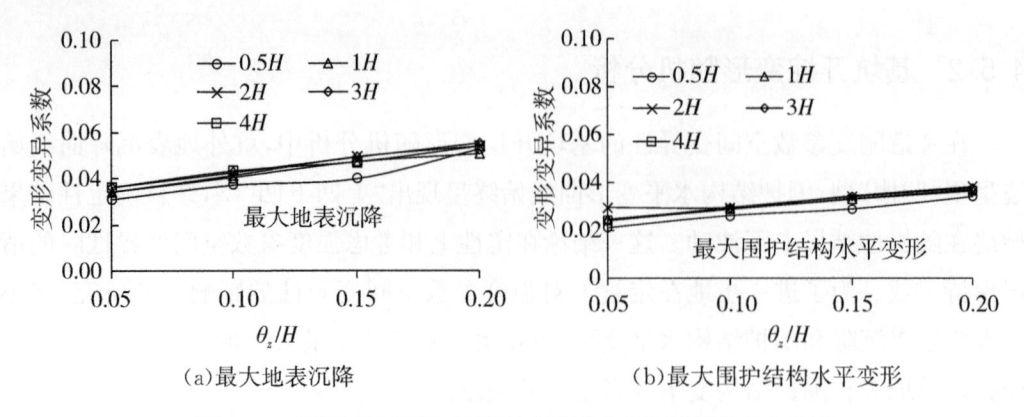

图 4.44　不同波动距离工况下的变形最大值变异系数变化情况

4.5.2.2　变形曲线包络面积的数字特征分析

图 4.45 分别给出了不同波动距离工况下的变形曲线包络面积 95%分位数变化情况,其中同时给出了水平向波动距离和竖向波动距离的影响。可以看出,水平向波动距离对包络面积 95%分位数的影响甚微,表现为不同包络面积的 95%分位数在 $\theta_x=0.5H$、$1H$、$2H$、$3H$ 和 $4H$ 时重合度较高;而当竖向波动距离增大时,包络面积的 95%分位数有增大的规律。

(a)最大地表沉降　　　　　　　　　(b)最大围护结构水平变形

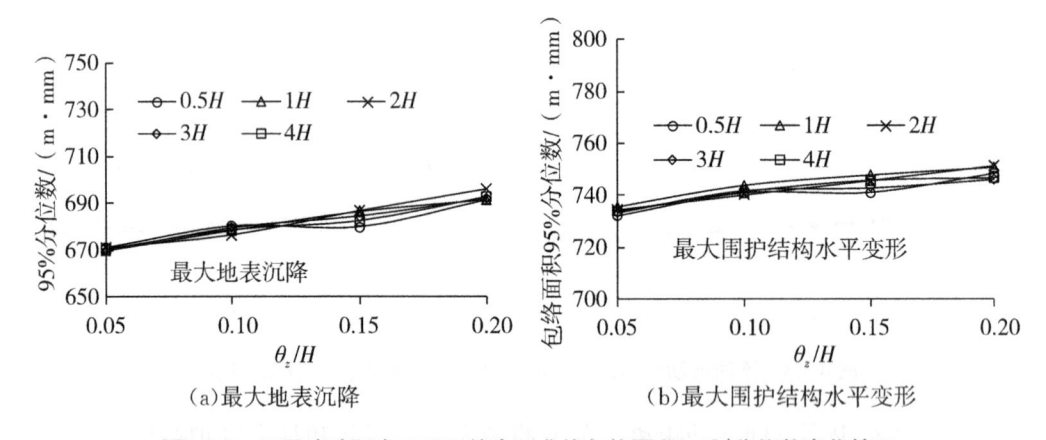

图 4.45　不同波动距离工况下的变形曲线包络面积 95%分位数变化情况

图 4.46 分别给出了不同波动距离工况下的变形曲线包络面积的变异系数变化情况,图 4.46 中同时给出了水平向波动距离和竖向波动距离的影响。可以看出,当波动距离(包括水平向波动距离和竖向波动距离)增大时,变形曲线包络面积的变异系数有所增大。不同之处在于,水平向波动距离的影响小于竖向波动距离的影响。

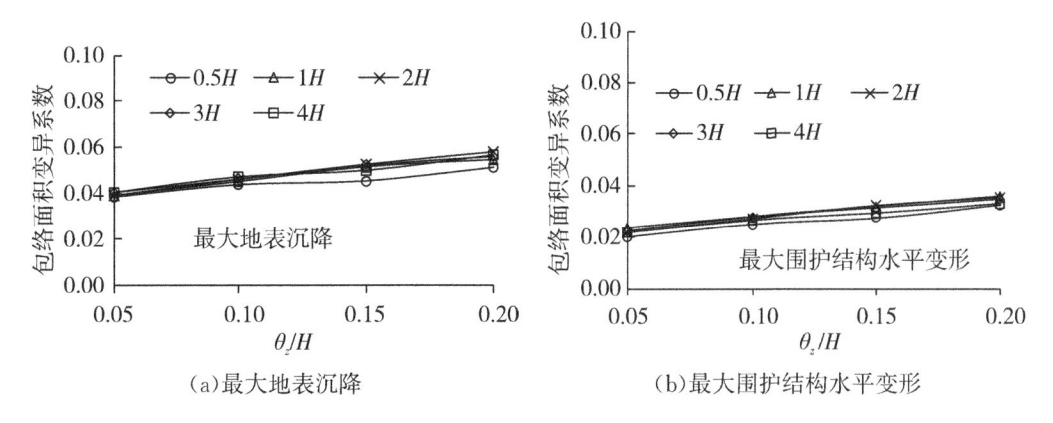

图 4.46 不同波动距离工况下的变形曲线包络面积变异系数变化情况

4.5.2.3 围护结构水平变形和地表沉降的关系分析

围护结构水平变形和地表沉降之间的关系可以通过两个方面展开分析,一是最大变形之间的关系,二是变形曲线包络面积之间的关系。图 4.47 给出了在水平向波动距离为 $4H$ 条件下,最大变形和变形曲线包络面积之间的关系分布情况。可以看出,当波动距离增大时,无论是最大变形值之间的关系,还是包络面积之间的关系,其离散程度也相应增大。同时注意到,最大变形之间的关系和包络面积之间的关系在受到波动距离的影响时,表现出同步的规律。这些结论和刚度参数空间变异性的影响规律相吻合。

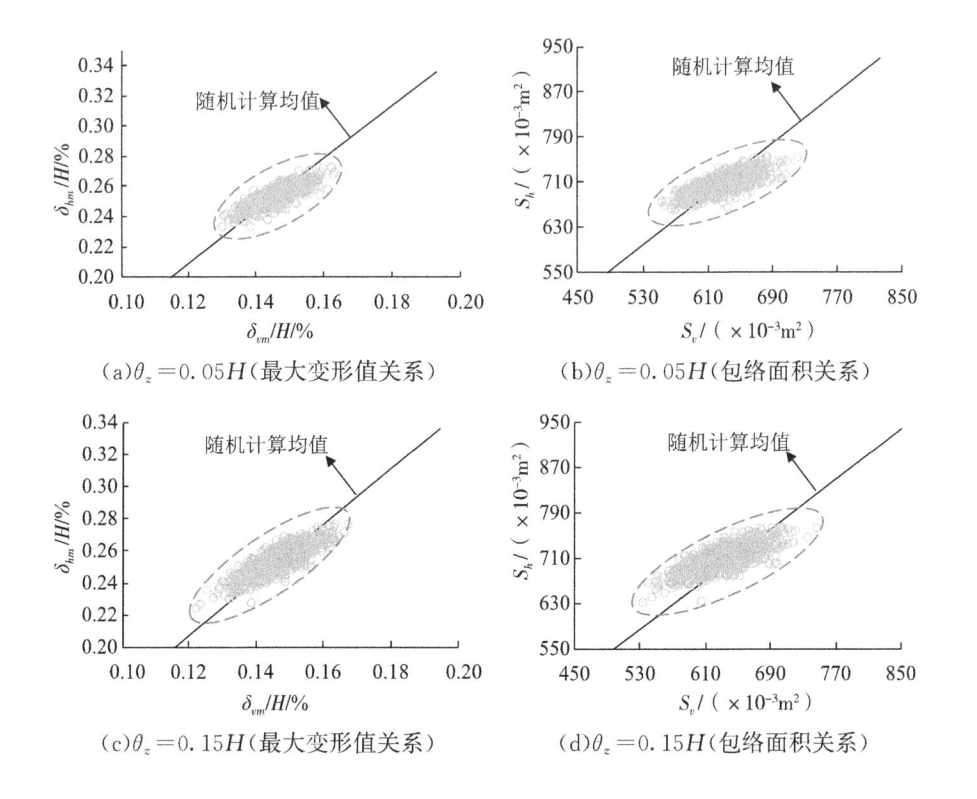

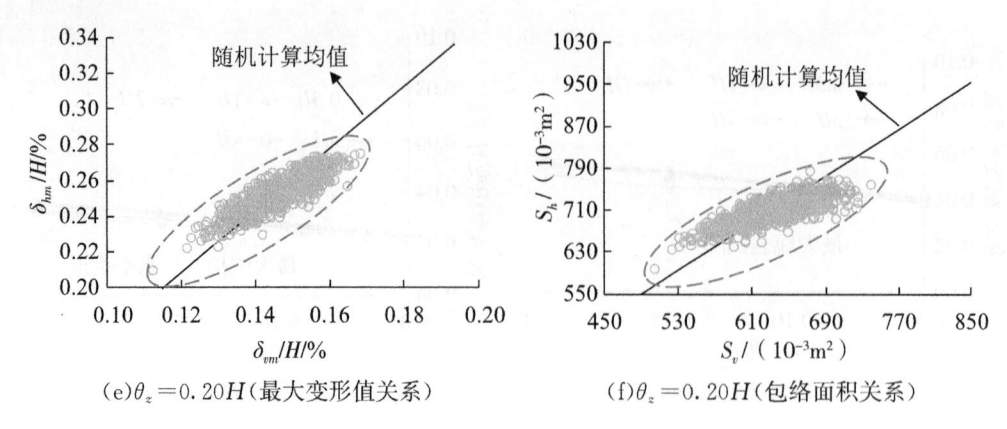

(e) $\theta_z=0.20H$（最大变形值关系）   (f) $\theta_z=0.20H$（包络面积关系）

图 4.47　不同波动距离工况下的最大变形以及变形曲线包络面积之间的关系分布情况

除此之外，可以发现考虑强度参数空间变异性条件下，地表及围护结构变形之间关系的离散程度（图中椭圆面积大小）明显小于考虑刚度参数空间变异性条件下的分析结果。这说明了围护结构和地层变形的耦合互馈作用在考虑强度参数空间变异性时更为明显，即地表沉降和围护结构水平变形之间的正相关关系更为显著。

4.6　基坑开挖变形随机响应的参数敏感性分析

本章考虑土体刚度参数和强度参数的空间变异性，对基坑开挖变形随机响应规律展开分析。为了进一步研究基坑开挖变形响应受到参数的敏感程度，需要对刚度参数和强度参数影响下的变形随机响应规律展开敏感性分析。

在敏感性分析中，基于不同参数的变化可以计算出一个敏感系数 k。该系数是输出结果变化百分率与输入参数变化百分率的比值，定义如下：

$$k=\left|\frac{(f(x+\Delta x)-f(x))/f(x)}{\Delta x/x}\right| \tag{4.15}$$

式中，x——研究参数的输入值；

$f(x)$——对应的计算结果；

Δx——输入参数的变化值；

$f(x+\Delta x)$——对应输入参数（$x+\Delta x$）时的计算结果。

基于随机计算结果，计算得出每种工况的最大变形（95%分位数和变异系数）的敏感系数 k。表 4.13 给出了不同波动距离工况下的变异参数敏感系数对比情况。可以看出，强度参数影响下的最大变形值（包括最大地表沉降和最大围护结构水平变形）95%分位数的敏感系数大于刚度参数影响下的最大变形值 95%分位数的敏感系数。这说明最大变形 95%分位数受到刚度参数空间变异性的影响更大。对于最大变形值的变异系数，强度参数影响下的敏感系数明显大于刚度参数影响下的敏感系数，这说明最大变形变异系数受到强度参数空间变异性的影响更大。

表 4.13　　　　　　不同波动距离工况下的变异参数敏感性分析

波动距离工况 ($COV=0.3$)	最大地表沉降敏感系数 k				最大围护结构变形敏感系数 k			
	强度参数影响		刚度参数影响		强度参数影响		刚度参数影响	
	95%分位数	变异系数	95%分位数	变异系数	95%分位数	变异系数	95%分位数	变异系数
$\theta_x=0.5H$ ($\theta_z=0.05H\to0.20H$)	0.0153	0.233	0.0157	0.150	0.0069	0.210	0.0112	0.199
$\theta_x=1.0H$ ($\theta_z=0.05H\to0.20H$)	0.0092	0.162	0.0164	0.158	0.0074	0.168	0.0103	0.222
$\theta_x=2.0H$ ($\theta_z=0.05H\to0.20H$)	0.0131	0.189	0.0169	0.159	0.0047	0.101	0.0147	0.239
$\theta_x=3.0H$ ($\theta_z=0.05H\to0.20H$)	0.0116	0.172	0.0178	0.154	0.0073	0.187	0.0116	0.187
$\theta_x=4.0H$ ($\theta_z=0.05H\to0.20H$)	0.0093	0.166	0.0135	0.168	0.0069	0.167	0.0097	0.194

4.7　基坑开挖变形的工程效应分析

通过前述关于地表沉降和围护结构水平变形的随机分析,凝练出几种典型的工程效应,主要表现为以下 4 点:

4.7.1　基坑开挖变形空间各向异性效应

岩土体参数有空间相关性的特点,其中一般表现为在波动距离以内,参数的相关性较强,在波动距离以外,则参数的相关性较弱。若波动距离的影响与方向有关,则为各向异性。正如本章前述,受地层自然形成过程的影响,水平向波动距离大于竖向波动距离,具体表现为土体参数具有空间各向异性的特征。

本章基于土体参数各向异性随机场,以土体各向异性参数作为输入参数,开展基坑开挖变形随机响应分析,变形响应表现出空间各向异性效应。无论是地表沉降,还是围护结构水平变形,其变形响应量均受到土体参数竖向波动距离的影响大于受到水平向波动距离的影响。

4.7.2　基坑开挖变形曲线典型位置聚集效应

针对基坑开挖变形曲线,其典型位置表现为聚集效应。对于围护结构水平变形曲线,最大围护结构水平变形位置和分段反弯点位置均比较集中;对于坑外地表沉降曲线,通过变形表征函数的回归分析,其最大地表沉降位置值、反弯点位置值和主、次要影响区分界点位置值亦比较集中,其受到参数空间变异性的影响可以忽略。

总体而言,土体参数空间变异性对基坑开挖变形曲线的典型位置影响较小,表现为基坑开挖变形曲线典型位置聚集效应。

4.7.3 输入参数与变形响应分布类型关联效应

最大地表沉降和最大围护结构水平变形均服从对数正态分布。联想到土体刚度参数(输入参数)采用对数正态分布来描述其概率分布特征,此时变形响应量(输出参数)亦服从对数正态分布。这说明了输入参数与变形响应量的分布类型存在一定的关联性,可以称之为输入参数与变形响应分布类型关联效应。探究其原因,在考虑土体参数空间变异性时,各输入参数的分布特征在隐式功能函数的作用下会发生传递,继而使得变形响应量分布类型也与之关联。

4.7.4 围护结构和地层变形耦合互馈效应

由前述的研究可知,最大围护结构水平变形和最大地表沉降有一定的正相关性,两者变形曲线包络面积之间的关系亦呈现正相关性。从基坑开挖过程的力学原理出发,坑外地层位移变形引起围护结构变形和地表沉降,从影响机理上可以将其称为围护结构与地层变形耦合互馈效应。从这种工程效应出发,有利于解决围护结构变形和坑外地表沉降预测和安全评价等问题。

4.8 基坑开挖变形可靠度分析

基坑开挖引起的围护结构水平变形和地表沉降,会对周围环境和基坑自身安全性产生一定的威胁、隐患,因此有必要开展基坑开挖变形可靠度分析。正如前述,基坑开挖变形可靠度分析可以从变形最大值(局部变形)和包络面积(整体变形)两个方面开展研究。

4.8.1 不同超标概率等级下的变形曲线分析

本小节基于考虑刚度参数空间变异性条件下的随机计算结果,结合变形表征函数和表征指标的研究成果,对不同超标概率等级下的变形曲线展开分析,本章重点关注变形曲线的极大值、极小值、均值和各分位数(80%、90%、95%和99%)的分布规律。其中,利用极小值和极大值之间的范围可以给出表征区间的大小,也对应着随机计算结果的离散程度;均值则表示了随机计算的平均结果;各分位数则对应着变形曲线在不同保证率情况下的整体变形允许值,这一点也与后续开展基坑变形控制指标确定方法的研究息息相关。

(1) 坑外地表沉降曲线

图 4.48 给出了不同波动距离工况下,利用偏态分布函数对地表沉降曲线进行回归分析的结果。图 4.48 中包括有随机计算结果的极小值、均值、各分位数(80%、90%、95%和99%)和极大值的情况。从图 4.48 中可以看出,通过变形表征函数回归分析,各分位数下的地表沉降曲线在坑外地表各点位置的沉降值排序保持一致性。究其原因,这主要是由坑外地表沉降曲线的典型位置聚集效应引起的。

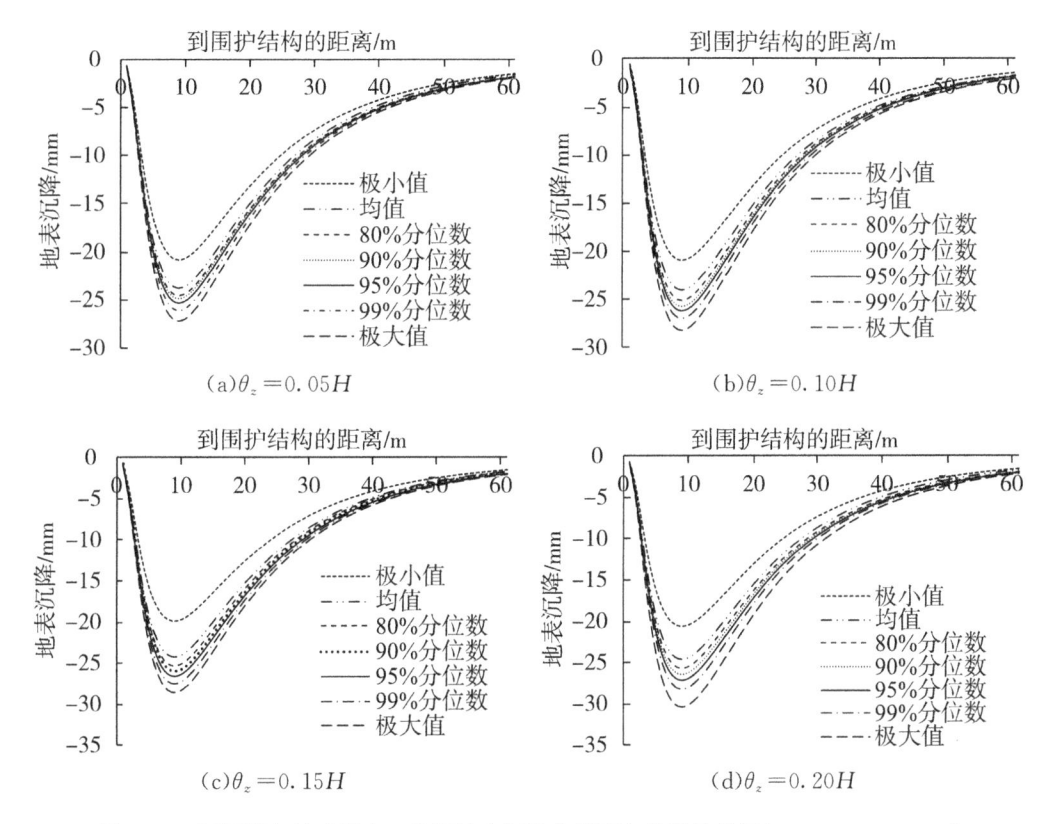

图 4.48 不同竖向波动距离工况下地表沉降曲线回归分析的结果($\theta_x = 0.5H = 9.0$m)

图 4.49 给出了不同变异系数工况下,利用偏态分布函数对地表沉降曲线进行回归分析的结果。从图 4.49 中可以看出,当土体变异系数增大时,坑外地表沉降回归曲线的离散程度也随之增大。总体而言,与波动距离的影响相比,土体变异系数对回归曲线的影响更大。从整体变形来看,各分位数下的地表沉降曲线依次排列;从局部变形来看,坑外地表各点的沉降值亦按照分位数的大小进行排列。因此,可以选取地表沉降曲线中的某个特殊点变形情况,用以反映地表整体变形情况。

总体而言,通过变形表征函数回归分析,各分位数下的地表沉降曲线在坑外地表各点位置的沉降值排序保持一致性,这主要源于地表沉降曲线的典型位置聚集效应;

基于此,可以选取地表沉降曲线中的某个特殊点变形情况(如最大地表沉降),用以反映地表整体变形情况。

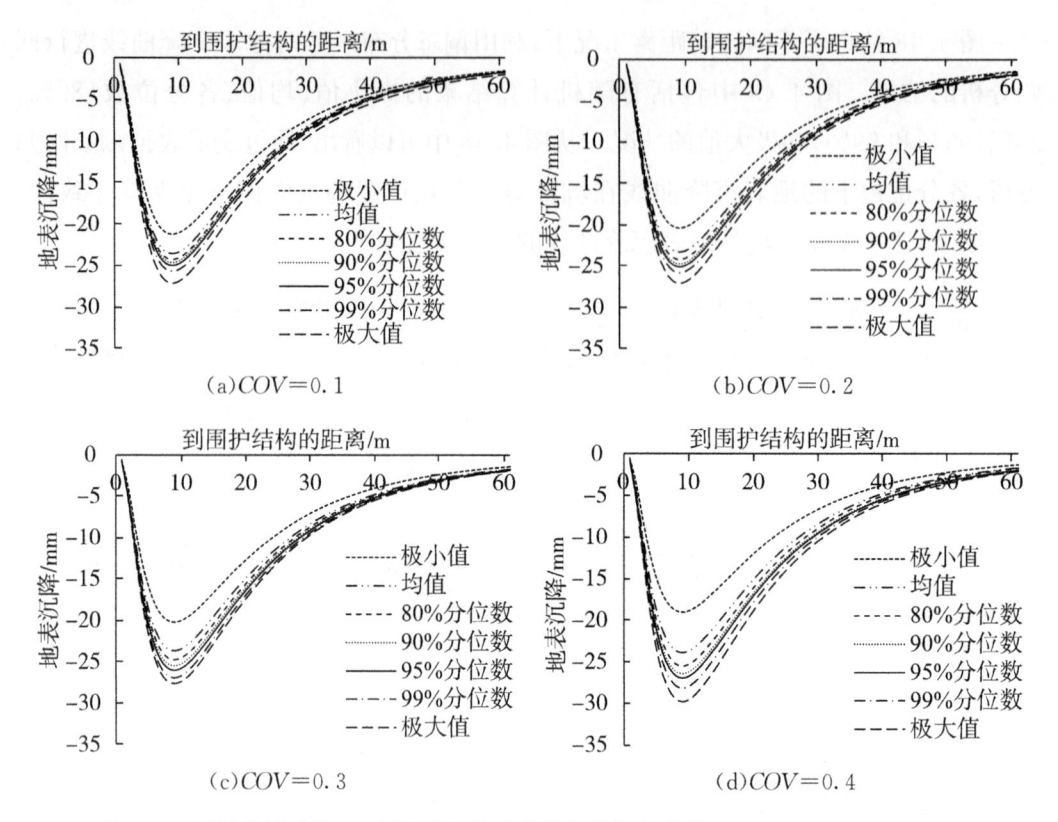

图 4.49 不同变异系数工况下地表沉降曲线回归分析的结果($\theta_z=0.10H$, $\theta_x=1.0H$)

(2)围护结构水平变形

图 4.50 给出了不同波动距离工况下,利用分段正态分布函数对围护结构水平变形曲线进行回归分析的结果。从图 4.50 中可以看出,随着波动距离的增大,回归分析中变形曲线的离散程度也随之增大,这一点和前述随机计算结果相一致。此外,围护结构水平变形亦在围护结构各个位置表现出排序的一致性,即与对应的变形曲线分位数排序相吻合,这主要源于围护结构水平变形曲线典型位置的聚集效应,因此亦可以选取典型位置点的变形来间接描述曲线整体变形的规律。

图 4.51 给出了不同变异系数工况下,利用分段正态分布函数对围护结构水平变形曲线进行回归分析的结果。从图 4.51 中可以看出,当变异系数增大时,回归分析中变形曲线的离散程度也随之增大,这一点同样和前述随机计算结果相一致。此外,从整体变形来看,各分位数下的围护结构水平变形曲线依次排列;从局部变形来看,围护结构水平变形值亦按照分位数的大小进行排列。因此,可以选取围护结构水平变形曲线中的某个特殊点变形情况,用以反映整体变形情况。

(a) $\theta_z=0.05H$

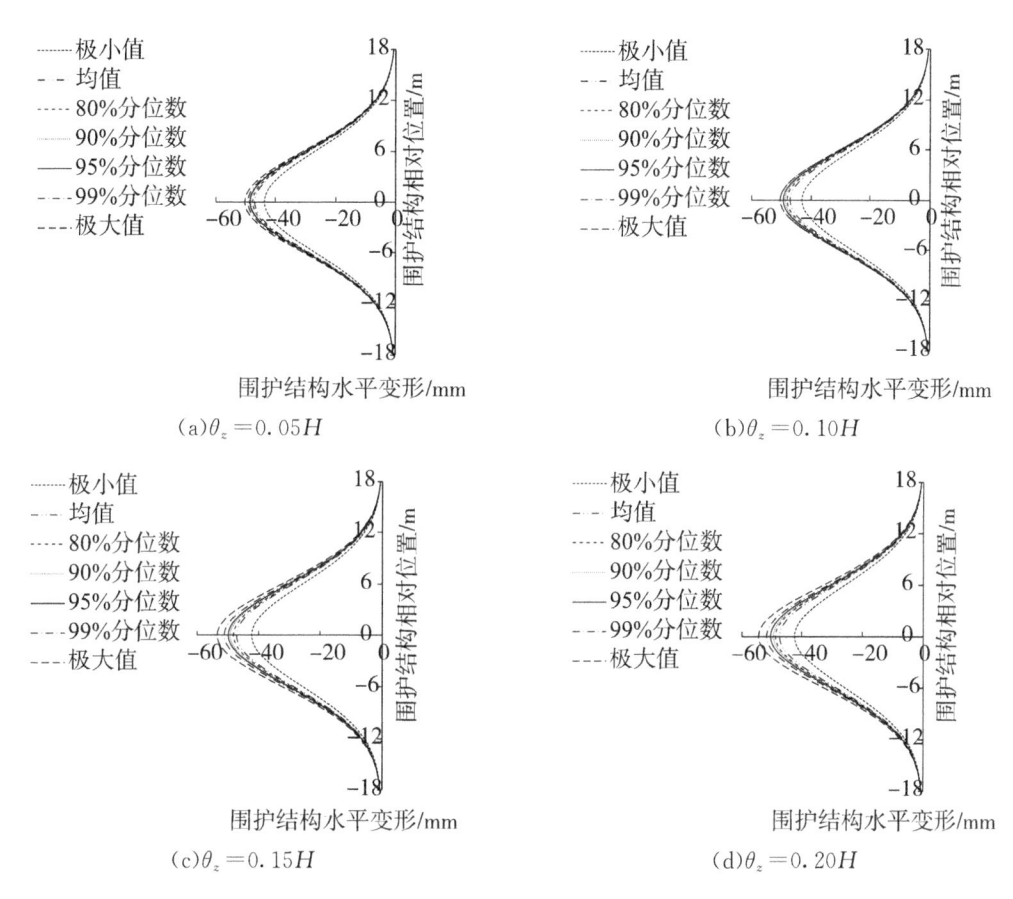

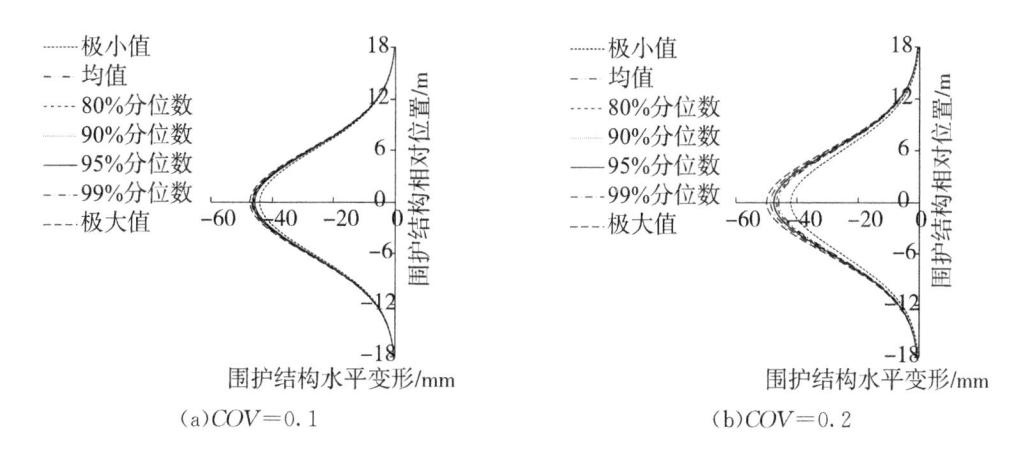

(b) $\theta_z=0.10H$

(c) $\theta_z=0.15H$

(d) $\theta_z=0.20H$

图 4.50 不同竖向波动距离工况下围护结构水平变形回归分析的结果（$\theta_x=0.5H=9.0$m）

(a) $COV=0.1$

(b) $COV=0.2$

(c) $COV=0.3$ (d) $COV=0.4$

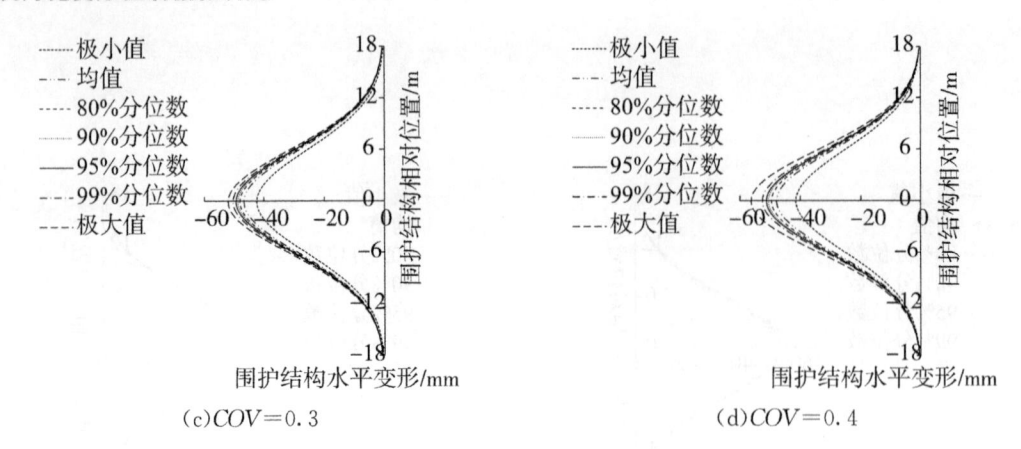

图 4.51 不同变异系数工况下围护结构水平变形回归分析的结果($\theta_z=0.10H$, $\theta_x=1.0H$)

总体而言,通过变形表征函数回归分析,各分位数下的围护结构水平变形在各点位置的变形值排序保持一致性。这主要源于围护结构水平变形曲线的典型位置聚集效应。基于此,可以选取变形曲线中的某个特殊点变形情况(如最大围护结构水平变形),用以反映地表整体变形情况。

4.8.2 最大变形值超标概率分析

在工程实践中,面对基坑可能出现的变形过大等风险,工程师往往会更加关注变形监测控制值。在不同超标概率等级下的变形曲线分析中,笔者阐明了可以选取变形曲线中的某个特殊点变形情况,用以反映整体变形情况。本小节选取最大地表沉降和最大围护结构水平变形作为研究对象,继而间接地反馈基坑开挖整体变形的情况。鉴于此,本章以工况($\theta_z=0.1H=1.8\text{m}$, $\theta_x=2H=36\text{m}$, $COV=0.3$)为切入点,分别基于 ANI-z*-x3、ANI-z2-x* 和 ANI-v*-θ2 三组系列工况的 Monte-Carlo 模拟结果,借助 4.3.2 节中的可靠度分析方法对基坑开挖变形最大值超出监测控制值的概率展开研究。

图 4.52 给出 ANI-z*-x3 系列工况下的变形最大值超出监测控制值的累积概率分布曲线。图 4.53 给出 ANI-z2-x* 系列工况下的变形最大值超出监测控制值的累积概率分布曲线。从图 4.53 中可以看出,土体刚度参数空间变异性对随机计算结果的离散向有较大的影响;当波动距离(包括水平向和竖向)增大时,最大变形值(包括地表沉降和围护结构水平变形)的分布愈为离散。以地表沉降为例,当地表沉降控制值为 26mm(大于确定性结果)时,工况 $\theta_z=0.05H$、$\theta_z=0.10H$、$\theta_z=0.15H$ 和 $\theta_z=0.20H$ 的变形超标概率分别为 21.5%、28.7%、36.5% 和 43.7%。

图 4.54 给出 ANI-v*-θ2 系列工况下的变形最大值超出监测控制值的累积概率分布曲线。可以发现,与波动距离相比,基坑开挖变形超标概率分布受到变异系数的

影响更为敏感,但总体上仍可得到与波动距离影响类似的结论。

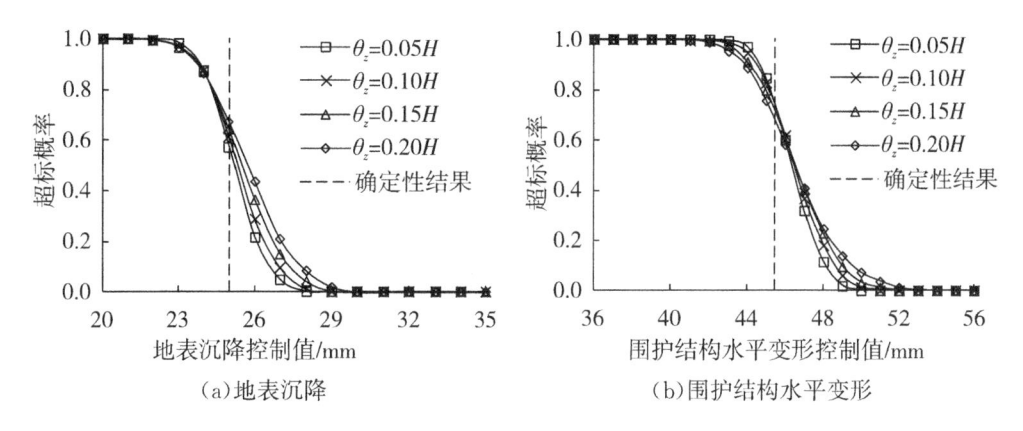

图 4.52　不同竖向波动距离工况下的变形最大值超标概率分布曲线

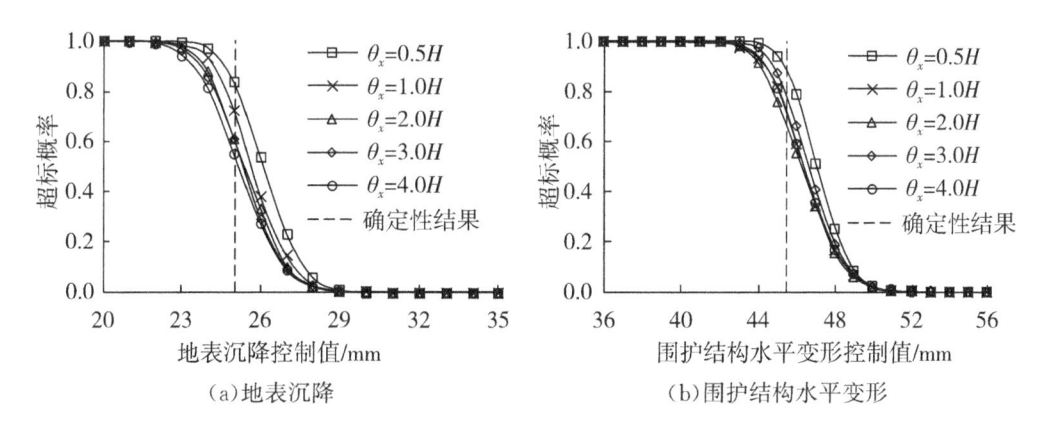

图 4.53　不同水平向波动距离工况下的变形最大值超标概率分布曲线

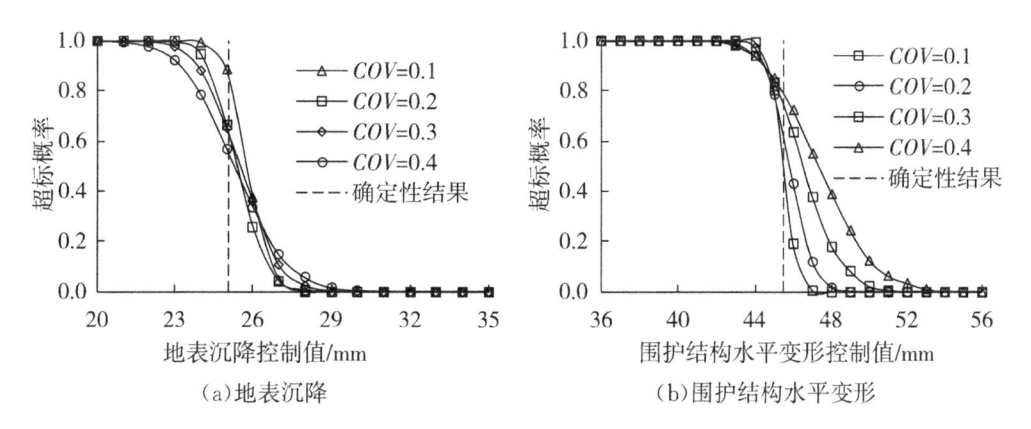

图 4.54　不同变异系数工况下的变形最大值超标概率分布曲线

图 4.52 至图 4.54 给出了不同工况下的基坑变形最大值超过监测控制的可能性。这可以为基坑开挖前对最大地表沉降和最大围护结构水平变形的安全预警提供一定的参考。

4.8.3 变形控制值与可靠度指标的讨论

公式4.3给出了变形可靠度指标的计算方法,可以看出可靠度指标值与最大变形均值和离散程度密切相关。换言之,针对基坑开挖某一变形控制等级下设定的变形控制值,各安全等级所对应的可靠度指标值也会有所差异。本小节以竖向波动距离工况为例,研究土体参数空间变异性对基坑开挖变形可靠度指标的影响规律。

表4.14和表4.15分别给出了不同分位数下的最大地表沉降和最大围护结构水平变形的可靠度指标分布情况。可以看出,不同最大变形分位数值对应着不同的变形可靠度指标。总体来说,变形可靠度指标会受到参数空间变异性的影响。

表4.14 不同分位数下的最大地表沉降可靠度指标分布情况

工况	\multicolumn{8}{c}{最大地表沉降可靠度指标}
	99%	97%	95%	90%	85%	80%	75%	70%
ANI-z1-x1	2.553	1.836	1.603	1.220	1.010	0.775	0.657	0.497
ANI-z2-x1	2.235	1.965	1.723	1.282	1.054	0.855	0.644	0.505
ANI-z3-x1	2.445	1.887	1.687	1.303	1.019	0.822	0.663	0.538
ANI-z4-x1	2.583	1.983	1.704	1.246	0.970	0.798	0.658	0.535
ANI-z1-x2	2.435	1.947	1.724	1.334	1.022	0.830	0.652	0.494
ANI-z2-x2	2.469	1.931	1.673	1.346	1.069	0.842	0.642	0.498
ANI-z3-x2	2.478	1.936	1.633	1.283	1.044	0.841	0.651	0.502
ANI-z4-x2	2.483	1.954	1.718	1.265	0.983	0.801	0.677	0.506

表4.15 不同分位数下的最大围护结构水平变形可靠度指标分布情况

工况	\multicolumn{8}{c}{最大围护结构水平变形可靠度指标}
	99%	97%	95%	90%	85%	80%	75%	70%
ANI-z1-x1	2.396	1.976	1.603	1.256	1.034	0.854	0.668	0.546
ANI-z2-x1	2.572	1.953	1.700	1.234	0.983	0.766	0.592	0.485
ANI-z3-x1	2.654	1.986	1.786	1.279	0.991	0.778	0.597	0.439
ANI-z4-x1	2.479	1.992	1.717	1.260	0.998	0.831	0.667	0.523
ANI-z1-x2	2.272	1.959	1.753	1.354	1.059	0.827	0.644	0.497
ANI-z2-x2	2.366	1.925	1.736	1.265	0.994	0.846	0.645	0.482
ANI-z3-x2	2.355	1.856	1.665	1.329	1.033	0.847	0.651	0.530
ANI-z4-x2	2.684	2.023	1.699	1.207	0.938	0.772	0.630	0.498

变形可靠度指标可以描述工程安全性程度,可靠度指标越大,工程越不容易失效,如最大变形99%分位数情况下的可靠度指标最大,此时工程失效概率极小。上一

小节还给出了基坑开挖变形超标概率的整体评估结果,可以看出,当变形控制值设置得过大时,则变形超标概率则很小,即参数空间变异性情况下的基坑开挖变形超过变形控制值的可能性较小。在工程实践中,往往需要将施工变形控制在一定的量值,既要使变形超标的概率较小,也需要满足安全性的要求。在基坑开挖变形控制中,需将变形控制值设定为某一数值水平,后续的施工变形值均不超过这一控制值。由此可见,利用单侧置信区间描述变形控制值的规律更为合适。

在假设检验中,一般都设定显著性水平为5%(如前述关于变形响应量分布类型的分析)。在此条件下,对应的单侧置信水平为95%。另外,概率统计学中将发生概率不超过5%的事件称为小概率事件,这恰好也对应着单侧置信水平为95%,即变形超过单侧置信上限的概率不超过5%。基于这些认识,将变形控制值取为置信水平为95%的单侧置信区间上限(95%分位数)是有一定的合理性的。

无论是地表沉降,还是围护结构水平变形,最大变形95%分位数所对应的变形可靠度指标基本分布在1.60~1.75,分布比较稳定。北美《加拿大公路桥梁设计规范》(CHBDC)规定:正常使用极限状态可靠指标$\beta=1.0$。因此利用95%分位数作为变形控制指标的确定依据,能够保证变形失效概率控制在较低的水平,并保证工程正常运行,比较符合工程实际情况。

4.9 本章小结

本章基于有限差分法和Monte-Carlo框架,构建了基于随机场理论的基坑开挖变形可靠度分析方法;开展数值模拟计算,利用建立的分段正态分布函数表征式和偏态分布函数表征式,分别针对围护结构水平变形和坑外地表沉降的表征指标体系,研究了土体刚度参数空间变异性条件下各个表征指标的随机响应特性,系统分析了内撑式基坑变形曲线的概率统计特征,揭示了土性参数空间变异性对基坑开挖变形的影响规律,并凝练出4种典型的工程效应;在此基础上,分析最大围护结构水平变形和最大地表沉降的变形超标概率曲线,计算出不同分位数下的最大变形可靠度指标,以此进行置信区间推断,提出了变形控制指标的确定依据。本章的主要研究工作和结论如下:

①利用变形表征函数对地表沉降和围护结构水平变形进行描述,效果较好;分析得到坑外地表沉降的主要影响区范围是在距离围护结构2倍的开挖深度以内,这和相关文献中的结论保持一致,说明了本次数值计算结果的合理性和适用性。

②随机计算结果都在确定性计算结果周围波动,参数空间变异性对变形曲线的形态影响甚微,但会对曲线量值有显著影响;当波动距离(或变异系数)增大时,变形曲线离散程度、最大变形95%分位数、最大变形变异系数也随之增大;地表沉降和围

护结构水平变形规律之间的差异性可能是由土体和结构之间刚度差异引起的。总体而言，变异系数的影响最大，竖向波动距离影响次之，水平向波动距离影响最小，表现为基坑开挖变形空间各向异性效应。

③随机计算结果始终总体上表现为绝对值大于确定性分析结果占较多数，这可能与土体参数低刚度占优效应和参数对数正态分布的不对称性有关。

④土体参数空间变异性对地表沉降最大值位置的影响较大，对围护结构水平变形最大值位置影响较小。总体而言，随机计算结果中地表沉降基本呈现"组合"型，围护结构水平变形呈现"上凹下凹"型，即参数空间变异性对基坑变形模式几乎没有影响。通过随机拟合分析，变形曲线的典型位置受到参数空间变异性的影响可以忽略，表现为变形曲线典型位置聚集效应。

⑤变形最大值之间的关系和变形曲线包络面积之间的关系均可以用椭圆来表示，椭圆面积表示了它们之间关系的离散程度；土体参数空间变异性对变形最大值之间关系和变形曲线包络面积之间关系的影响规律具有一致性。总体来说，围护结构水平变形和地表沉降总体上呈现为正相关性，坑外地层位移变形引起围护结构变形和地表沉降，从影响机理上可以将其称为围护结构与地层变形耦合互馈效应。

⑥基坑开挖最大变形均服从对数正态分布；输入参数与变形响应量的分布类型存在一定的关联性，即输入参数与变形响应分布特征关联效应。

⑦最大变形95%分位数受到刚度参数空间变异性的影响更为敏感，而最大变形变异系数受到强度参数空间变异性的影响更敏感。

⑧通过变形表征函数回归分析，各超标概率等级下的基坑开挖变形曲线在各点位置的变形值排序保持一致性，可以选取变形曲线中的最大变形值展开分析，用以反映曲线整体变形情况；以最大围护结构水平变形和最大地表沉降开展变形超标概率分析，评估了参数空间变异性条件下的最大变形超出允许值的可能性；计算出不同分位数下的最大变形可靠指标，以此进行置信区间推断，提出了变形控制指标的确定依据。

第5章 考虑参数空间变异性的基坑开挖变形控制指标研究

5.1 引言

第4章围绕土体参数固有的空间变异性这一特点,对基坑开挖变形展开随机性计算,但计算结果往往也是随着参数的不确定性而呈现明显的随机性特点。那么在工程实践中,能否从不确定性的变形规律认识中寻找确定性的变形控制指标呢?这也是众多岩土工程不确定性研究领域的目标。以这个研究目标为出发点,笔者力求从第4章的规律性认识中确定基坑开挖变形控制指标。

根据第4章中关于变形控制值与95%置信区间的讨论,可知能将变形控制值取置信水平为95%的单侧置信区间上限(95%分位数)。另外,CEN(European Committee for Standardization)中明确指出:岩土体参数特征值的确定应该考虑土体参数空间变异性的影响,并且其特征值应该使所考虑的系统极限状态下出现更大值的计算概率不大于5%。此外,概率论和数理统计[250]中将概率很小(小于0.05)的事件称为小概率事件,风险事件在工程实践中也是小概率事件;在工程设计领域,一些规范[261-262]也将设计可靠度范围内的保证率设置为95%。因此,从工程风险安全管理的思路出发,可以将最大变形值不超过监测控制值的95%保证率所对应的变形值作为控制指标确定的依据。参照这个思路,本章借助概率统计的方法,将95%保证率对应的最大变形值(最大变形95%分位数)作为变形控制指标的确定依据。

另外,以最大变形95%分位数作为变形控制指标,则可以确定一般条件下的基坑开挖变形的特征值。所谓一般条件下的基坑工程,即不考虑周围建筑物和基坑施工水平的影响,此时恰好对应着基坑自身安全等级的二级水平[263]。在工程实践中,确定合理科学的变形控制指标往往会将施工条件、施工成本和施工安全等诸多因素考虑到内。此时,如若将不同安全等级要求和控制要求下的基坑工程控制指标均以最大变形的95%分位数作为依据,则明显是不合理的。针对这一点不足,笔者借鉴工程风险管理的等级划分方法,将基坑开挖变形超标概率划分为不同等级标准,并将不同变形控制等级下对应的变形值作为该要求下的控制指标。在此基础上,就可以构建基于不同变形超标概率等级下的基坑变形控制指标确定方法,从而实现对基坑开挖变形的有效控制,更好地贴合工程实践中的安全控制和经济效应方面的需求。

本章基于前述随机分析的研究成果和规律性认识,结合概率统计的方法,形成了一般条件下,考虑参数空间变异性的基坑开挖变形控制指标确定方法;引入变形超标概率等级标准,继而将基坑开挖变形超标概率划分为不同的等级标准,并探讨不同变形控制等级下基坑开挖变形控制指标确定依据,考虑围护结构水平变形和地表沉降的相关关系,构建考虑参数空间变异性的基坑开挖变形分级控制指标确定方法。

本章的技术路线见图 5.1。

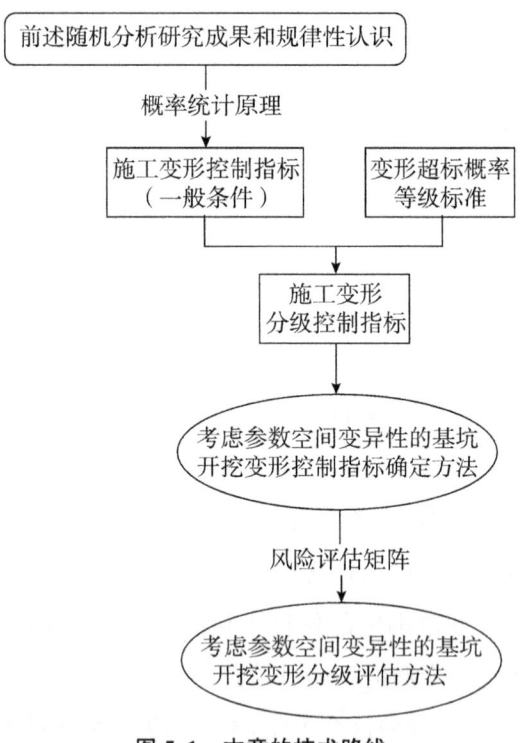

图 5.1 本章的技术路线

5.2 一般条件下的基坑开挖变形控制指标

5.2.1 变形控制指标确定的分析步骤

围绕土体参数空间变异性这一特点,针对目前基坑开挖变形控制指标科学性不够和适用性不强等问题,在前述基坑开挖变形随机分析的基础上,以最大变形95%分位数作为变形控制指标的确定依据,构建了考虑参数空间变异性的基坑开挖变形控制指标确定方法和评估体系,其步骤可以分为以下 6 个步骤:

①统计岩土体参数的空间变异性特征,包括参数的概率分布特征(均值、标准差和分布类型)和空间相关性特征(相关结构和波动距离)。基于 FLAC^{3D} 软件平台,建立基坑开挖数值分析模型。

②根据数值计算模型尺寸和所需的 Monte-Carlo 随机分析次数,借助 MATLAB 平台,利用协方差矩阵分解法[78]生成土体参数随机场,协同单元中心坐标记录于".txt"文档中。

③利用 FLAC^{3D} 中内嵌的 FISH 编程语言,提取数值模型单元中心坐标。编写程序识别单元位置,实现独立生成参数随机场模型到数值模型的映射。

④在 Monte-Carlo 模拟的框架内,重复②~④步骤,即可以实现多次基坑开挖变形的随机性计算,记录并保存每次随机性计算的坑外地表沉降和围护结构水平变形等结果。

⑤借助概率统计的方法,对多次随机性计算结果展开分析。

⑥在基坑变形随机分析结果的基础上,以最大变形的 95% 分位数作为基坑开挖变形控制指标的确定依据。

5.2.2 基坑开挖变形控制指标分析

在第 4 章中,笔者对不同工况下,基坑开挖最大变形的 95% 分位数展开了研究。在此基础上,本章以最大变形的 95% 分位数作为基坑开挖变形控制指标的确定依据。针对考虑刚度参数空间变异性条件下的工况,表 5.1 给出了一般条件下对应的基坑变形控制指标分布情况。注意到,为了方便变形控制指标在工程实践中的操作和实施,该表对变形最大值的 95% 分位数进行了适当调整。从表 5.1 中可以看出,土体参数空间变异性会影响到基坑开挖变形控制指标的确定,其中变异系数的影响最为显著。

表 5.1　　各工况下的基坑变形控制指标

竖向波动距离工况	坑外地表沉降/mm		围护结构水平变形/mm	
	95% 分位数	变形控制指标	95% 分位数	变形控制指标
ANI-z1-x1	27.478	27.5	48.636	48.5
ANI-z2-x1	28.085	28.0	49.240	49.0
ANI-z3-x1	28.389	28.5	49.958	50.0

续表

竖向波动距离工况	坑外地表沉降/mm 95%分位数	变形控制指标	围护结构水平变形/mm 95%分位数	变形控制指标
ANI-z4-x1	28.889	29.0	50.271	50.5
ANI-z1-x2	27.246	27.0	48.893	49.0
ANI-z2-x2	27.652	27.5	49.418	49.5
ANI-z3-x2	28.126	28.0	49.793	50.0
ANI-z4-x2	28.587	28.5	50.402	50.5
ANI-z1-x3	26.990	27.0	48.535	48.5
ANI-z2-x3	27.479	27.5	49.128	49.0
ANI-z3-x3	27.942	28.0	49.687	49.5
ANI-z4-x3	28.361	28.5	50.672	50.5
ANI-z1-x4	26.928	27.0	48.594	48.5
ANI-z2-x4	27.461	27.5	49.316	49.0
ANI-z3-x4	27.891	28.0	50.089	50.0
ANI-z4-x4	28.364	28.5	50.287	50.5
ANI-z1-x5	27.003	27.0	48.623	48.5
ANI-z2-x5	27.534	27.5	49.303	49.5
ANI-z3-x5	27.917	28.0	49.892	50.0
ANI-z4-x5	28.094	28.0	50.033	50.0
ANI-z1-x1	27.477	27.5	48.841	49.0
ANI-z1-x2	27.244	27.0	48.634	48.5
ANI-z1-x3	27.109	27.0	48.619	48.5
ANI-z1-x4	26.985	27.0	48.649	48.5
ANI-z1-x5	27.002	27.0	48.601	48.5
ANI-z2-x1	28.061	28.0	49.532	49.5
ANI-z2-x2	27.748	28.0	49.345	49.5
ANI-z2-x3	27.509	27.5	49.242	49.0
ANI-z2-x4	27.449	27.6	49.195	49.0
ANI-z2-x5	27.396	27.5	49.242	49.0
ANI-z3-x1	28.443	28.5	49.842	50.0
ANI-z3-x2	28.134	28.0	49.923	50.0
ANI-z3-x3	28.033	28.0	49.713	49.5
ANI-z3-x4	27.984	28.0	50.254	50.5

续表

竖向波动距离工况	坑外地表沉降/mm		围护结构水平变形/mm	
	95%分位数	变形控制指标	95%分位数	变形控制指标
ANI-z3-x5	27.798	28.0	49.598	49.5
ANI-z4-x1	28.761	29.0	50.155	50.0
ANI-z4-x2	28.327	28.5	50.228	50.0
ANI-z4-x3	28.327	28.5	50.416	50.5
ANI-z4-x4	28.286	28.5	50.139	50.0
ANI-z4-x5	28.318	28.5	50.226	50.0

变异系数工况	坑外地表沉降/mm		围护结构水平变形/mm	
	95%分位数	变形控制指标	95%分位数	变形控制指标
ANI-v1-θ1	26.899	27.0	46.361	46.5
ANI-v2-θ1	27.115	27.0	47.534	47.5
ANI-v3-θ1	27.746	27.5	49.195	49.0
ANI-v4-θ1	28.509	28.5	51.228	51.0
ANI-v1-θ2	26.999	27.0	46.481	46.5
ANI-v2-θ2	26.935	27.0	47.549	47.5
ANI-v3-θ2	27.544	27.5	49.446	49.5
ANI-v4-θ2	28.073	28.0	51.308	51.5
ANI-v1-θ3	26.858	27.0	46.408	46.5
ANI-v2-θ3	27.142	27.0	47.672	47.5
ANI-v3-θ3	27.481	27.5	49.316	49.5
ANI-v4-θ3	27.831	28.0	51.341	51.5

5.3　基坑开挖变形分级控制指标

为了使基坑变形控制指标在工程实践中更具有科学性和合理性，本章借鉴工程风险等级评估的方法，将变形控制指标划分为不同的等级，进而探讨不同工况下的变形控制等级所对应的变形指标，以此来确定基坑开挖变形分级控制指标，此时建立的基坑开挖变形分级控制体系更加合理适用，进一步完善了考虑参数空间变异性的基坑开挖变形控制指标的确定方法。

5.3.1　变形超标概率的计算

在Monte-Carlo模拟中，对基坑开挖变形展开可靠度分析时，可以采用变形超标概率来计算变形的允许值 $S_{\lim}$。在此基础上,对变形最大值进行概率分析,可以建立最大变形功能函数 Z 为:

$$Z = S_{\max} - S_{\lim} \tag{5.1}$$

式中,$S_{\max}$——每次随机计算的变形最大值;

$S_{\lim}$——随机计算的变形允许值。

此时,超标概率可以定义为最大变形值 $S_{\max}$ 超出变形允许值 $S_{\lim}$ 的概率,即为:

$$P_f = \frac{N_f}{N} \times 100\% \tag{5.2}$$

式中,N——每次随机计算的次数;

N_f——N 次随机计算中 $S_{\max}$ 超出 $S_{\lim}$(即 $Z>0$)的次数。

此外,可靠度指标[173]可以利用下式计算得到:

$$\beta = \frac{\mu_z}{\sigma_z} = \frac{\mu_{s_{\max}} - S_{\lim}}{\sigma_{s_{\max}}} \tag{5.3}$$

式中,$\mu_{s_{\max}}$——N 次随机计算得到最大变形的均值;

$\sigma_{s_{\max}}$——其对应的标准差。

5.3.2 基坑变形超标概率等级标准的确定

在工程风险理论中,利用风险事件发生的概率大小对工程安全风险进行等级划分。在这方面,中国土木工程学会等单位编制了《地铁及地下工程建设风险管理指南》[264],并对工程风险分级标准的确定进行了详细的介绍。根据工程风险事件发生的概率,可以划分为五级,具体等级标准见表5.2。

表 5.2　　　　　　　　工程风险等级标准

等级	A	B	C	D	E
事故描述	不可能	很少发生	偶尔发生	可能发生	频繁
区间概率	$P<0.01\%$	$0.01\%\leqslant P<0.1\%$	$0.1\%\leqslant P<1\%$	$1\%\leqslant P<10\%$	$P\geqslant 10\%$

注:P 为风险事件发生概率。

借鉴这种思路,李健斌[265]提出了针对盾构隧道的地表变形超标概率等级标准,见表5.3。注意到该变形超标概率等级标准与风险等级标准正好相反。

围绕基坑开挖变形分级控制指标的确定,本章亦采用表5.3中的等级标准。所不同的是,基坑开挖引起的坑外地表沉降和围护结构水平变形都是变形监测控制的重要对象,因此在确定分级控制指标时应该将两者皆考虑到内,即考虑围护结构与地层变形的耦合互馈效应。

表 5.3　　　　　　　　　　　　变形超标等级标准

等级	一级	二级	三级	四级	五级
事故描述	频繁	可能发生	偶尔发生	很少发生	不可能
超标概率 $1-P(S)$	$P \geqslant 20\%$	$10\% \leqslant P < 20\%$	$5\% \leqslant P < 10\%$	$1\% \leqslant P < 5\%$	$P < 1\%$
可靠度指标 β	$\beta \leqslant 0.842$	$0.842 < \beta \leqslant 1.282$	$1.282 < \beta \leqslant 1.645$	$1.645 < \beta \leqslant 2.326$	$\beta > 2.326$

注：《加拿大公路桥梁设计规范》(CHBDC)规定：正常使用极限状态可靠指标 $\beta=1.0$。

刘建航等[266]认为，基坑开挖会引起围护结构临空，土压力的作用使得围护结构产生水平变形，继而引起坑外地表沉降，因此基坑围护结构变形是引起坑外地表沉降的主要原因之一。从这个角度来看，可以将围护结构水平变形看作是风险事件，而地表沉降可看作为对应的风险损失。参照《地铁及地下工程建设风险管理指南》[264]中的风险评价矩阵，本章针对围护结构水平变形和坑外地表沉降建立起基坑开挖变形控制指标的安全等级界定矩阵，见表 5.4。

表 5.4　　　　　　　　　　　　基坑变形分级控制指标

基坑变形分级控制指标		坑外地表沉降分级				
		A: $P \geqslant 20\%$	B: $10\% \leqslant P < 20\%$	C: $5\% \leqslant P < 10\%$	D: $1\% \leqslant P < 5\%$	E: $P < 1\%$
围护结构水平变形分级	A: $P \geqslant 20\%$	一级	一级	二级	三级	四级
	B: $10\% \leqslant P < 20\%$	一级	二级	三级	三级	四级
	C: $5\% \leqslant P < 10\%$	一级	二级	三级	四级	五级
	D: $1\% \leqslant P < 5\%$	二级	三级	四级	四级	五级
	E: $P < 1\%$	二级	三级	四级	五级	五级

5.3.3　基坑变形分级控制指标分析

基于第 4 章随机计算的结果，利用上一小节给出的基坑变形概率分级控制标准，围绕基坑围护结构水平变形和地表沉降，构建不同参数空间变异性情况下的基坑变形分级控制标准。另外，在可靠度分析中，超标概率对应的变形值和最大变形的分位数是保持一致的。表 5.5 给出了不同工况下各超标概率等级对应的变形值。总体来看，当波动距离(包括竖向和水平向)和变异系数增大时，各超标概率等级对应的变形值也随之增大。此外，表 5.6 给出了不同工况下各超标概率等级对应的变形控制指标，其中变形控制指标是由表 5.5 中的变形值适当调整得到的。由此可见，通过对各工况随机计算结果进行最大变形分位数统计，可以实现针对围护结构水平变形和地表沉降的分级控制。

表 5.5　不同工况下各超标概率等级对应的变形值

竖向波动距离工况	坑外地表沉降/mm					围护结构水平变形/mm				
	A	B	C	D	E	A	B	C	D	E
超标概率 $1-P(S)$	≥20%	10%~20%	5%~10%	1%~5%	<1%	≥20%	10%~20%	5%~10%	1%~5%	<1%
可靠度指标 β	≤0.842	0.842~1.282	1.282~1.645	1.645~2.326	>2.326	≤0.842	0.842~1.282	1.282~1.645	1.645~2.326	>2.326
ANI-z1-x1	26.700	27.118	27.478	28.371		47.837	48.265	48.636	49.481	
ANI-z2-x1	27.135	27.603	28.085	28.645		48.009	48.626	49.240	50.390	
ANI-z3-x1	27.326	27.917	28.389	29.319		48.363	49.156	49.958	51.332	
ANI-z4-x1	27.627	28.251	28.889	30.113		48.748	49.486	50.271	51.580	
ANI-z1-x2	26.360	26.859	27.246	27.951		47.730	48.392	48.893	49.544	
ANI-z2-x2	26.677	27.268	27.652	28.585		48.045	48.692	49.418	50.392	
ANI-z3-x2	27.055	27.652	28.126	29.266		48.319	49.186	49.793	51.037	
ANI-z4-x2	27.221	27.911	28.587	29.726		48.457	49.370	50.402	52.465	
ANI-z1-x3	26.060	26.516	26.990	27.688		47.528	48.111	48.535	49.478	
ANI-z2-x3	26.360	26.987	27.479	28.115		47.914	48.588	49.128	50.262	
ANI-z3-x3	26.749	27.322	27.942	28.782		48.252	48.996	49.687	51.124	
ANI-z4-x3	27.044	27.778	28.361	29.348		48.407	49.588	50.673	52.126	
ANI-z1-x4	26.021	26.562	26.928	27.636		47.591	48.230	48.594	49.846	
ANI-z2-x4	26.371	26.997	27.461	28.541		47.820	48.605	49.316	51.015	
ANI-z3-x4	26.677	27.307	27.891	29.491		48.318	49.277	50.089	51.670	
ANI-z4-x4	26.941	27.691	28.364	29.903		48.383	49.455	50.287	51.933	
ANI-z1-x5	25.971	26.562	27.003	27.802		47.374	48.037	48.623	49.581	
ANI-z2-x5	26.345	26.961	27.534	28.353		47.760	48.602	49.303	50.343	

续表

距离工况	坑外地表沉降/mm					围护结构水平变形/mm				
	A	B	C	D	E	A	B	C	D	E
ANI-z3-x5	26.671	27.275	27.917	29.268		48.067	49.109	49.892	51.541	
ANI-z4-x5	26.818	27.479	28.094	29.443		48.280	49.168	50.033	52.003	
水平向波动 超标概率 $1-P(S)$	≥20%	10%~20%	5%~10%	1%~5%	<1%	≥20%	10%~20%	5%~10%	1%~5%	<1%
可靠度指标 β	≤0.842	0.842~1.282	1.282~1.645	1.645~2.326	>2.326	≤0.842	0.842~1.282	1.282~1.645	1.645~2.326	>2.326
ANI-z1-x1	26.755	27.196	27.477	28.227		47.941	48.434	48.841	49.428	
ANI-z1-x2	26.356	26.867	27.244	27.716		47.654	48.121	48.634	49.802	
ANI-z1-x3	26.068	26.617	27.109	27.999		47.466	48.074	48.619	49.632	
ANI-z1-x4	25.956	26.474	26.985	28.046		47.459	48.023	48.649	49.822	
ANI-z1-x5	25.947	26.492	27.002	28.221		47.462	48.047	48.601	49.472	
ANI-z2-x1	27.182	27.685	28.061	28.820		48.196	48.843	49.532	50.530	
ANI-z2-x2	26.706	27.277	27.748	28.623		47.940	48.676	49.345	50.425	
ANI-z2-x3	26.391	26.924	27.509	28.374		47.788	48.645	49.242	50.576	
ANI-z2-x4	26.384	26.977	27.449	28.615		47.791	48.595	49.195	50.470	
ANI-z2-x5	26.312	26.891	27.396	28.330		47.741	48.574	49.242	50.567	
ANI-z3-x1	27.506	28.077	28.443	29.187		48.504	49.233	49.842	50.901	
ANI-z3-x2	27.003	27.618	28.134	28.840		48.354	49.111	49.923	51.078	
ANI-z3-x3	26.711	27.303	28.033	29.280		48.077	48.987	49.713	51.458	
ANI-z3-x4	26.647	27.458	27.984	29.075		48.109	49.300	50.254	51.846	
ANI-z3-x5	26.624	27.206	27.798	28.983		48.013	48.983	49.598	51.550	
ANI-z4-x1	27.586	28.224	28.761	29.759		48.777	49.445	50.155	51.508	

续表

工况	\	\	坑外地表沉降/mm	\	\	\	围护结构水平变形/mm	\	\	\
ANI-z4-x2	27.136	27.759	28.327	29.629		48.491	49.422	50.228	52.154	
ANI-z4-x3	26.948	27.765	28.327	29.866		48.513	49.544	50.416	51.868	
ANI-z4-x4	26.829	27.540	28.286	29.525		48.129	49.244	50.139	51.836	
ANI-z4-x5	26.933	27.690	28.318	29.425		48.239	49.216	50.226	51.614	

变异系数	A	B	C	D	E	A	B	C	D	E
超标概率 $1-P(S)$	≥20%	10%~20%	5%~10%	1%~5%	<1%	≥20%	10%~20%	5%~10%	1%~5%	<1%
可靠度指标 β	≤0.842	0.842~1.282	1.282~1.645	1.645~2.326	>2.326	≤0.842	0.842~1.282	1.282~1.645	1.645~2.326	>2.326
ANI-v1-01	26.437	26.689	26.899	27.387		45.962	46.220	46.361	46.701	
ANI-v2-01	26.346	26.789	27.115	27.733		46.673	47.203	47.534	48.420	
ANI-v3-01	26.734	27.314	27.746	28.617		47.932	48.537	49.195	50.242	
ANI-v4-01	27.203	27.954	28.509	29.635		49.505	50.397	51.228	52.628	
ANI-v1-02	26.377	26.692	26.999	27.346		45.978	46.238	46.481	46.808	
ANI-v2-02	26.165	26.637	26.935	27.668		46.703	47.078	47.549	48.189	
ANI-v3-02	26.490	27.048	27.544	28.348		47.924	48.776	49.446	50.378	
ANI-v4-02	26.617	27.389	28.073	29.333		49.298	50.304	51.308	52.903	
ANI-v1-03	26.287	26.656	26.858	27.485		45.956	46.191	46.408	46.831	
ANI-v2-03	26.352	26.818	27.142	27.992		46.717	47.231	47.672	48.634	
ANI-v3-03	26.396	26.953	27.481	28.600		47.782	48.575	49.316	50.410	
ANI-v4-03	26.510	27.164	27.831	29.351		49.151	50.240	51.341	52.787	

第5章 考虑参数空间变异性的基坑开挖变形控制指标研究

表5.6 不同工况下各超标概率等级对应的变形控制指标

竖向波动距离 β	坑外地表沉降/mm					围护结构水平变形/mm				
超标概率 $1-P(S)$	A	B	C	D	E	A	B	C	D	E
	≥20%	10%~20%	5%~10%	1%~5%	<1%	≥20%	10%~20%	5%~10%	1%~5%	<1%
可靠度指标 β	≤0.842	0.842~1.282	1.282~1.645	1.645~2.326	>2.326	≤0.842	0.842~1.282	1.282~1.645	1.645~2.326	>2.326
ANI-z1-x1	26.7	27.0	27.5	28.5		48.0	48.5	48.5	49.5	
ANI-z2-x1	27.0	27.0	28.0	28.5		48.0	48.5	49.0	50.5	
ANI-z3-x1	27.5	28.0	28.5	29.5		48.5	49.0	50.0	51.5	
ANI-z4-x1	27.5	28.5	29.0	30.0		49.0	49.5	50.5	51.5	
ANI-z1-x2	26.5	27.0	27.5	28.0		48.0	48.5	49.0	49.5	
ANI-z2-x2	26.5	27.0	27.5	28.5		48.0	48.5	49.5	50.5	
ANI-z3-x2	27.0	27.5	28.0	29.5		48.5	49.0	50.0	51.0	
ANI-z4-x2	27.0	28.0	28.5	30.0		47.5	48.0	50.5	52.5	
ANI-z1-x3	26.0	26.5	27.0	27.5		48.0	48.0	48.5	49.5	
ANI-z2-x3	26.5	27.0	27.5	28.0		48.5	48.5	49.0	50.5	
ANI-z3-x3	26.5	27.5	28.0	29.0		48.5	49.0	49.5	51.0	
ANI-z4-x3	27.0	27.5	28.5	29.5		48.5	49.0	50.5	52.0	
ANI-z1-x4	26.0	26.5	27.0	27.5		47.5	48.0	48.5	50.0	
ANI-z2-x4	26.5	27.0	27.5	28.5		48.0	48.5	49.5	51.0	
ANI-z3-x4	26.5	27.5	28.0	29.5		48.5	49.5	50.0	51.5	
ANI-z4-x4	27.0	27.5	28.5	30.0		48.5	49.5	50.5	52.0	
ANI-z1-x5	25.0	26.5	27.0	28.0		47.5	48.0	48.5	49.5	
ANI-z2-x5	26.5	27.0	27.5	28.5		47.5	48.5	49.5	50.5	

137

续表

工况	坑外地表沉降/mm					围护结构水平变形/mm				
水平向波动距离	A	B	C	D	E	A	B	C	D	E
超标概率 $1-P(S)$	≥20%	10%~20%	5%~10%	1%~5%	<1%	≥20%	10%~20%	5%~10%	1%~5%	<1%
可靠度指标 β	≤0.842	0.842~1.282	1.282~1.645	1.645~2.326	>2.326	≤0.842	0.842~1.282	1.282~1.645	1.645~2.326	>2.326
ANI-z3-x5	26.5	27.5	28.0	29.5		48.0	49.0	50.0	51.5	
ANI-z4-x5	27.0	27.5	28.0	29.5		48.5	49.0	50.0	52.0	
ANI-z1-x1	27.0	27.0	27.5	28.0		48.0	48.5	49.0	49.5	
ANI-z1-x2	26.5	27.0	27.0	28.0		47.5	48.0	48.5	50.0	
ANI-z1-x3	26.0	26.5	27.0	28.0		47.5	48.0	48.5	49.5	
ANI-z1-x4	26.0	26.5	27.0	28.0		47.5	48.0	48.5	50.0	
ANI-z1-x5	26.0	27.0	27.0	29.0		48.0	49.0	49.5	50.5	
ANI-z2-x1	27.0	27.0	28.0	28.5		48.0	48.5	49.5	50.5	
ANI-z2-x2	26.0	27.0	27.5	28.5		48.0	48.5	49.0	50.5	
ANI-z2-x3	26.5	27.0	27.0	28.5		48.01	48.5	49.0	50.5	
ANI-z2-x4	26.0	27.0	27.5	28.5		48.0	48.5	49.0	50.5	
ANI-z2-x5	27.5	28.0	28.5	29.0		48.5	49.0	50.0	52.0	
ANI-z3-x1	27.0	27.5	28.0	29.0		48.5	49.0	50.0	51.0	
ANI-z3-x2	27.0	27.5	28.0	29.5		48.0	49.0	50.0	51.5	
ANI-z3-x3	26.5	27.0	28.0	29.0		48.0	49.5	50.5	52.0	
ANI-z3-x4	26.5	27.0	28.0	29.0		48.0	49.0	49.5	51.5	
ANI-z3-x5	27.5	28.0	29.0	30.0		49.0	49.5	50.0	51.5	
ANI-z4-x1										

续表

工况	变异系数	坑外地表沉降/mm					围护结构水平变形/mm				
		A	B	C	D	E	A	B	C	D	E
	超早概率 $1-P(S)$	≥20%	10%~20%	5%~10%	1%~5%	<1%	≥20%	10%~20%	5%~10%	1%~5%	<1%
	可靠度指标 β	≤0.842	0.842~1.282	1.282~1.645	1.645~2.326	>2.326	≤0.842	0.842~1.282	1.282~1.645	1.645~2.326	>2.326
ANI-z4-x2		27.0	28.0	28.5	29.5		48.5	49.5	50.0	52.0	
ANI-z4-x3		27.0	28.0	28.5	30.0		48.5	49.5	50.5	52.0	
ANI-z4-x4		27.0	27.5	28.5	29.5		48.0	49.0	50.0	52.0	
ANI-z4-x5		27.0	27.5	28.5	29.5		48.0	49.0	50.0	51.5	
ANI-v1-θ1		26.5	26.5	27.0	27.5		46.0	46.0	46.5	46.5	
ANI-v2-θ1		26.5	27.0	27.0	27.5		46.5	47.0	47.5	48.5	
ANI-v3-θ1		27.0	27.5	27.5	28.5		48.0	48.5	49.0	50.0	
ANI-v4-θ1		27.0	28.0	28.5	29.5		49.5	50.0	51.0	52.5	
ANI-v1-θ2		26.5	26.5	27.0	27.5		46.0	46.0	46.5	47.0	
ANI-v2-θ2		26.0	26.5	27.0	27.5		46.5	47.0	47.5	48.0	
ANI-v3-θ2		26.5	27.0	27.5	28.5		48.0	49.0	49.5	50.5	
ANI-v4-θ2		26.5	27.0	28.0	29.5		49.5	50.5	51.5	53.0	
ANI-v1-θ3		26.5	26.5	27.0	27.5		46.0	46.0	46.5	47.0	
ANI-v2-θ3		26.5	27.0	27.0	28.0		46.5	47.0	47.5	48.5	
ANI-v3-θ3		26.5	27.0	27.5	28.5		48.0	48.5	49.5	50.5	
ANI-v4-θ3		26.5	27.0	28.0	29.5		49.0	50.0	51.5	53.0	

注意到表 5.6 给出的是各超标概率等级对应的变形控制指标,但是在实际工程中需要将围护结构水平变形和地表沉降变形的监测控制同时考虑在内,这就需要构建针对围护结构水平变形和地表沉降控制指标的安全等级界定方法。利用表 5.4 中的方法,本章进一步对不同工况下的基坑变形进行综合评估。以工况 ANI-z2-x2、ANI-z4-x4、ANI-v1-θ1 和 ANI-v3-θ3 为例,表 5.7 至表 5.10 分别给出了这些工况下的基坑开挖变形控制指标的安全等级界定矩阵,该表格矩阵对不同围护结构水平变形和地表沉降概率等级下的变形控制指标组合划分了安全等级,继而可以实现在施工过程中对基坑开挖引起的围护结构水平变形和坑外地表沉降进行分级控制。

表 5.7　　　　工况 ANI-z2-x2 的基坑变形分级控制指标

基坑变形分级控制指标			坑外地表沉降分级				
			A	B	C	D	E
			26.5mm	27.5mm	27.5mm	28.5mm	
围护结构水平变形分级	A	48.0mm	一级	一级	二级	三级	四级
	B	48.5mm	一级	二级	三级	三级	四级
	C	49.5mm	一级	二级	三级	四级	五级
	D	50.5mm	二级	三级	四级	四级	五级
	E		二级	三级	四级	五级	五级

注:A:$P \geq 20\%$;B:$10\% \leq P < 20\%$;C:$5\% \leq P < 10\%$;D:$1\% \leq P < 5\%$;E:$P < 1\%$。

表 5.8　　　　工况 ANI-z4-x4 的基坑变形分级控制指标

基坑变形分级控制指标			坑外地表沉降分级				
			A	B	C	D	E
			27.0mm	27.5mm	28.5mm	30.0mm	
围护结构水平变形分级	A	48.5mm	一级	一级	二级	三级	四级
	B	49.5mm	一级	二级	三级	三级	四级
	C	50.5mm	一级	二级	三级	四级	五级
	D	52.0mm	二级	三级	四级	四级	五级
	E		二级	三级	四级	五级	五级

注:A:$P \geq 20\%$;B:$10\% \leq P < 20\%$;C:$5\% \leq P < 10\%$;D:$1\% \leq P < 5\%$;E:$P < 1\%$。

表 5.9　　　　　　　　工况 ANI-v1-01 的基坑变形分级控制指标

基坑变形分级控制指标			坑外地表沉降分级				
			A	B	C	D	E
			26.5mm	26.5mm	27.0mm	27.5mm	
围护结构水平变形分级	A	46.0mm	一级	一级	二级	三级	四级
	B	46.0mm	一级	二级	三级	三级	四级
	C	46.5mm	一级	二级	三级	四级	五级
	D	46.5mm	二级	三级	四级	四级	五级
	E		二级	三级	四级	五级	五级

注：A：$P \geqslant 20\%$；B：$10\% \leqslant P < 20\%$；C：$5\% \leqslant P < 10\%$；D：$1\% \leqslant P < 5\%$；E：$P < 1\%$。

表 5.10　　　　　　　工况 ANI-v3-03 的基坑变形分级控制指标

基坑变形分级控制指标			坑外地表沉降分级				
			A	B	C	D	E
			26.5mm	27.0mm	27.5mm	28.5mm	
围护结构水平变形分级	A	48.0mm	一级	一级	二级	三级	四级
	B	48.5mm	一级	二级	三级	三级	四级
	C	49.5mm	一级	二级	三级	四级	五级
	D	50.5mm	二级	三级	四级	四级	五级
	E		二级	三级	四级	五级	五级

注：A：$P \geqslant 20\%$；B：$10\% \leqslant P < 20\%$；C：$5\% \leqslant P < 10\%$；D：$1\% \leqslant P < 5\%$；E：$P < 1\%$。

5.3.4　变形控制指标的讨论

在工程实践中，工程师往往在工程安全和工程成本这两个方面进行考虑。在理论上，只要通过各种工程辅助或加固的手段，则可以实现非常严格的变形控制要求，但这往往会造成较大的工程投资和成本，所达到的变形控制要求往往趋于保守。然而，在实践中往往希望利用尽量少的工程辅助手段，达到既定的变形控制要求，以节约成本，并同时可以兼顾工程安全控制等要求。从这个角度来看，制定科学合理的变形控制指标是至关重要的。为了达到这个目的，需要从岩土体力学特征出发，利用工程风险控制原理，综合考虑工程风险事故发生的概率和事故损失，继而进一步有效保障城市地下工程的安全，并缩减成本损失。

从上一小节可知，当变形控制值较大时，则超标概率较小，此时一旦发生工程事故，需要投入更多的成本控制险情，相应的风险损失（如在本章中，以地表沉降代表了风险损失）是巨大的，即工程风险较高。反之，当变形控制值较小时，超标概率较大，即出现超出变形控制值的可能性增高,此时不允许出现较大的变形,但往往需要较多的工程技术辅助手段以达到这个目标,会造成大量的成本消耗。较小的变形控制值往往也会出现频繁的安全预警,长此以往会使工程人员对于工程险情的预报存在侥幸心理,从一定程度上会降低工程变形预警系统的适用性。总之,安全性始终是工程实践中需要首先考虑的部分,但是通过牺牲经济成本,并造成资源浪费以达到这个目前显然是不可取的。

综合考虑工程安全和经济效应的要求,需使变形控制标准的确定既不过于"保守",又不过于"危险"。对于围护结构水平变形和坑外地表沉降,C 等级要求可以达到这一要求,此时基坑变形控制等级对应为三级水平。以 ANI-z2-x2 工况为例,围护结构水平变形的控制指标为 49.5mm,坑外地表沉降的控制指标为 27.5mm。对于有其他实际要求的工程,可以针对围护结构水平变形和坑外地表沉降,适当地选取 A、B、D 和 E,或者这它们之间的组合形式,以切实可行地提高工程的安全性,并降低工程建造成本,这也是基坑变形控制指标制定的最终目的。值得一提的是,本章将围护结构水平变形设定为风险事故,而地表沉降则是与之对应的风险损失,从基坑变形分级控制指标(表 5.7 至表 5.10)中可以看出,该变形控制标准可以综合考虑围护结构和地表这两个影响因素。如若在工程实践中,基坑周围(坑外地表)有重要的建(构)筑物,需要提高坑外地表沉降的控制标准,此时应该将变形控制的侧重点放在地表沉降这方面,则可以提高坑外地表变形控制等级,如将等级从 C 升到 A。如对围护结构变形有更严格的控制,也需将对应的变形控制等级提高至合理的水平。

另外值得注意的是,基坑变形分级控制标准的三级水平大致对应着基坑开挖的一般条件,即自身安全等级二级(GB 50911)、周边无重要建(构)筑物、现有平均施工水平的情况。这也进一步地说明了在工程实践中,若无特殊要求,仍按一般条件下的施工水平开展工程施工,并尽量保证基坑变形超标概率不超过 5%。如若有其他的工程要求,则需改变相应的变形控制等级。

5.4 本章小结

本章紧紧围绕土体参数空间变异性这一特点,针对目前基坑开挖变形控制指标科学性不够和适用性不强等问题,在上一章节中基坑变形随机分析规律认识的基础上,以最大变形 95% 分位数作为基坑变形控制指标的确定依据,探索一般条件下的基坑开挖变形控制指标的确定方法。为了进一步提高基坑开挖变形控制指标的适用性,本章借鉴风险控制的思路,综合考虑围护结构和地层的耦合互馈效应,利用变形超标概率构建了考虑参数空间变异性的基坑开挖变形分级控制指标体系。本章的主要研究工作和结论如下:

①借助概率统计手段,以最大变形95%分位数作为变形控制指标的确定依据,形成了一般条件下考虑参数空间变异性的基坑开挖变形控制指标的确定方法。

②借鉴风险控制的思路,综合考虑围护结构和地层的耦合互馈效应,利用变形超标概率构建了考虑参数空间变异性的基坑开挖变形分级控制指标体系,进一步完善了考虑参数空间变异性的基坑开挖变形控制指标确定方法。

③为了满足工程安全性和经济成本的要求,围护结构水平变形和坑外地表沉降可以采取C等级这一要求,对应的工程施工变形控制等级为三级水平。对于有其他实际要求的工程,可以针对围护结构水平变形和坑外地表沉降,适当地选取A、B、D和E,或者这它们之间的组合形式,以切实可行地提高工程的安全性,并降低工程建造成本。基坑变形分级控制标准的三级水平大致对应着基坑开挖的一般条件,即自身安全等级二级(GB 50911)、周边无重要建(构)筑物、现有平均施工水平的情况。总之,若无特殊要求,仍按一般条件下的施工水平开展工程施工,并尽量保证基坑变形超标概率不超过5%。如若有其他的工程要求,则需改变相应的变形控制等级。

第6章 厦门地铁深基坑工程变形控制指标的应用研究

6.1 引言

本章基于前述的研究成果,依托厦门地铁车站基坑工程,综合考虑车站基坑工程地质条件、土体参数特征和自身特点,采用HSS模型,建立土性参数随机场模型,开展Monte-Carlo随机模拟计算;采用所提出的基坑工程变形分级控制指标确定方法,建立厦门典型地层条件下的地铁车站基坑工程变形控制指标体系。通过与车站基坑变形实测数据和原有预警指标进行对比,验证所构建的变形控制指标确定方法的合理性和有效性。

6.2 依托工程——厦门轨道交通1号线车站基坑工程

厦门轨道交通1号线一期工程全线长度为30.23km,共有车站24座,平均站间距离为1.3km。轨道交通1号线分为3个大的区域:岛内(车站14座)、跨海段(车站1座)和岛外(车站9座),全部车站共有7座换乘车站。由此可见,轨道交通1号线穿越区域的工程地质条件和水文地质条件极为复杂,为了进一步开展厦门轨道交通1号线车站基坑工程变形控制指标研究,需要首先厘清轨道交通1号线的工程地质情况和车站基坑的施工工艺水平。

6.2.1 厦门轨道交通1号线工程地质特征

6.2.1.1 地层岩性及分层特征

根据厦门轨道交通1号线沿线的工程地质情况,可以将场区划分为5个区:一是低山丘陵区,覆盖层主要为人工填土,岩体为燕山期花岗岩,地下水主要为基岩裂隙水,富水性较好,透水性中等;二是残积台地区,覆盖层主要为填土及残积土,岩体为燕山期花岗岩,地下水主要为风化残积孔隙裂隙水,富水性差,透水性弱;三是山前洼地硬土区,覆盖层主要为填土、冲洪积层及残积土,岩体为燕山期花岗岩,地下水主要为松散岩类孔隙水,砂层富水性较好,透水性强;四是溪沟谷地松散堆积区,覆盖层主要为填土、冲洪积层及残积土,岩体为燕山期花岗岩,地下水主要为松散岩类孔隙水,砂层透水性较好,富水性好,透水性强;五是滨海堆积区,该区域地势较为平坦,为侵蚀堆积地貌,岩土体为第四纪全新统长乐组,以海相沉积淤泥为主,局部夹淤泥质砂,地下水主要为第四系松散岩类孔隙水,富水性差,透水性差,但与海水有直接连通。

6.2.1.2 地铁车站基坑工程的岩土地层分区

将厦门轨道交通1号线部分车站基坑工程的地层概化为统一的地质模型。该地质模型主要包括软土地层等,场地地层中有较厚的淤泥质土层,如文灶站、文湖区间明挖基坑、湖滨东路站,可以将其定义为软土区(软弱—中软地层)。厦门轨道交通1号线一期工程包括24个车站基坑,本研究中仅对软弱—中软地层的车站基坑开展研究,此类车站基坑工程有3个,见表6.1。

表6.1　　　　　　　　厦门轨道交通1号线岩土地层分区

序号	站名	地质模型	对应的地层情况
1	文灶站	软弱—中软	场区分布主要地层为近代人工填筑土层、第四系全新统海积层、海陆交互相沉积层及冲洪积层
2	湖滨东路站	软弱—中软	基坑开挖深度涉及的地层有素填土、淤泥、饱和砂土、残积黏性土及全风化花岗岩
3	集美大道站	软弱—中软	车站范围地层为人工填筑黏土质素填土,冲洪积粉质黏土及砂层,海积淤泥,残积砂质黏性土

6.2.2 厦门轨道交通1号线车站基坑工程统计

1号线基坑工程包括地下车站与明挖区间。车站多为地下二层岛式车站,其中明挖法被广泛应用到车站基坑的施工中,半盖挖施工则在部分交通繁忙区域也比较常见。总体而言,基坑主体围护型式包括地下连续墙和钻孔灌注桩两大类,遇到部分基岩突起位置时,支护系统则辅以灌注桩配合锚索;在支护体系中,混凝土支撑多用于第一道支撑,其余则多为钢支撑,同时还施加预应力。表6.2给出了软弱—中软地层条件下的车站基坑工程详细信息。

表6.2　　　　　　　　厦门地铁1号线车站基坑工程概况

序号	站名	工法	长×宽/(m×m)	开挖深度/m	地层分类
1	文灶站	半幅盖挖法	224.401×24.75	16.34～22.58	软弱—中软
2	湖滨东路站	半幅盖挖法	473.55×21.90	16.61～18.00	软弱—中软
3	集美大道站	明挖法	272.400×20.70	15.00～17.00	软弱—中软

6.3 考虑参数空间变异性的基坑变形控制指标研究

6.3.1 车站基坑工程数值模型的概化

6.3.1.1 地层的概化

在厦门车站基坑工程中,地层情况往往是由多层土体组成。但在不同的工程实践中,基坑工程所面临的地质地层情况复杂多样。为了将复杂问题进行简化,将部分车站基坑工程的地层概化为软弱—中软地层。其中,软弱—中软地层包括素填土、淤泥、黏土、粉土、粗砂、细砂、残积砂质黏性土、全风化花岗岩、散体状强风化花岗岩等。表6.3给出了该地层模型的概化情况,并以此为基础,开展后续的数值计算。

表6.3 地层模型的概化

地层类别	地层概况(自上而下)	基坑开挖面以上地层
软弱—中软地层	填土(2.45m)、淤泥(7.2m)、粉土(8.45m)、残积土(12.4m)、全风化(13.2m)、散体状强风化(19.3m)	填土、淤泥、粉土、残积土、全风化

6.3.1.2 支护系统的概化

湖滨东路站所在地层为软弱—中软地层。对该车站基坑的支护系统进行概化,车站主体围护结构采用800mm地下连续墙,坑底位于残积砾质黏性土或全风化花岗岩中,围护结构插入土的深度为7m;内支撑总共有3道,包括有第一道的钢筋混凝土支撑,另外两道的钢支撑。车站基坑开挖宽度为22m,基坑开挖深度为18m。因此,后续建立的数值计算模型将以此为依据。

6.3.2 随机计算模型

考虑到三维基坑工程的复杂性及计算效率低效等因素,笔者将三维基坑工程简化为二维平面应变模型,开展基坑开挖变形响应的数值计算分析。数值计算模型尺寸均为150m×63m。通过前述的概化,确定围护结构插入土深度为7m,基坑开挖宽度为22m,开挖深度为18m。本章针对软弱—中软地层车站基坑工程的数值模型(图6.1),其中数值模型地表设置为自由边界,其他边界均施加有法向约束。参照《基坑工程技术规范》,将基坑周边的车辆及施作人员简化为20kPa的均布荷载,作用范围在基坑的坑外地表区域。数值计算模型中,利用HSS模型来表征土体的弹塑性行为,围护结构利用Liner单元进行模拟,内支撑利用Beam单元来模拟。表6.4给出了数值计算模型中岩土体参数,表6.5和表6.6给出了结构单元参数。

表 6.4　数值模型中岩土体的相关属性参数

地层/材料	模型	重度 γ /(kN/m³)	摩擦角 φ/°	黏聚力 c/kPa	泊松比 μ	m	p^{ref}/kPa	$\gamma_{0.7}$	刚度参数 E_{50}^{ref}/MPa	E_{ur}^{ref}/MPa	E_{oed}^{ref}/MPa	G_0^{ref}/MPa	COV	厚度 d/m 软弱—中软地层
填土	HSS	18.0	12.0	20.0	0.38	0.9	100	2e⁻⁴	5.0	15.0	5.0	45.0	0.23	2.45
淤泥质土	HSS	17.8	10.0	12.0	0.40	0.9	100	2e⁻⁴	3.0	9.0	3.0	27.0	0.21	7.20
粉质黏土	HSS	18.7	18.0	25.0	0.36	0.9	100	2e⁻⁴	8.0	24.0	8.0	72.0	0.25	8.45
残积土	HSS	18.5	22.0	29.0	0.35	0.9	100	2e⁻⁴	8.3	25.0	8.3	75.0	0.24	12.40
全风化花岗岩	HSS	19.0	25.0	30.0	0.30	0.9	100	2e⁻⁴	21.7	65.0	21.7	195.0	—	13.20
散体状强风化花岗岩	HSS	19.5	27.0	30.0	0.25	0.9	100	2e⁻⁴	28.3	85.0	28.3	255.0	—	19.30

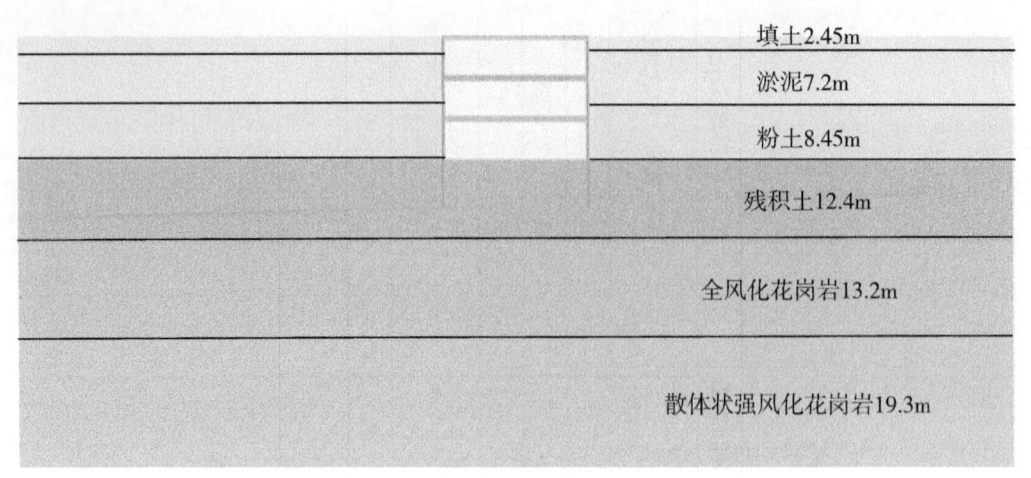

填土2.45m
淤泥7.2m
粉土8.45m
残积土12.4m
全风化花岗岩13.2m
散体状强风化花岗岩19.3m

图 6.1　软弱—中软地层情况下的基坑开挖数值计算模型示意图

表 6.5　围护结构参数

土体分类	密度/(kg/m³)	杨氏模量/GPa	泊松比	厚度/m
软弱—中软地层	2500	24	0.2	0.80

表 6.6　内支撑参数

属性	密度/(kg/m³)	杨氏模量/GPa	泊松比
钢筋混凝土支撑	3000	30	0.2
钢支撑	3000	24	0.2

土体的刚度参数是影响基坑开挖变形的重要参数，本章仅考虑土体刚度参数空间变异性的影响，其余的物理力学参数均设置为常量。此外，场地的岩土工程勘察资料显示，全风化花岗岩和散体状强风化花岗岩等变异程度较小，因此在计算中不考虑这些岩土体参数的空间变异性，仅考虑素填土、淤泥质土、粉质黏土和残积土的参数空间变异性。这四类土体参数的波动距离[62,260]取值相同，其中竖向波动距离为 $\theta_z=1.0\text{m}$，水平向波动距离取 $\theta_x=30.0\text{m}$，同时表 6.4 给出了各土层的变异系数。

利用随机场模型来表征土体参数的空间变形性特征，假定随机场满足二阶平稳性，则可以利用相同的概率特征量和分布形式来描述岩土参数随机场中不同位置的分布特点。正如前面所述，可以利用对数正态分布函数描述土体刚度参数的不确定性，同时可以利用指数型相关函数形式表示土体任意空间点处刚度参数之间的相关性：

$$\rho(\tau_x,\tau_z)=\exp\left[-2\left(\frac{|\tau_x|}{\theta_x}+\frac{|\tau_z|}{\theta_z}\right)\right] \quad (6.1)$$

式中，$\rho(\tau_x,\tau_z)$——相关函数，能表征两点间的相关性强弱，大小范围为 $0\leqslant\rho\leqslant1$；

τ_x、τ_z——水平向和竖向距离(m);

θ_x、θ_z——水平向和竖向的波动距离(m)。

6.3.3 随机分析结果

将随机场理论和数值模型相结合,借助 Monte-Carlo 策略,开展基坑开挖变形随机分析。本章对每次工况均开展 1000 次随机模拟,继而对软弱—中软地层情况下的基坑开挖变形结果展开概率分析。以此为基础,继而确定该地层情况下的基坑开挖变形控制指标值。

图 6.2 给出了软弱—中软地层条件下的随机计算基坑最大变形统计结果。可以看出,最大地表沉降和围护结构水平变形均服从对数正态分布,这与前述研究结论相一致。

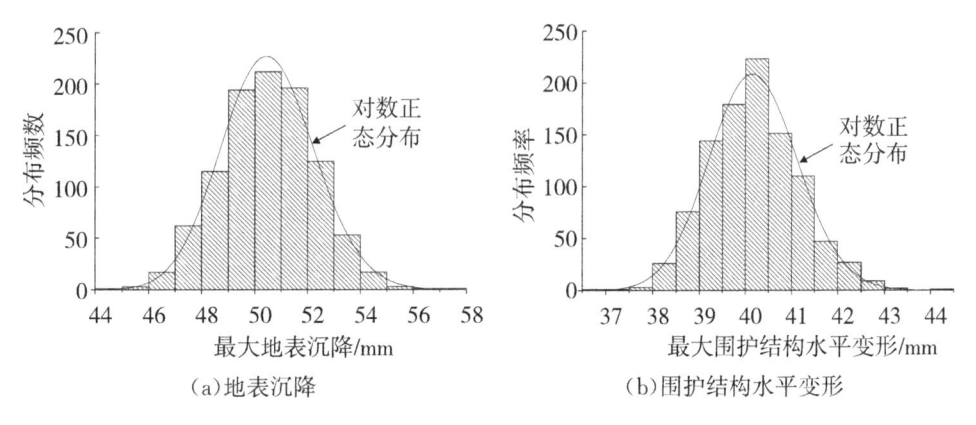

(a) 地表沉降　　(b) 围护结构水平变形

图 6.2　随机计算的基坑最大变形统计(软弱—中软地层)

为了进一步探讨软弱—中软地层条件下的基坑开挖变形规律,表 6.7 和表 6.8 分别对地表沉降和围护结构水平变形进行了比较,注意表中同时也给出了确定性计算的结果。从表 6.7 和表 6.8 中可以看出,确定性计算结果都小于随机计算的均值,这源于土体的低刚度占优效应,同时也与土体刚度对数正态分布的不对称性有关,这一点和前述研究结论相吻合。此外,注意到软弱—中软地层所对应的基坑内支撑为 3 道,支撑间距过大,导致地表沉降和围护结构水平变形明显过大,这说明内支撑的设置对基坑开挖变形亦有着重要的影响。表 6.7 和表 6.8 还给出了基坑最大变形的 95% 保证率对应值,其中地表沉降依次为 −11.926mm、−25.737mm 和 −53.432mm,围护结构水平变形依次为 −12.382mm、−19.359mm 和 −41.845mm。据此,可以为后续阶段基坑变形控制指标的确定奠定基础。

表 6.7　地表沉降结果对比

地层类别	确定计算 最大沉降/mm	随机计算 最大值/mm	随机计算 最小值/mm	随机计算 均值/mm	随机计算 变异系数	随机计算 95%保证率对应沉降值/mm
软弱—中软地层	−49.448	−57.533	−44.591	−50.521	0.035	−53.432

表 6.8　围护结构水平变形结果对比

地层类别	确定计算 最大变形/mm	随机计算 最大值/mm	随机计算 最小值/mm	随机计算 均值/mm	随机计算 变异系数	随机计算 95%保证率对应变形值/mm
软弱—中软地层	−39.707	−44.365	−36.757	−40.182	0.024	−41.845

6.3.4　一般条件下的厦门地铁车站基坑变形控制指标研究

本章以最大变形95%分位数作为变形控制指标的确定依据。表6.6给出了软弱—中软地层条件下车站基坑最大变形95%分位数及其变形控制指标的确定值。为了方便变形控制值的可操作性,对95%分位数进行适当调整。可以看出,基坑变形控制指标则与确定性结果相差较大。总体而言,对于一般条件下,表6.9中的变形控制指标考虑了土体参数空间变异性的影响,这更符合实际地层情况。

表 6.9　基坑开挖变形控制值

地层类别	地表沉降/mm 统计95%分位数	地表沉降/mm 变形控制指标	围护结构水平变形/mm 统计95%分位数	围护结构水平变形/mm 变形控制指标
软弱—中软地层	53.432	53.5	41.845	42.0

6.3.5　厦门地铁车站基坑变形分级控制指标研究

以第5章的研究为基础,结合本章对软弱—中软地层条件下的随机计算结果,建立了针对厦门地区部分车站基坑开挖变形控制指标体系。

表6.10给出了软弱—中软地层条件下,基坑开挖各超标概率等级对应的变形值。在此基础上,得到了表6.11所示基坑开挖各超标概率等级对应的变形控制值。结合第5章中的基坑开挖变形控制指标的安全等级界定矩阵,可以建立针对软弱—中软地层条件下的开挖变形控制指标值,见表6.12。

第6章 厦门地铁深基坑工程变形控制指标的应用研究

表6.10 不同工况下各超标概率等级对应的变形值

地层类别		坑外地表沉降/mm					围护结构水平变形/mm				
		A	B	C	D	E	A	B	C	D	E
超标概率 $1-P(S)$		≥20%	10%~20%	5%~10%	1%~5%	<1%	≥20%	10%~20%	5%~10%	1%~5%	<1%
可靠度指标 β		≤0.842	0.842~1.282	1.282~1.645	1.645~2.326	>2.326	≤0.842	0.842~1.282	1.282~1.645	1.645~2.326	>2.326
软弱—中软地层		52.000	52.717	53.432	54.431		40.985	41.437	41.845	42.611	

表6.11 不同工况下各超标概率等级对应的变形控制值

地层类别		坑外地表沉降/mm					围护结构水平变形/mm				
		A	B	C	D	E	A	B	C	D	E
超标概率 $1-P(S)$		≥20%	10%~20%	5%~10%	1%~5%	<1%	≥20%	10%~20%	5%~10%	1%~5%	<1%
可靠度指标 β		≤0.842	0.842~1.282	1.282~1.645	1.645~2.326	>2.326	≤0.842	0.842~1.282	1.282~1.645	1.645~2.326	>2.326
软弱—中软地层		52.0	52.5	53.5	54.5		41.0	41.5	42.0	42.5	

表 6.12　　　　　　　　软弱—中软地层下基坑变形分级控制指标

基坑变形分级控制指标			坑外地表沉降分级				
			A	B	C	D	E
			52.0mm	52.5mm	53.5mm	54.5mm	
围护结构水平变形分级	A	41.0mm	一级	一级	二级	三级	四级
	B	41.5mm	一级	二级	三级	三级	四级
	C	42.0mm	一级	二级	三级	四级	五级
	D	42.5mm	二级	三级	四级	四级	五级
	E		二级	三级	四级	五级	五级

注：A：$P \geqslant 20\%$；B：$10\% \leqslant P < 20\%$；C：$5\% \leqslant P < 10\%$；D：$1\% \leqslant P < 5\%$；E：$P < 1\%$。

6.4　基于实测数据的统计分析及变形控制指标的验证

地铁湖滨东路站深基坑工程场区属于软弱—中软地层条件，其施工方法包含顶板逆筑法和半幅盖挖法。在基坑开挖之前的 20 天，围护结构、冠梁，以及第一道钢筋混凝土支撑浇筑完成，基坑各项开挖准备工作就绪后，即完成基坑开挖条件验收，同时开展基坑开挖变形的各项监测工作。

基坑长 473.55m，纵向采用由基坑两端向中间开挖的施工组织顺序。首先，由东区基坑端头井开挖，然后西区基坑端头井开挖，后期基坑开挖施工由两端相向向基坑中间分层、分块依次逐步推进。在后续基坑开挖推进的同时，前期已经开挖完成部分采用流水作用的方式浇筑垫层，施作底板并逐步施工车站主体结构。前方基坑不断开挖推进，架设支撑，后续浇筑已经完成部分垫层。在此基础上，最终完成全部土方开挖并完成坑底垫层浇筑。

通过对基坑开挖变形实测数据的统计分析和变形控制指标研究工作的开展，可以提供丰富的工程经验和基础数据。

6.4.1　湖滨东路站基坑开挖最大变形的统计分析

以基坑开挖地层条件作为分类因素，对湖滨东路站基坑工程施工实测数据进行统计分析。围绕基坑开挖变形控制指标，以最大地表沉降和最大围护结构水平变形的监测数据为基础，开展湖滨东路站基坑工程变形控制指标研究。

(1) 最大地表沉降

图 6.3 给出了湖滨东路站的最大地表沉降监测数据的分布情况。可以看出，最大地表沉降呈现高斯型分布，对最大地表沉降值进行统计分析可以得到，最大地表沉

降值介于7.05～61.21mm,均值为28.15mm,标准差为12.53mm,其95%分位数为52.09mm。表6.13给出了最大地表沉降的各个数字特征。

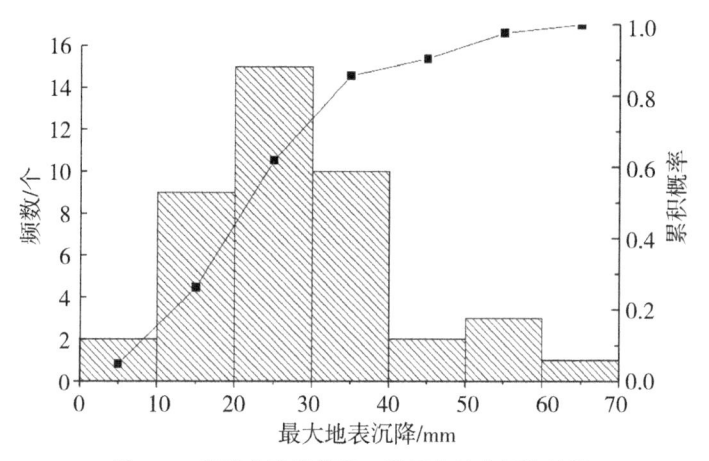

图6.3 湖滨东路站基坑工程最大地表沉降统计

表6.13 最大地表沉降数字特征分析

样本数	最大值/mm	最小值/mm	均值/mm	标准差/mm	变异系数	95%保证率对应值/mm
42	61.21	7.05	28.15	12.53	0.45	52.09

(2)最大围护结构水平变形

图6.4给出了湖滨东路站的最大围护结构水平变形监测数据分布情况。可以看出,最大围护结构水平变形呈现高斯型分布,对最大围护结构水平变形值进行统计分析可以得到,最大围护结构水平变形值介于2.68～49.50mm,均值为28.10mm,标准差为12.33mm,其95%分位数为44.37mm。表6.14给出了最大围护结构水平变形值的各个数字特征。

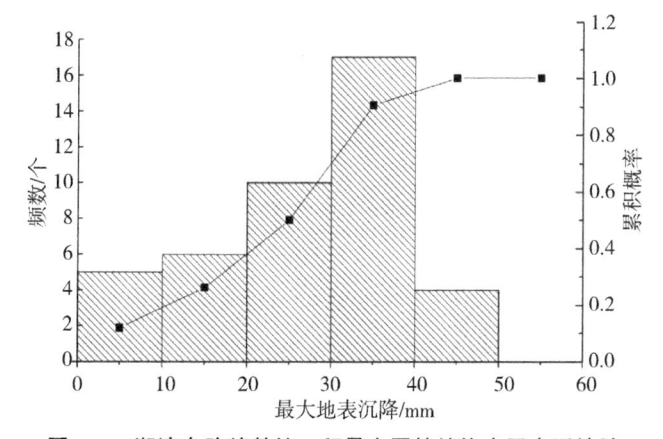

图6.4 湖滨东路站基坑工程最大围护结构水平变形统计

表 6.14　　　　　　　最大围护结构水平变形数字特征分析

样本数	最大值/mm	最小值/mm	均值/mm	标准差/mm	变异系数	95%保证率对应值/mm
42	49.50	2.68	28.10	12.33	0.44	44.37

6.4.2　湖滨东路站基坑工程变形控制指标讨论

通过对湖滨东路站基坑工程的最大变形的统计分析，可以得到，最大地表沉降超标概率 5% 对应的允许值为 52.09mm，最大围护结构水平变形超标概率 5% 对应的允许值为 44.37mm。

在厦门轨道交通 1 号线的施工过程中，针对软弱—中软地层站点基坑，如若围护结构采用的是地连墙的形式，则其工程监测等级为二级，因此湖滨东路站基坑工程的监测等级定为二级，此时地表沉降监测的变形允许值为 40~50mm，而围护结构水平变形监测的变形允许值为 30~40mm。这说明厦门软弱—中软地层基坑工程的施工过程中，变形超标现象较少。此时需要注意的是，最大地表沉降和最大围护结构水平变形的监测变形允许值均小于通过统计得到的 95% 保证率对应变形值。这说明仍有部分监测数据超过了现有的监测控制指标体系，使得出现"假报警"和"过度预警"的现象，说明了在工程实践中采用现有的监测控制指标体系仍有不足之处。

通过针对湖滨东路站基坑工程的随机计算，确定了该车站基坑的变形控制指标。对于监测等级为二级的情况，最大地表沉降控制指标为 52.5~53.5mm，最大围护结构水平变形为 41.5~42.5mm。这一计算结果与湖滨东路站基坑的统计结果非常接近，这意味着有部分基坑工程监测结果超过现有的变形预警指标。但本章所提出的变形控制指标可以囊括大部分的"假预警"情况，从而验证了所提出的变形控制指标确定方法的合理性和有效性。

6.5　本章小结

本章依托厦门地铁车站基坑工程，综合考虑厦门地区典型工程地质条件、土体参数特征和工程实例自身的特点，开展厦门地铁车站基坑工程变形控制指标的应用研究。主要研究工作和研究结论如下：

①依据厦门地区岩土地层分区结果，根据具体基坑工程中地层信息的实际情况，将厦门地铁部分车站基坑工程的地层模型概化为软弱—中软地层。

②采用 HSS 模型，建立了土性参数随机场模型，开展 Monte-Carlo 随机模拟计算；采用所提出的基坑工程变形分级控制指标确定方法，建立了厦门地铁软弱—中软

地层条件下的车站基坑工程变形控制指标体系。

③对湖滨东路站基坑工程的实测数据开展统计分析,得到了最大地表沉降和最大围护结构水平变形的95%保证率控制值。通过与车站基坑变形实测数据以及原有预警指标进行对比,发现现有预警存在"假预警"或"过度预警"现象,而基于随机场理论所提出的变形控制指标值可以囊括大部分的"假预警"情况,从而验证了所提出的变形控制指标确定方法的合理性和有效性。

第7章 结论与展望

7.1 结论

本书紧紧围绕"考虑参数空间变异性的基坑开挖变形响应规律和工程效应"与"考虑参数空间变异性的基坑开挖变形控制指标确定方法"这两个关键科学问题,以考虑小应变特性的土体变形参数空间变异性及其随机场模型为基础,以内撑式基坑变形曲线表征函数和表征指标为关键,以参数空间变异性条件下的基坑开挖变形机制为核心,以基坑开挖变形控制指标确定方法为导向,按照"表征模型→模拟方法→机理认知→控制指标→工程应用"的思路,系统开展了考虑土性参数空间变异性的基坑开挖变形规律与控制指标体系研究,提升了机理认知水平,创新了研究方法。主要的研究工作和研究结论如下:

(1)提出了考虑土体小应变特性的参数随机场建模方法

针对HSS模型参数,整理软土地区相关文献资料和试验成果,进行了统计分析,建立了HSS各参数之间的经验关系;基于随机场理论,采用协方差矩阵分解法,编制Matlab程序,建立了土体压缩模量的随机场模型;基于土体压缩模量随机场模型和HSS模型参数之间的经验关系,利用有限差分法程序FLAC及其内置的HSS模型,编写了FISH代码,建立了土体HSS模型各个参数的随机场模型。

(2)建立了一套适用于内撑式基坑变形曲线的表征函数和指标体系

基于大量实测数据,针对内支撑式基坑围护结构变形,进行了模式分类,将其分为"上凹"型、"下凹"型、"上凹下凹"型和"上下无凹"型4种类型;基于围护结构变形模式和上下分段特征,利用分段正态分布函数,建立了围护结构水平变形曲线的表征方法;考虑开挖过程中的地层损失,建立了围护结构水平变形曲线包络面积计算表达式;提出了以水平变形最大值、两个分段反弯点位置值和变形曲线包络面积为核心的围护结构变形曲线表征指标体系。针对坑外地表沉降变形,建立了沉降曲线的偏态分布函数表达式;结合沉降曲线包络面积、最大地表沉降值及其位置值等指标,提出了坑外地表沉降曲线的表征指标体系,并确定了坑外地表沉降主要影响区和次要影响区的理论分界点位置。针对建立的围护结构水平变形曲线的分段正态分布函数表征式和地表沉降曲线的偏态分布函数表征式,根据实测数据,基于最小二乘法原理进行回归拟合,验证了这两类函数在基坑开挖变形表征中的有效性和适用性。

(3)研究了考虑土体参数空间变异性的基坑开挖变形响应规律及其工程效应

基于有限差分法和Monte-Carlo框架,构建了基于随机场理论的基坑开挖变形可靠度分析方法;开展数值模拟计算,利用建立的分段正态分布函数表征式和偏态分布函数表征式,分别针对围护结构水平变形和坑外地表沉降的表征指标体系,研究了土体刚度参数空间变异性条件下各个表征指标的随机响应特性,系统分析了内撑式基坑变形曲线的概率统计特征,揭示了土性参数空间变异性对基坑开挖变形的影响规律;并凝练出4种典型的工程效应,即基坑开挖变形典型位置聚集效应、输入参数与变形响应分布特征关联效应、围护结构与地层变形耦合互馈效应和基坑开挖变形空间各向异性效应。在此基础上,分析最大围护结构水平变形和最大地表沉降的变形超标概率曲线,计算出不同分位数下的最大变形可靠度指标,以此进行置信区间推断,提出了变形控制指标的确定依据。

(4)形成了考虑参数空间变异性的基坑开挖变形控制指标确定方法

首先借助概率统计的方法,以最大变形95%分位数作为变形控制指标的确定依据,形成了一般条件下考虑土体参数空间变异性的基坑开挖变形控制指标的确定方法;借鉴风险控制的思路,综合考虑了围护结构和地层的耦合互馈效应,利用不同变形超标概率等级构建了考虑参数空间变异性的基坑开挖变形分级控制指标体系;指出一般条件下,围护结构水平变形和坑外地表沉降可以采取C等级这一要求,对应的工程施工变形控制等级为三级水平。对于有其他实际要求的工程,可以针对围护结构水平变形和坑外地表沉降,适当地选取A、B、D和E,或者它们之间的组合形式,以切实可行地提高工程的安全性,并降低工程建造成本。

(5)构建了适用于厦门典型地层条件下地铁车站基坑变形分级控制指标体系

针对厦门地铁湖滨东路站基坑工程,根据其软弱—中软地层特点,采用HSS模型,建立了土性参数随机场模型,开展Monte-Carlo随机模拟计算;基于随机计算结果,建立了软弱—中软地层条件下的分级变形控制指标体系。通过对实测数据开展统计分析,确定了车站基坑95%保证率下的最大变形值。通过与车站基坑变形实测数据以及原有预警指标进行对比,验证了所构建的变形控制指标确定方法的合理性和有效性。

7.2 展望

本书紧密围绕基坑开挖地表沉降和围护结构水平变形,考虑土体参数空间变异性,开展基坑开挖变形随机响应分析,并对变形控制指标的确定方法进行了探讨。尽管取得一些成果,但仍有诸多不足之处,具体如下:

①基坑开挖引起的变形响应问题实际上应该是一个三维问题,三维基坑工程的长边和短边方向开挖都会影响地表沉降和围护结构的变形。从岩土参数空间变异性来看,将三维基坑工程简化为二维的平面应变模型,会在一定程度上减小变形响应的工程效应,因此有必要开展考虑参数空间变异性的三维基坑开挖变形规律研究。

②基坑工程是一项复杂的岩土工程,除了围护结构水平变形和地表沉降,还需关注岩土地层变形规律,围护结构内力变化和内支撑内力变形规律,本书只关注围护结构水平变形和坑外地表沉降,对于更加全方位把控基坑工程安全性和经济效应显然不够,因此有必要进一步在基坑开挖随机分析中对这些对象进行深入研究。

③考虑土体参数空间变异性的岩土工程随机分析中,有必要对工程实践中的地质条件进行详细的地质勘察或者室内试验,以便获得更为全面的岩土参数和空间变异性特征量。目前,在现有的试验条件下,不同地区的岩土参数和空间变异性特征量的获取往往具有较大的困难。针对这一问题,有必要着力构建特定地区的岩土参数数据库,为该地区的工程建设降低勘察成本。另外,分层岩土体中除了考虑土体参数的空间变异性的影响,还应包括分层边界不确定性的影响,在其随机分析中应该综合考虑这两部分的作用。

④基坑开挖变形会受到众多因素的影响,其中土体参数空间变异性只是其中一个方面。鉴于此,针对基坑开挖变形控制指标研究,亦应将其他因素考虑到内,尤其是基坑支护系统参数,这样可以进一步完善基坑开挖变形控制指标的确定方法。

参考文献

[1] 中华人民共和国国家发展和改革委员会发展规划司. 国家新型城镇化规划(2014—2020年)[R].

[2] Morgan Stanley. The Rise of China's Supercities：New Era of Urbanization Contributors[R/OL].(2019-11-10)[2021-05-01].

[3] 胡琦. 超深基坑水、土与围护结构相互作用及设计方法研究[D]. 杭州：浙江大学，2008.

[4] 中华人民共和国行业标准编写组. 基坑工程技术规范：DG/TJ 08—61—2010[S]. 上海：上海市建筑建材业市场管理总站，2010.

[5] 王琼. 复杂环境下超大规模地下空间施工的总体策划与实施[J]. 建筑施工，2014，36(5)：495-497.

[6] 侯玉杰，余地华，艾心荧，等. 天津高银117大厦工程超大深基坑降水关键技术研究与应用[J]. 施工技术，2014，43(13)：1-5.

[7] 马驰，刘国楠. 深圳机场填海区欠固结软基超大深基坑的设计[J]. 岩土工程学报，2012，34(S1)：536-541.

[8] 刘壮志. 上海地铁汉中路明挖顺作深基坑施工技术[J]. 安徽建筑，2017，24(3)：92-93+165.

[9] 刘昌军，唐瑜，卢羽平，等. 广州地铁燕塘站基坑降水的三维渗流场有限元分析[J]. 工程勘察，2012，40(9)：38-42.

[10] 柯华胜. 建筑工程中超大规模深基坑内支撑转换技术的应用[J]. 科技资讯，2014，12(17)：65.

[11] 廖少明，魏仕锋，谭勇，等. 苏州地区大尺度深基坑变形性状实测分析[J]. 岩土工程学报，2015，37(3)：458-469.

[12] 毕王乐，李杰，莫豹，等. 水封爆破技术在复杂环境大规模基坑爆破中的应用[J]. 矿业研究与开发，2017，37(7)：26-30.

[13] 傅鑫谊，万力，李建军. 国家大剧院基坑支护、降水与地基防漂浮技术[J]. 工

程勘察，2004(5)：22-26.

[14] 龙海滨. 橘子洲地铁车站深基坑支护体系优化研究[D]. 长沙：中南大学，2012.

[15] 毛则飞，李晓利. 苏州地区深基坑承压水降水风险分析与控制——以苏州地铁5号线竹园路站为例[J]. 地质灾害与环境保护，2017，28(3)：67-71.

[16] 杨鹭，李裘鹏，江建洪，等. 某地铁深基坑顺逆结合开挖变形性状的实测分析[J]. 施工技术，2017，46(16)：95-100.

[17] 姜安龙，樊俊锋. 南昌地铁车站深基坑围护结构变形监测分析[J]. 南昌航空大学学报(自然科学版)，2011，25(4)：63-67.

[18] 方光秀，马祥，罗江波. 地铁车站超深基坑工程大口径管井降水的设计与施工[J]. 施工技术，2012，41(13)：13-17.

[19] 钱健仁，黄捷，吴盛，等. 郑州地铁车站超深基坑施工风险管理与控制[J]. 华北水利水电学院学报，2011，32(3)：86-89.

[20] 李征，杨罗沙，炊鹏飞. 西安某地铁车站超深基坑支护变形监测与分析[J]. 西部探矿工程，2011，23(10)：182-184＋189.

[21] 陆培毅，王子征. 软土地区超大规模深基坑设计与变形监测分析[J]. 天津大学学报(自然科学与工程技术版)，2015，48(2)：185-188.

[22] 章晓鹏. 软土地基超大、超深基坑工程中的围护方案选型研究[J]. 建筑施工，2011，33(6)：438-439.

[23] 胡海英，张玉成，刘惠康，等. 深圳平安国际金融中心超深基坑工程实例分析[J]. 岩土工程学报，2014，36(S1)：31-38.

[24] 瞿成松，汪发文，魏鹏飞. 天津津门大厦超深基坑井点降水新技术[J]. 资源环境与工程，2011，25(4)：323-329.

[25] 王卫东，朱伟林，陈峥，等. 上海世博500 kV地下变电站超深基坑工程的设计、研究与实践[J]. 岩土工程学报，2008，30(S1)：564-576.

[26] 丁智，程围峰，胡增燕，等. 杭州地铁人民广场站深基坑降水研究[J]. 铁道工程学报，2014(1)：89-94.

[27] 胡敏云，寿树德，袁静，等. 软土相邻基坑支护结构受力影响特征及机理研究[J]. 浙江工业大学学报，2022，50(1)：111-118.

[28] 慕焕东，邓亚虹，张文栋，等. 洛阳地铁车站基坑支护变形特性模型试验研究[J]. 岩土工程学报，2021，43(S1)：198-203.

[29] 尹利洁，李宇杰，朱彦鹏，等. 兰州地铁雁园路站基坑支护监测与数值模拟分析[J]. 岩土工程学报，2021，43(S1)：111-116.

[30] 刘祥勇，宋享桦，谭勇，等. 南通富水砂性地层地铁深基坑抽水回灌现场试验研究[J]. 岩土工程学报，2020，42(7)：1331-1340.

[31] 赵斌. 混合支护下深基坑开挖引起的近接建筑物稳定性分析[J]. 人民长江，2021，52(S1)：281-286+308.

[32] 朱文彩，王楚阳. 抚州市城市地下综合管廊岩土工程勘察与评价[J]. 山西建筑，2021，47(23)：48-50.

[33] 顾亚团. 上海国金中心超大超深基坑围护施工技术[J]. 建筑施工，2008(6)：424-427.

[34] 徐爽，李俊才，滕晓军，等. 南京长江漫滩区某超大深基坑支护与监测结果分析[J]. 南京工业大学学报(自然科学版)，2022，44(1)：107-113.

[35] 张雪婵. 软土地基狭长型深基坑性状分析[D]. 杭州：浙江大学，2012.

[36] 雷亚伟. 内撑式和桩锚式排桩支护基坑的连续破坏机理及控制研究[D]. 天津：天津大学，2020.

[37] 黄茂松，王卫东，郑刚. 软土地下工程与深基坑研究进展[J]. 土木工程学报，2012，45(6)：146-161.

[38] 郑刚，焦莹，李竹. 软土地区深基坑工程存在的变形与稳定问题及其控制——基坑变形的控制指标及控制值的若干问题[J]. 施工技术，2011，40(8)：8-14.

[39] 徐杨青. 深基坑工程优化设计理论与动态变形控制研究[D]. 武汉：武汉理工大学，2002.

[40] Duncan J M, Chang C Y. Nonlinear Analysis of Stress and Strain in Soils[J]. Journal of the Soil Mechanics and Foundations Division，ASCE，1970，96(5)：1629-1653.

[41] Drucker D C, Prager W. Soil mechanics and plastic analysis or limit design[J]. q. appl. math，2013，10(2)：157-65.

[42] Roscoe K H. On the Yielding of Soils[J]. Geotechnique，1958，8.

[43] Roscoe K H, Burland J B. On the Generalized Stress-strain Behavior of Wet Clay[M]. Cambridge：Cambridge University Press，1968：535-609.

[44] Schanz T, Vermeer A, Bonnier P. The hardening soil model：formulation and verification[J]. Beyond in Computational Geotechnics，1999.

[45] Benz T. Small-strain stiffness of soils and its numerical consequences[D]. Germany：Institute of Geotechnical Engineering，University of Stuttgart，2007.

[46] 徐中华，王卫东. 敏感环境下基坑数值分析中土体本构模型的选择[J]. 岩土力学，2010，31(1)：258-264+326.

[47] Xu H, Schweiger H F, Huang H. Influence of Deep Excavations on Nearby Existing Tunnels[J]. International Journal of Geomechanics, 2013, 13(2): 170-180.

[48] Finno R J, Calvello M. Supported Excavations: Observational Method and Inverse Modeling[J]. Journal of Geotechnical & Geoenvironmental Engineering, 2005, 131(7): 826-836.

[49] Benz T, Schwab R, Vermeer P. Small-strain stiffness in geotechnical analyses[J]. Geotechnical Engineering, 2009, 86(S1): 16-27.

[50] Schweiger H F, Vermeer P A, Wehnert M. On the design of deep excavations based on finite element analysis[J]. Geomechanics and Tunnelling, 2009, 2: 333-344.

[51] 龚东庆, 郑渊仁. 硬化土体模型分析基坑挡土壁与地盘变形的评估[J]. 岩土工程学报, 2010, 32(增刊): 175-178.

[52] 邵羽, 江杰, 陈俊羽, 等. 基于HSS模型与MCC模型的深基坑降水开挖变形分析[J]. 水利学报, 2015, 46(S1): 231-235.

[53] Lumb P. Spatial variability of soil properties. Proceedings of the International Conference on Applications of Statistics and Probability in Soil and Structural Engineering, ICASP-2, Aachen, 1975:397-421.

[54] Lacasse S, Nadim F. Uncertainties in characterizing soil properties[C]// Uncertainty in the Geologic Environment: from Theory to Practice. New York: ASCE, 1996.

[55] Vanmarcke E H. Probabilistic Modeling of Soil Profiles[J]. Journal of the Geotechnical Engineering Division, 1977, 103(11): 1227-1246.

[56] Vanmarcke E H. Random fields: analysis and synthesis[M]. Cambridge: MIT Press, 1983.

[57] 闫澍旺, 朱红霞, 刘润, 等. 关于土层相关距离计算方法的研究[J]. 岩土力学, 2007(8): 1581-1586.

[58] 闫澍旺, 朱红霞, 刘润. 天津港土性相关距离的计算研究和统计分析[J]. 岩土力学, 2009, 30(7): 2179-2185.

[59] Lloret-Cabot M, Fenton G A, Hicks M A. On the estimation of scale of fluctuation ingeostatistics[J]. Georisk Assessment & Management of Risk for Engineered Systems & Geohazards, 2014, 8(2): 129-140.

[60] 李小勇, 谢康和. 土性参数相关距离的计算研究和统计分析[J]. 岩土力学,

2000(4)：350-353.

[61] 林军,蔡国军,邹海峰,等. 基于随机场理论的江苏海相黏土空间变异性评价研究[J]. 岩土工程学报,2015,37(7)：1278-1287.

[62] Phoon K K, Kulhawy F H. Characterization of Geotechnical Variability[J]. Canadian Geotechnical Journal,1999,36(4)：612-624.

[63] 费锁柱,谭晓慧,孙志豪,等. 基于微结构模拟的土体自相关距离分析[J]. 岩土力学,2019,40(12)：4751-4758.

[64] 蒋水华. 水电工程边坡可靠度非侵入式随机分析方法[D]. 武汉：武汉大学,2014.

[65] 王占盛. 土性参数随机场建模方法及其在边坡可靠性分析中的应用[D]. 武汉：中国科学院武汉岩土力学研究所,2015.

[66] 程强,罗书学,高新强. 相关函数法计算相关距离的分析探讨[J]. 岩土力学,2000,21(3)：281-283.

[67] Fenton G A, Griffiths D V. Risk assessment in geotechnical engineering[M]. Wiley,2008.

[68] 蒋水华,李典庆,周创兵,等. 考虑自相关函数影响的边坡可靠度分析[J]. 岩土工程学报,2014,36(3)：508-518.

[69] Zhu H, Zhang L M. Characterizing geotechnical anisotropic spatial variations using random field theory[J]. Canadian Geotechnical Journal,2013,50(7)：723-734.

[70] 张继周,缪林昌. 岩土参数概率分布类型及其选择标准[J]. 岩石力学与工程学报,2009,28(增2)：3526-3532.

[71] Shinozuka M, Deodatis G. Simulation of multi-dimensional Gaussian stochastic fields by spectral representation[J]. Applied Mechanics Reviews,1996,49(1)：29-53.

[72] Fenton G A, Vanmarcke E H. Simulation of Random Fields via Local Average Subdivision[J]. Journal of Engineering Mechanics,1990,116(8)：1733-1749.

[73] Fenton G A, Griffiths D V. Risk Assessment in Geotechnical Engineering[M]. John Wiley & Sons,2008.

[74] Marsily G D. Spatial variability of properties in porous media：a stochastic approach[M]. Fundamentals of Transport Phenomena in Porous Media. Springer Netherlands,1984：719-769.

[75] Robin M J L, Gutjahr A L, Sudicky E A, et al. Cross-correlated random field

generation with the direct Fourier Transform Method[J]. Water Resources Research, 1993, 29(7): 2385-2397.

[76] Nour A, Slimani A, Laouami N. Foundation settlement statistics via finite element analysis[J]. Computers & Geotechnics, 2002, 29(8): 641-672.

[77] Jha S K, Ching J. Simulating Spatial Averages of Stationary Random Field Using the Fourier Series Method[J]. Journal of Engineering Mechanics, 2013, 139(5): 594-605.

[78] Davis M W. Production of conditional simulations via the LU triangular decomposition of the covariance matrix[J]. Mathematical Geology, 1987, 19(2): 91-98.

[79] Zhang J, Ellingwood B. Orthogonal series expansions of random fields in reliability analysis[J]. Journal of Engineering Mechanics, 1994, 120(12): 2660-2677.

[80] Li C, Kiureghian A D. Optimal Discretization of Random Fields[J]. Journal of Engineering Mechanics Asce, 1993, 119(6): 1136-1154.

[81] Hicks M A, Samy K. Influence of heterogeneity on undrained clay slope stability. Quarterly Journal of Engineering Geology and Hydrogeology, 2002, 35(1):41-49.

[82] Babu G S, Mukesh M D. Effect of soil variability on reliability of soil slopes. Geotechnique, 2015, 54(5):335-337.

[83] 李典庆, 祁小辉, 周创兵, 等. 考虑参数空间变异性的无限长边坡可靠度分析[J]. 岩土工程学报, 2013, 35(10): 1799-1806.

[84] Song K I, Cho G C, Lee S W. Effects of spatially variable weathered rock properties on tunnel behavior[J]. Probabilistic Engineering Mechanics, 2011, 26(3):413-426.

[85] Cheng H Z, Chen J, Chen R P, et al. Reliability study on shield tunnel face using a random limit analysis method in multilayered soils. Tunnelling and Underground Space Technology, 2019, 84:353-363.

[86] 程红战, 陈健, 李健斌, 等. 基于随机场理论的盾构隧道地表变形分析[J]. 岩石力学与工程学报, 2016, 35(S2): 4256-4264.

[87] 李健斌, 陈健, 罗红星, 等. 基于随机场理论的双线盾构隧道地层变形分析[J]. 岩石力学与工程学报, 2018, 37(7): 1748-1765.

[88] 李启信, White W, 楚剑, 等. 土层的概率模型及其在桩基分析中的应用[J].

岩土工程学报，1989(6)：120-128.

[89] 史良胜，杨金忠，陈伏龙，等. Karhunen-Loeve 展开在土性各向异性随机场模拟中的应用研究[J]. 岩土力学，2007(11)：2303-2308.

[90] 程勇刚，常晓林，李典庆. 考虑岩体空间变异性的隧洞围岩变形随机分析[J]. 岩石力学与工程学报，2012，31(S1)：2767-2775.

[91] 易顺，岳克栋，陈健，等. 考虑抗剪强度空间变异性的双层黏土边坡风险分析[J]. 岩土工程学报，2021，43(S2)：112-116.

[92] Wu S H，Ou C Y，Ching J Y，et al. Reliability based design for basal heave stability of deep excavations in spatially varying soils. Journal of Geotechnical and Geoenvironmental Engineering，2012，138(5)：594-603.

[93] Goh A T C，Zhang W G，Wong K S. Deterministic and reliability analysis of basal heave stability for excavation in spatial variable soils[J]. Computers and Geotechnics，2019：108＋152-160.

[94] Ching J Y，Phoon K K，Sung S P. Worst case scale of fluctuation in basal heave analysis involving spatially variable clays[J]. Structural Safety，2017：68＋28-42.

[95] Yi S，Chen J，Huang J H，et al. Investigation of surface settlement and wall deflection caused by braced excavation in spatially variable clays based on anisotropic random fields[J]. Arabian Journal for Science and Engineering，2021，47(4)：4059-4077.

[96] Sert S，Luo Z，Xiao J，et al. Probabilistic analysis of responses of cantilever wall-supported excavations in sands considering vertical spatial variability[J]. Computers and Geotechnics，2016：75＋182-191.

[97] Lo M K，Leung Y F. Bayesian updating of subsurface spatial variability for improved prediction of braced excavation response[J]. Canadian Geotechnical Journal，2019，56(8)：1169-1183.

[98] Sainea-Vargas C J，Torres-Suaʹrez M C. Assessing and updating damage probabilities for a deep excavation in mexico city soft soils［J］. Indian Geotechnical Journal，2019.

[99] 冶金工业部建筑研究总院. 建筑基坑工程技术规范：YB 9258—1997[S]. 北京：冶金工业出版社，1998.

[100] Goldberg D T，Jaworski W E，Gordon M D. Lateral support systems and underpinning：construction methods[M]. Federal Highway Administration，

Offices of Research & Development,1976.

[101] Clough G W, O'Rourke T D. Construction induced movements of in situ wall[J]. Geotechnical Special Publication,1990(25): 439-470.

[102] 龚晓南. 深基坑工程设计施工手册[M]. 北京：中国建筑工业出版社，1998.

[103] 崔江余，梁仁旺. 建筑基坑工程设计计算与施工[M]. 北京：中国建材工业出版社，1999.

[104] 刘国彬，王卫东. 基坑工程手册[M]. 北京：中国建筑工业出版社，2009.

[105] 许海勇，陈龙珠，刘全林. 桩锚支护结构水平位移的简化算法[J]. 岩土力学，2013，34(8)：2323-2328.

[106] 许锡昌，葛修润. 基于最小势能原理的桩锚支护结构空间变形分析[J]. 岩土力学，2006(5)：705-710.

[107] 许锡昌，陈善雄，徐海滨. 悬臂排桩支护结构空间变形分析[J]. 岩土力学，2006(2)：184-188.

[108] 汤连生，宋明健，张庆华. 基于等值梁法的基坑坑壁位移量简化计算[J]. 路基工程，2009(2)：15-17.

[109] Kai S W, Broms B B. Lateral Wall Deflections of Braced Excavations in Clay[J]. Journal of Geotechnical Engineering, 1989, 115(6): 853-870.

[110] Zhang W G, Goh A T C, Xuan F. A simple prediction model for wall deflection caused by braced excavation in clays[J]. Computers & Geotechnics, 2015, 63: 67-72.

[111] Clough G W, Smith E M, Sweeney B P. Movement control of excavation support systems by iterative design[J]. American Society of Civil Engineers, 1989: 869-884.

[112] Zapata-Medina D G, Bryson L S. Method for Estimating System Stiffness for Excavation Support Walls[J]. Journal of Geotechnical & Geoenvironmental Engineering, 2012, 138(9): 1104-1115.

[113] 张戈，毛海和. 软土地区深基坑围护结构综合刚度研究[J]. 岩土力学，2016，37(5)：1467-1474.

[114] Goh A T C, Wong K S, Broms B B. Estimation of lateral wall movements in braced excavations using neural networks[J]. Canadian Geotechnical Journal, 1995, 32(6): 1059-1064.

[115] Jan J C, Hung S L, Chi S Y. Neural Network Forecast Model in Deep Excavation[J]. Journal of Computing in Civil Engineering, 2002, 16(1): 59-

65.

[116] 洪宇超，钱建固，叶源新，等. 基于时空关联特征的CNN-LSTM模型在基坑工程变形预测中的应用[J]. 岩土工程学报，2021，43(S2)：108-111.

[117] 张蓓，姚亚锋，季京晨. 基于小波神经网络的地铁基坑地表沉降随机预测[J]. 铁道科学与工程学报，2021，18(11)：2899-2906.

[118] Ou C Y，Hsieh P G，Chiou D C. Characteristics of ground surface settlement during excavation[J]. Canadian Geotechnical Journal，1993，30(5)：758-767.

[119] Carder D R. Ground movements caused by different embedded retaining wall construction techniques[J]. Trl Report，1995(172).

[120] 李淑，张顶立，房倩. 北京地区深基坑墙体变形特性研究[J]. 岩石力学与工程学报，2012，31(11)：2344-2353.

[121] 唐孟雄，赵锡宏. 深基坑周围地表任意点移动变形计算及应用[J]. 同济大学学报(自然科学版)，1996，24(3)：238-44.

[122] 张尚根，陈志龙，曹继勇. 深基坑周围地表沉降分析[J]. 岩土工程技术，1999(4)：7-9.

[123] 李小青，王朋团，张剑. 软土基坑周围地表沉陷变形计算分析[J]. 岩土力学，2007，28(9)：1879-1882.

[124] 张彬，张成. 沈阳地铁车站深基坑沉降变形特性[J]. 辽宁工程技术大学学报(自然科学版)，2015，34(2)：197-202.

[125] 聂宗泉，张尚根，孟少平. 软土深基坑开挖地表沉降评估方法研究[J]. 岩土工程学报，2008，30(8)：1218-1223.

[126] 王翠. 天津地区地铁深基坑变形及地表沉降研究[D]. 天津：天津大学，2005.

[127] 李淑. 基于变形控制的北京地铁车站深基坑设计方法研究[D]. 北京：北京交通大学，2013.

[128] 胡之锋. 深基坑开挖围护结构水平变形与地表沉降预测方法研究[D]. 武汉：中国科学院武汉岩土力学研究所，2018.

[129] 唐孟雄，陈如桂，陈伟. 深基坑工程变形控制[M]. 北京：中国建筑工业出版社，2006.

[130] 丁勇春. 软土地区深基坑施工引起的变形及控制研究[D]. 上海：上海交通大学，2009.

[131] Suli E，Mayers D F. An introduction to numerical analysis [M]. Cambridge：Cambridge university press，2003.

[132] 钱建固，王伟奇. 刚性挡墙变位诱发墙后地表沉降的理论解析[J]. 岩石力学

与工程学报，2013，32(S1)：2698-2703.

[133] 顾剑波，钱建固. 任意柔性挡墙变位诱发地表沉降的解析理论预测[J]. 岩土力学，2015，36(S1)：465-470.

[134] 王龙，朱长根，徐柯锋，等. 上覆新填土软土深基坑开挖变形控制数值模拟[J]. 岩土工程学报，2021，43(S2)：84-87.

[135] 郑启宇，夏小和，李明广，等. 深基坑降承压水对墙体变形和地表沉降的影响[J]. 上海交通大学学报，2020，54(10)：1094-1100.

[136] 戴轩，郑刚，程雪松，等. 基于DEM-CFD方法的基坑工程漏水漏砂引发地层运移规律的数值模拟[J]. 岩石力学与工程学报，2019，38(2)：396-408.

[137] 孙毅，张顶立，房倩，等. 北京地区坑中坑工程地表沉降预测方法研究[J]. 岩石力学与工程学报，2015，34(S1)：3491-3498.

[138] 许树生，侯艳娟，刘美麟. 天津地铁6号线车站深基坑开挖下围护结构及墙后地表变形特性分析[J]. 北京交通大学学报，2018，42(1)：25-33.

[139] 孙海涛，吴限. 深基坑工程变形预报神经网络法的初步研究[J]. 岩土力学，1998(4)：63-68.

[140] 李天德. 基坑变形预测的神经网络法研究[D]. 天津：天津大学，2012.

[141] 钱建固，吴安海，季军，等. 基于小波优化LSTM-ARMA模型的岩土工程非线性时间序列预测[J]. 同济大学学报（自然科学版），2021，49（8）：1107-1115.

[142] Peck R B. Deep excavations and tunneling in soft ground[J]. Proc. 7th Int. Con. SMFE，State of the Art，1969：225-290.

[143] 徐方京，谭敬慧. 地下连续墙深基坑开挖综合特性研究[J]. 岩土工程学报，1993(6)：28-33.

[144] 简艳春. 软土基坑变形估算及其影响因素研究[D]. 南京：河海大学，2001.

[145] 唐孟雄，赵锡宏. 深基坑周围地表沉降及变形分析[J]. 建筑科学，1996(4)：31-35.

[146] 李小青，王朋团，张剑. 软土基坑周围地表沉陷变形计算分析[J]. 岩土力学，2007，28(9)：1879-1882.

[147] 张尚根，袁正如. 软土深基坑开挖地表沉降分析[J]. 地下空间与工程学报，2013，9(S1)：1753-1757.

[148] 刘小丽，周贺，张占民. 软土深基坑开挖地表沉降估算方法的分析[J]. 岩土力学，2011，32(S1)：90-94.

[149] Luo Z, Hu B, Wang Y, et al. Effect of spatial variability of soft clays on

geotechnical design of braced excavations: A case study of Formosa excavation[J]. Computers and Geotechnics, 2018:103+242-253.

[150] Luo Z, Di H G, Kamalzare M, et al. Effects of soil spatial variability on structural reliability assessment in excavations[J]. Underground Space, 2020, 5(1):71-83.

[151] Luo Z, Atamturktur S, Juang C H, et al. Probability of serviceability failure in a braced excavation in a spatially random field: Fuzzy finite element approach[J]. Computers and Geotechnics, 2011, 38(18): 1031-1040.

[152] Dang H P, Lin H D, Juang C H. Analyses of braced excavation considering parameter uncertainties using a finite element code[J]. Journal of the Chinese Institute of Engineers, 2014, 37(2): 141-151.

[153] Kawa M, Baginska I, Wyjadlowski M. Reliability analysis of sheet pile wall in spatially variable soil including CPTu test results[J]. Archives of Civil and Mechanical Engineering, 2019, 19(2): 598-613.

[154] Gholampour A, Johari A. Reliability-based analysis of braced excavation in unsaturated soils considering conditional spatial variability[J]. Computers and Geotechnics, 2019, 115: 103163.

[155] Luo Z, Li Y X, Zhou S H, et al. Effects of vertical spatial variability on supported excavations in sands considering multiple geotechnical and structural failure modes. Computers and Geotechnics, 2018, 95:16-29.

[156] Gong W, Huang H, Juang C H, et al. Simplified-robust geotechnical design of soldier pile-anchor tieback shoring system for deep excavation[J]. Marine-Georesources and Geotechnology, 2015: 157-169.

[157] Ching J Y, Hu Y G, Phoon K K. On characterizing spatially variable soil shear strength using spatial average. Probabilistic Engineering Mechanics, 2016, 45:31-43.

[158] 刘招伟. 城市地下工程施工监测与信息反馈技术[M]. 北京：科学出版社，2006.

[159] 欧章煜，谢百钧. 深开挖邻产保护之探讨[J]. 岩土工程学报，2008，30(S1):509-517.

[160] Bjerrum L. Allowable Settlement of Structures[C]// Proceedings of the European Conference on Soil Mechanics and Foundation Engineering, Wiesbaden, Germany, 1963(2):135 137.

[161] Terzaghi K, Peck R B. Soil mechanics in engineering practice[M]. NY: John Wiley and Sons, 1967.

[162] Skempton A W, Mcdonald D H. Allowable settlement of buildings[C]// Proceedings, Institute of Civil Engineers, Part Ⅲ, 1957: 727-768.

[163] Grant R, Christian J T, Vanmarcke E H. Differential settlement of buildings [J]. Journal of the Geotechnical Division, ASCE, 1974, 100(9): 973-991.

[164] 日本建筑学会. 开挖挡土之设计与施工指针[M]. 日本. 1988.

[165] 台湾建筑学会. 建筑技术规则建筑构造编基础构造设计规范[M]. 台北, 1989.

[166] Burland J B, Wroth C P. Settlement of buildings and associated damage[C]// Proceedings of a Conference on Settlement of Structures. Cambridge: [s. n.]. 1974: 611-654.

[167] Boscard M D, Cording E J. Building Response to Excavation Induced Settlement[J]. Journal of Geotechnical Engineering Division, ASCE, 1989, 115(1): 1 21.

[168] 广州市建设委员会. 广州地区建筑基坑支护技术规定:GJB 02—98[S]. 广州:广州市建筑科学研究院,1998.

[169] 深圳市标准.深圳地区建筑深基坑支护技术规范:SJG 05—96[S]. 深圳:深圳市勘察测绘院,1996.

[170] 郑荣跃,曹茜茜,刘干斌,等. 深基坑变形控制研究进展及在宁波地区的实践[J]. 工程力学,2011, 28(S2): 38-53.

[171] 顾雷雨,黄宏伟,陈伟,等. 复杂环境中基坑施工安全风险预警标准[J]. 岩石力学与工程学报,2014, 33(S2): 4153-4162.

[172] 张高宁. 岩土工程的可靠度研究浅述[J]. 水文地质工程地质,2000(1): 26-28.

[173] 张璐璐,张洁,徐耀,等. 岩土工程可靠度理论[M]. 上海:同济大学出版社,2011.

[174] 赵国藩,曹居易,张宽权. 工程结构可靠度[M]. 北京:科学出版社,2011.

[175] 谭忠盛,王梦恕. 隧道衬砌结构可靠度分析的二次二阶矩法[J]. 岩石力学与工程学报,2004(13): 2243-2247.

[176] 黄清飞,袁大军,王梦恕. 管片衬砌可靠度分析实用方法研究[J]. 北京交通大学学报,2009, 33(1): 104-108.

[177] Wong F S. Slope reliability and response surface method[J]. Journal of

Geotechnical Engineering, 1985, 111(1): 32-53.

[178] Mollon G, Dias D, Soubra A H. Extension of CSRSM for the Parametric Study of the Face Stability of Pressurized Tunnels[J]. Geotechnical Special Publication, 2011, 43(9): 1149-1156.

[179] Mollon G, Dias D, Soubra A H. Range of the Safe Retaining Pressures of a Pressurized Tunnel Face by a Probabilistic Approach[J]. Journal of Geotechnical & Geoenvironmental Engineering, 2013, 139(11): 1954-1967.

[180] 程红战. 土性参数空间变异性模拟与土工可靠度分析方法应用研究[D]. 武汉: 中国科学院武汉岩土力学研究所, 2017.

[181] 程红战, 陈健, 胡之锋, 等. 考虑砂土抗剪强度空间变异性的盾构开挖面稳定性分析[J]. 岩土力学, 2018, 39(8): 3047-3054.

[182] 李健斌, 陈健, 程红战, 等. 考虑空间变异性的盾构隧道地层力学响应敏感性分析[J]. 岩石力学与工程学报, 2019, 38(8): 1667-1676.

[183] 易顺, 林伟宁, 陈健, 等. 基于随机场理论的基坑开挖地表及围护墙变形分析[J]. 岩石力学与工程学报, 2021, 40(S2): 3389-3398.

[184] Cheng H Z, Chen J, Chen R P, et al. Risk assessment of slope failure considering the variability in soil properties. Computers and Geotechnics, 2018, 103: 61-72.

[185] 李典庆, 蒋水华, 周创兵, 等. 考虑参数空间变异性的边坡可靠度分析非侵入式随机有限元法[J]. 岩土工程学报, 2013, 35(8): 1413-1422.

[186] Cheng H Z, Chen J, Li J B. Probabilistic Analysis of Ground Movements Caused by Tunneling in a Spatially Variable Soil[J]. International Journal of Geomechanics, 2019, 19(12): 04019125.

[187] Simpson B. Retaining structures: displacement and design[J]. Geotechnique, 1992, 42(4): 541-76.

[188] Jardine R J, Potts D M, Fourie A B, et al. Studies of the influence of non-linear stress-strain characteristics in soil-structure interaction[J]. Geotechnique, 1986, 36(3): 377-96.

[189] MRóZ Z. On the description of anisotropic workhardening[J]. Journal of the Mechanics & Physics of Solids, 1967, 15(3): 163-75.

[190] Iwan W D. On a Class of Models for the Yielding Behavior of Continuous and Composite Systems[J]. Journal of Applied Mechanics, 1967, 34(3).

[191] Niemunis A, Herle I. Hypoplastic model for cohesionless soils with elastic

strain range[J]. International Journal for Numerical & Analytical Methods in Geomechanics, 2015, 2(4): 279-99.

[192] Hardin B O, Drnevich V P. Shear modulus and damping in soils: design equations and curves[J]. Journal of the Soil mechanics and Foundations Division, 1972, 98(7): 667-92.

[193] Santos J, Correia A G. Reference threshold shear strain of soil. Itsapplication to obtain a unique strain—dependent shear modulus curve for soil[C]. Proceedings of the International Conference on Soil Mechanics & Geotechnical Engineering, F, 2001.

[194] Brinkgreve R. Selection of Soil Models and Parameters for Geotechnical Engineering Application[C]. Proceedings of the Geo-frontiers Congress, F, 2005.

[195] Sanglerat G. The Penetrometer and Soil Exploration[J]. Soil Science, 1973, 116(2): 131.

[196] 黄涛. 一种用标贯击数直接确定粉土,砂土压缩模量的方法[J]. 勘察科学技术, 1997(5): 11-4.

[197] 王卫东, 王建华. 深基坑支护结构与主体结构相结合的设计、分析与实例[M]. 北京:中国建筑工业出版社, 2007.

[198] Hardin B O, Black W L. Closure to Vibration Modulus of Normally Consolidated Clays[J]. Journal of the Soil Mechanics and Foundations Division, 1969, 95(SM6): 1531-1537.

[199] 刘畅. 考虑土体不同强度与变形参数及基坑支护空间影响的基坑支护变形与内力研究[D]. 天津:天津大学, 2008.

[200] 梁发云, 贾亚杰, 丁钰津, 等. 上海地区软土 HSS 模型参数的试验研究[J]. 岩土工程学报, 2017, 39(2): 269-278.

[201] 温科伟, 刘树亚, 杨红坡. 基于小应变硬化土模型的基坑开挖对下穿地铁隧道影响的三维数值模拟分析[J]. 工程力学, 2018, 35(S1): 80-87.

[202] 陆路通. 上海土体小应变特性的试验研究及其在基坑工程中的应用[D]. 上海:同济大学, 2018.

[203] 张娇. 上海软土小应变特性及其在基坑变形分析中的应用[D]. 上海:同济大学, 2017.

[204] 王浩然. 上海软土地区深基坑变形与环境影响预测方法研究[D]. 上海:同济大学, 2012.

[205] 顾晓强，吴瑞拓，梁发云，等. 上海土体小应变硬化模型整套参数取值方法及工程验证[J]. 岩土力学，2021，42(3)：833-845.

[206] 上海市住房和城乡建设管理委员会. 基坑工程技术标准：DG/TJ 508—61—2018 [S]. 上海：同济大学出版社，2018.

[207] Yang J，Gu X Q. Shear stiffness of granular material at small strains：does it depend on grain size[J]. Geotechnique，2013，63(2)：165-179.

[208] Lumb P. The variability of natural soils[J]. Canadian Geotechnical Journal，1966，3：74-97.

[209] Lumb P. Probability of failure in earth works[C] // Proceeding of 2nd Southeast Asian Conference On soil Engineering，SingaPore，1970：139-147.

[210] Lumb P. Safety factors and the probability distribution of soil strength[J]. Canadian Geotechnical Journal，1970，7(3)：225-242.

[211] 王宇辉. 上海奉贤区砂质粉土压缩模量的概率分布[J]. 土工基础，2007，21(5)：49-51.

[212] 严春风，陈洪凯. 岩石力学参数的概率分布的 Bayes 推断[J]. 土木建筑与环境工程，1997(2)：65-71.

[213] 宫凤强，李夕兵，邓建. 基于正交多项式逼近法的岩土参数概率分布推断[J]. 岩土工程技术，2005，19(3)：144-147.

[214] 谭忠盛，高波，关宝树. 隧道围岩抗剪强度指标 c，$\tan\varphi$ 的概率特征[J]. 岩土工程学报，1999(6)：760-762.

[215] 范明桥. 粘性填筑土强度指标 φ，c 的概率特性[J]. 水利水运工程学报，2000(1)：49-53.

[216] 倪万魁，韩启龙. 黄土土性参数的统计分析[J]. 工程地质学报，2001，9(1)：62-67.

[217] 苏永华，何满潮，孙晓明. 大子样岩土随机参数统计方法[J]. 岩土工程学报，2001，23(1)：117-119.

[218] 邓建，李夕兵，古德生. 岩石力学参数概率分布的信息熵推断[J]. 岩石力学与工程学报，2004，23(13)：2177-2181.

[219] 陈立宏，陈祖煜，刘金梅. 土体抗剪强度指标的概率分布类型研究[J]. 岩土力学，2005，26(1)：37-40.

[220] 杨凯，刘东升，易前应，等. 重庆市岩石抗剪强度参数统计分析及应用[J]. 后勤工程学院学报，2008，24(2)：18-21.

[221] 张继周，缪林昌，王华敬. 土性参数不确定性描述方法的探讨[J]. 岩土工程学报，2009，31(12)：1936-1940.

[222] 崔洁, 江权, 冯夏庭, 等. 岩石抗剪强度参数的理论概率分布形态研究[J]. 岩土力学, 2015, 36(5): 1261-1274.

[223] Hoeksema R J, Kitanidis P K. Analysis of the spatial structure of properties of selected aquifers[J]. Water Resources Research, 1985, 21(4): 563-572.

[224] 吴振君. 土体参数空间变异性模拟和土坡可靠度分析方法应用研究[D]. 武汉: 中国科学院武汉岩土力学研究所, 2009.

[225] 李小勇, 谢康和, 虞颜. 土性指标相关距离性状的研究[J]. 土木工程学报, 2003, 36(8): 91-95.

[226] Griffiths D V, Fenton G A. Probabilistic slope stability analysis by finite elements[J]. Journal of Geotechnical and Geoenvironmental Engineering, 2004, 130(5): 507-518.

[227] Wang Y, Cao Z, Au S K. Practical reliability analysis of slope stability by advanced Monte Carlo simulations in a spreadsheet[J]. Canadian Geotechnical Journal, 2011, 48(1): 162-172.

[228] 龚晓南, 侯伟生. 深基坑工程设计施工手册[M]. 北京: 中国建筑工业出版社, 2018.

[229] 穆永江. 苏州地铁某车站深基坑围护结构监测分析[J]. 石家庄铁道学院学报(自然科学版), 2009, 22(3): 38-43.

[230] 胡俊, 光辉, 潘悦. 南京地铁某车站深基坑开挖的监测与分析[J]. 西部探矿工程, 2008(10): 222-225.

[231] 曾晖, 胡俊, 鲍俊安. 基于BP人工神经网络的基坑围护结构变形预测方法研究[J]. 铁道建筑, 2011(1): 70-73.

[232] 姜千. 填海地区地铁车站深基坑围护结构变形与预测研究[D]. 阜新: 辽宁工程技术大学, 2015.

[233] 张尚根, 郑峰, 杨延军, 等. 条形基坑支护结构变形计算[J]. 地下空间与工程学报, 2013, 9(S2): 1859-1862.

[234] 张效智. 明光路车站基坑开挖对周边环境的影响分析[D]. 合肥: 安徽建筑大学, 2015.

[235] 王婷, 王磊. 天津某基坑工程开挖变形与受力特性实测分析[J]. 工程勘察, 2015, 43(11): 19-25.

[236] Kung T C. Comparison of excavation-induced wall deflection using top-down and bottom-up construction methods in Taipei silty clay[J]. Computers & Geotechnics, 2009, 36(3): 373-385.

[237] Tan Y, Li M. Measured performance of a 26m deep top-down excavation in

downtown Shanghai[J]. Revue Canadienne De Geotechnique,2011,48(5):704-719.

[238] Tan Y,Wang D. Characteristics of a Large-Scale Deep Foundation Pit Excavated by the Central-Island Technique in Shanghai Soft Clay. I: Bottom-Up Construction of the Central Cylindrical Shaft[J]. Journal of Geotechnical & Geoenvironmental Engineering,2013,139(11):1875-1893.

[239] 庄海洋,吴祥祖,瞿英军. 深软场地地铁车站深基坑开挖变形实测分析[J]. 铁道工程学报,2011,28(5):86-91.

[240] 杨有海,王建军,武进广,等. 杭州地铁秋涛路车站深基坑信息化施工监测分析[J]. 岩土工程学报,2008(10):1550-1554.

[241] 杨有海,武进广. 杭州地铁秋涛路车站深基坑支护结构性状分析[J]. 岩石力学与工程学报,2008(S2):3386-3392.

[242] Kung G T,Juang C H,Hsiao E C. Simplified Model for Wall Deflection and Ground-Surface Settlement Caused by Braced Excavation in Clays[J]. Journal of Geotechnical & Geoenvironmental Engineering,2007,133(6):731-747.

[243] 康志军,谭勇,李想,等. 基坑围护结构最大侧移深度对周边环境的影响[J]. 岩土力学,2016,37(10):2909-2914+2920.

[244] 黄钟晖,杨磊. 广西大学地铁车站深基坑变形监测数据分析[J]. 工程地质学报,2013,21(3):459-463.

[245] 李佳宇,张子新. 圆砾层地铁车站深基坑变形特征三维数值分析[J]. 地下空间与工程学报,2012,8(1):71-76+110.

[246] 徐中华. 上海地区支护结构与主体地下结构相结合的深基坑变形性状研究[D]. 上海:上海交通大学,2007.

[247] 应宏伟,杨永文. 杭州深厚软黏土中某深大基坑的性状研究[J]. 岩土工程学报,2011,33(12):1838-1846.

[248] 李忠. 成都地铁锦江站基坑监测与数值模拟分析[D]. 石家庄:石家庄铁道大学,2014.

[249] 刘岱熹. 地铁深基坑开挖围护结构变形监测与数值模拟研究[D]. 鞍山:辽宁科技大学,2016.

[250] 盛骤,谢式千,潘承毅. 概率论与数理统计:第三版[M]. 北京:高等教育出版社,2001.

[251] 潘登丽. 土水特征曲线的基本参数和模型研究[D]. 西安:长安大学,2020.

[252] 朱合华. 地下建筑结构[M]. 北京:中国建筑工业出版社,2005.

[253] 丁文其，朱令，彭益成，等. 基于地层—结构法的沉管隧道三维数值分析[J]. 岩土工程学报，2013，35(S2)：622-626.

[254] Gong W P, Luo Z, Juang C H, et al. Optimization of site exploration program for improved prediction of tunnelling-induced ground settlement in clays[J]. Computers and Geotechnics，2014，56(3)：69-79.

[255] Kung G T, Juang C H, Hsiao E C. Simplified Model for Wall Deflection and Ground-Surface Settlement Caused by Braced Excavation in Clays[J]. Journal of Geotechnical & Geoenvironmental Engineering，2007，133(6)：731-747.

[256] Hsieh P G, Ou C Y. Shape of ground surface settlement profiles caused by excavation[J]. Canadian Geotechnical Journal，1998，35(6)：1004-1017.

[257] Wang J, Xu Z, Wang W. Wall and ground movements due to deep excavations in Shanghai soft soils[J]. Journal of Geotechnical and Geoenvironmental Engineering，2010，136(7)：985-994.

[258] Fenton G A, Griffiths D V. Three-dimensional probabilistic foundation settlement[J]. Journal of Geotechnical and Geoenvironmental Engineering，2005，131(2)：232-239.

[259] Fenton G A, Griffiths D V. Probabilistic foundation settlement on spatially random soil[J]. Journal of Geotechnical and Geoenvironmental Engineering，2002，128(5)：381-390.

[260] El-Ramly H, Morgenstern N R, Cruden D M. Probabilistic stability analysis of a tailings dyke on presheared clay-shale[J]. Canadian Geotechnical Journal，2003，40(1)：192-208.

[261] 中华人民共和国住房和城乡建设部. 水利水电工程结构可靠性设计统一标准：GB 50199—2013[S]. 北京：中国计划出版社，2013.

[262] Ang A H S, Cornell C A. Reliability bases of structural safety and design[J]. Journal of the Structural Division，ASCE，1974，100(ST9).

[263] 中华人民共和国住房和城乡建设部. 城市轨道交通工程监测技术规范：GB 50911—2013[S]. 北京：中国建筑工业出版社，2014.

[264] 中华人民共和国住房和城乡建设部. 地铁及地下工程建设风险管理指南[S]. 北京：中国建筑工业出版社，2007.

[265] 李健斌. 基于随机场理论的盾构隧道施工变形控制指标确定方法[D]. 武汉：中国科学院武汉岩土力学研究所，2019.

[266] 刘建航，侯学渊. 基坑工程手册[M]. 北京：中国建筑工业出版社，1997.